11-054 职业技能鉴定指导书

职业标准·试题库

直流设备检修

（第二版）

电力行业职业技能鉴定指导中心　编

电力工程　变电运行与检修专业

中国电力出版社
CHINA ELECTRIC POWER PRESS

内 容 提 要

本《指导书》是按照劳动和社会保障部制定国家职业标准的要求编写的，其内容主要由职业概况、职业培训、职业技能鉴定和鉴定试题库四部分组成，分别对技术等级、工作环境和职业能力特征进行了定性描述；对培训期限、教师、场地设备及培训计划大纲进行了指导性规定。本《指导书》自1999年出版后，对行业内职业技能培训和鉴定工作起到了积极的作用，本书在原《指导书》的基础上进行了修编，补充了内容，修正了错误。

试题库是根据《中华人民共和国国家职业标准》和针对本职业（工种）的工作特点，选编了具有典型性、代表性的理论知识（含技能笔试）试题和技能操作试题，还编制有试卷样例和组卷方案。

《指导书》是职业技能培训和技能鉴定考核命题的依据，可供劳动人事管理人员、职业技能培训及考评人员使用，亦可供电力（水电）类职业技术学校和企业职工学习参考。

图书在版编目（CIP）数据

直流设备检修 / 电力行业职业技能鉴定指导中心编. —2版. —北京：中国电力出版社，2010.10（2019.3 重印）

职业技能鉴定指导书.（11—054）职业标准试题库

ISBN 978-7-5123-0546-5

Ⅰ. ①直…　Ⅱ. ①电…　Ⅲ. ①直流-输电-电气设备-检修-职业技能鉴定-习题　Ⅳ. ①TM721.1-44

中国版本图书馆 CIP 数据核字（2010）第 112091 号

中国电力出版社出版、发行

（北京市东城区北京站西街 19 号　100005　http://www.cepp.com.cn）

三河市百盛印装有限公司印刷

各地新华书店经售

*

2002 年 2 月第一版

2010 年 10 月第二版　　2019 年 3 月北京第十一次印刷

850 毫米×1168 毫米　32 开本　12.375 印张　315 千字

印数 23501—25500 册　　定价 **24.00** 元

电力职业技能鉴定题库建设工作委员会

第一版编审人员

编写人员 王宗达　张山春　毕　强

审定人员 李洪伟　张　驰

第二版编审人员

编写人员（修订人员）

祁智敏　戴春怡　黄奇芸

审定人员 刘　军　关英凯　任碧成

说　明

为适应开展电力职业技能培训和实施技能鉴定工作的需要，按照劳动和社会保障部关于制定国家职业标准，加强职业培训教材建设和技能鉴定试题库建设的要求，电力行业职业技能鉴定指导中心统一组织编写了电力职业技能鉴定指导书（以下简称《指导书》）。

《指导书》以电力行业特有工种目录各自成册，于1999年陆续出版发行。

《指导书》的出版是一项系统工程，对行业内开展技能培训和鉴定工作起到了积极作用。由于当时历史条件和编写力量所限，《指导书》中的内容已不能适应目前培训和鉴定工作的新要求，因此，电力行业职业技能鉴定指导中心决定对《指导书》进行全面修编，在各网省电力（电网）公司、发电集团和水电工程单位的大力支持下，补充内容，修正错误，使之体现时代特色和要求。

《指导书》主要由职业概况、职业技能培训、职业技能鉴定和鉴定试题库四部分内容组成。其中，职业概况包括职业名称、职业定义、职业道德、文化程度、职业等级、职业环境条件、职业能力特征等内容；职业技能培训包括对不同等级的培训期限要求，对培训指导教师的经历、任职条件、资格要求，对培训场地设备条件的要求和培训计划大纲、培训重点、难点以及对学习单元的设计等；职业技能鉴定的依据是《中华人民共和国国家职业标准》，其具体内容不再在本书中重复；鉴定试题库是根据《中华人民共和国国家职业标准》所规定的范围和内容，以实际技能操作为主线，按照选择题、判断题、简答题、计算题、绘图题和论述题六种题型进行选题，并以难易程度组合排列，同时汇集了大量电力生产建设过程中具有普遍代表性和典型性的实际操作试题，构成了各工种的技能鉴定试题库。试题库的深度、广度涵盖了本职业技能鉴定的全部内容。题库之后还附有试卷样例和组卷方案，为实施鉴定命题提供依据。

《指导书》力图实现以下几项功能：劳动人事管理人员可根据《指导书》进行职业介绍，就业咨询服务；培训教学人员可按照《指导书》中的培训大纲组织教学；学员和职工可根据《指导书》要求，制订自学计划，确立发展目标，走自学成才之路。《指导书》对加强职工队伍培养，提高队伍素质，保证职业技能鉴定质量将起到重要作用。

本次修编的《指导书》仍会有不足之处，敬请各使用单位和有关人员及时提出宝贵意见。

电力行业职业技能鉴定指导中心

2008 年 6 月

目 录

1 职业概况

1.1 职业名称

直流设备检修（11—054）。

1.2 职业定义

直流系统电气设备检修及维护的工作人员。

1.3 职业道德

热爱本职工作，刻苦钻研技术，遵守劳动纪律，爱护工具、设备，安全文明生产，诚实团结协作，艰苦朴素，尊师爱徒。

1.4 文化程度

中等职业技术学校毕（结）业。

1.5 职业等级

本职业按照国家职业资格的规定，设初级（五级）、中级（四级）、高级（三级）、技师（二级）、高级技师（一级）五个等级。

1.6 职业环境条件

室内作业，或有潮湿、腐蚀性、烟气（含易燃易爆气体）。

1.7 职业能力特征

本职业应具有能用眼看、耳闻、鼻嗅分析判断设备异常情况，正确处理故障的能力，有领会、理解和应用技术文件的能力和用精练语言联系、交流工作的能力，能准确而有目的地运用数字进行运算的能力和具有思维想象几何形体及识绘图能力。

2 职业技能培训

2.1 培训期限

2.1.1 初级工：累计不少于500标准学时；
2.1.2 中级工：在取得初级职业资格的基础上累计不少于400标准学时；
2.1.3 高级工：在取得中级职业资格的基础上累计不少于400标准学时；
2.1.4 技师：在取得高级职业资格的基础上累计不少于500标准学时；
2.1.5 高级技师：在取得技师职业资格的基础上累计不少于500标准学时。

2.2 培训教师资格

2.2.1 具有中级以上专业技术职称的工程技术人员和技师可担任初、中级工培训教师；
2.2.2 具有高级专业技术职称的工程技术人员和技师可担任高级工、技师的培训教师；
2.2.3 具有高级专业技术职称的工程技术人员和高级技师可担任高级技师的培训教师。

2.3 培训场地设备

2.3.1 具备本职业（工种）理论知识培训的教室和教学设备；
2.3.2 具有基本技能训练的实习场所及实际操作训练设备；
2.3.3 具备防酸蓄电池一组、碱性镉镍蓄电池一组、阀控蓄电池二组、晶闸管整流器及高频开关电源充电装置（配套）三套、

UPS 交流不间断电源一套；

2.3.4 生产现场的实际设备。

2.4 培训项目

2.4.1 培训目的：通过培训达到《职业技能鉴定规范》对本职业的知识和技能要求。

2.4.2 培训方式：以自学和脱产相结合的方式，进行基础知识讲课和技能训练。

2.4.3 培训重点：

蓄电池、直流电源装置技术要求，安装及验收规范，运行、维护规程，厂家使用维护说明书的学习和培训。

（1）防酸蓄电池订货要求，使用、检修及维护。

（2）镉镍蓄电池订货要求，使用、检修及维护。

（3）阀控蓄电池订货要求，使用、检修及维护。

（4）晶闸管整流器及高频开关电源充电装置订货要求，使用、检修调试及维护。

（5）UPS 交流不间断电源装置订货要求，使用、检修及维护。

（6）直流系统的接线方式及运行操作。

2.5 培训大纲

本职业技能培训大纲，以模块组合（MES）——模块（MU）——学习单元（LE）的结构模式进行编写（见表 1）；职业技能模块及学习单元对照选择见表 2；学习单元名称见表 3。

表 1　　直流设备检修职业技能培训大纲

模块序号及名称	单元序号及名称	学习目标	学习内容	学习方式	参考学时
MU1 职业道德	LE1 职业道德	通过本单元的学习，了解职业道德规范，并能自觉遵守行为规	1. 热爱祖国，热爱本职工作 2. 刻苦学习、钻研技术	自学	2

续表

模块序号及名称	单元序号及名称	学习目标	学习内容	学习方式	参考学时
MU1 职业道德	LE1 职业道德	范准则	3. 爱护设备、工具 4. 团结协作 5. 遵守纪律、安全文明 6. 尊师爱徒、严守岗位职责	自学	2
	LE2 电力法律法规	通过本单元学习，了解电力法律法规内容，增强法律意识	1. 电力法律法规重要意义 2.“一法三规则”的具体内容		4
MU2 安全生产规定及微机应用	LE3 安全措施	通过本单元学习，了解电业安全规程（发电厂和变电所电气部分、热力和机械部分）的有关规定，并能做好安全工作	1. 电气工作人员应具备的条件 2. 巡视及检修直流设备应注意的事项 3. 保证安全的组织、技术措施 4. 人工呼吸法和触电急救法 5. 蓄电池室防火、通风规定 6. 蓄电池用化学药品的保管使用 7. 强酸、强碱造成人身伤害急救法	自学	8
	LE4 直流设备技术规程、规范	通过本单元学习，掌握直流设备技术规范及运行、检修维护的有关规定	1. 蓄电池运行规程 2. 蓄电池施工及验收规范 3. 电力工业技术管理法规 4. 直流设备安装使用说明书（厂家）	讲课与自学	12
	LE5 微机应用	通过本单元的学习，掌握微机的作用及基本操作及在生产实际中的应用	1. 微机基本操作技能 2. 单板机的原理及在直流系统中的应用	现场实际讲课与自学	60

续表

模块序号及名称	单元序号及名称	学习目标	学习内容	学习方式	参考学时
MU3 防酸蓄电池	LE6 构造及工作原理	通过本单元的学习，了解防酸蓄电池的构造、工作原理及技术特性	1. 防酸蓄电池的分类及型号 2. 结构 3. 工作原理 4. 充放电特性 5. 温度特性 6. 自放电	自学与讲课	9
	LE7 运行维护	通过本单元的学习，了解防酸蓄电池的运行维护项目和操作方法	1. 正常运行方式 2. 浮充电 3. 均衡充电 4. 测量蓄电池电压和电解液的密度、温度 5. 巡视检查周期及项目 6. 定期维护的周期及项目 7. 调整电解液的液面高度 8. 蓄电池用酸、水的质量标准 9. 清扫 10. 蓄电池的储藏、保管	现场实际讲课与自学	9
	LE8 检修	通过本单元的学习，了解防酸蓄电池的检修项目及检修方法	1. 大、小修周期及项目 2. 配制电解液并计算需要量 3. 注电解液 4. 核对性充、放电 5. 放电容量试验 6. 个别充电 7. 容量计算及温度换算法 8. 更换单体电池 9. 防酸隔爆帽、消氢栓（催化栓）的检修 10. 测量绝缘电阻	现场实际讲课学习	21

续表

模块序号及名称	单元序号及名称	学习目标	学习内容	学习方式	参考学时
MU3 防酸蓄电池	LE9 故障处理	通过本单元的学习，了解防酸蓄电池常见故障的原因、现象及处理方法	1. 极板弯曲 2. 极板短路 3. 极板硫化 4. 极板大块活性物质脱落 5. 隔板破损 6. 极板腐蚀 7. 沉淀物过多 8. 极性颠倒 9. 电解液变质 10. 连接板腐蚀 11. 容器破损 12. 充电后容量不足或容量减少 13. 落后电池	现场实际讲课学习	21
MU4 碱性蓄电池	LE10 结构及工作原理	通过本单元的学习，了解碱性蓄电池的构造、工作原理及技术特性	1. 类型及型号 2. 结构 3. 工作原理 4. 充放电特性 5. 温度特性 6. 自放电 7. 使用寿命	结合现场实际设备学习与讲课	21
	LE11 运行维护	通过本单元的学习，了解碱性蓄电池的运行维护项目及操作方法	1. 运行方式 2. 浮充电 3. 均衡充电 4. 快速充电法 5. 定期充、放电 6. 补充充电法 7. 测量电解液密度、温度和蓄电池电压 8. 碱性电解液检验周期及更换标准 9. 碱性电解液的保管 10. 碱性蓄电池的保管 11. 清扫	结合现场实际设备学习与讲课	21

续表

模块序号及名称	单元序号及名称	学习目标	学习内容	学习方式	参考学时
MU4 碱性蓄电池	LE12 检修	通过本单元的学习，了解碱性蓄电池的正常检修项目及检修方法	1. 大、小修周期及标准项目 2. 配制碱性电解液及计算需用量 3. 更换电解液规定及方法 4. 容量恢复（活化） 5. 容量检查 6. 更换单只电池	结合现场实际设备学习与讲课	21
	LE13 故障处理	通过本单元的学习，了解碱性蓄电池常见故障的现象、原因及处理方法	1. 容量减退 2. 电量消失 3. 外壳鼓胀、变形、漏液 4. 记忆效应 5. 爬碱 6. 极板腐蚀及隔板损坏 7. 使用中或充电时气体剧烈沸腾，电解液外溢严重 8. 充电时电压时高时低，电流时有时无 9. 单只电池电压偏低或零值 10. 充电时或浮充电时电压过高 11. 落后电池处理	结合现场实际设备学习与讲课	21
MU5 阀控蓄电池	LE14 结构及工作原理	通过本单元学习，了解阀控蓄电池的分类、结构和工作原理、技术特性	1. 型号、优缺点 2. 分类：胶体式和吸液式 3. 结构 4. 工作原理 5. 技术参数及寿命 6. 充、放电曲线 7. 温度特性	结合现场实际设备学习与讲课	21

续表

模块序号及名称	单元序号及名称	学习目标	学习内容	学习方式	参考学时
MU5 阀控蓄电池	LE15 运行维护	通过本单元的学习，了解阀控蓄电池的运行维护项目及操作方法	1. 运行方式 2. 浮充电 3. 均衡充电 4. 充电机对蓄电池的工况管理 5. 充电机稳压、稳流、纹波对电池寿命的影响 6. 根据运行温度调整浮充电压 7. 蓄电池监测仪原理及功能 8. 端电压、单体电压、外壳温度测量	结合现场实际设备学习与讲课	9
	LE16 检修	通过本单元的学习，了解阀控蓄电池的检修项目及检修方法	1. 补充充电 2. 电池的柜内安装要求 3. 蓄电池组合格及更换判断 4. 运行中单组电池容量考核 5. 双组电池容量考核 6. 运行中单体电池更换 7. 运行中整组电池更换	结合现场实际设备学习与讲课	9
	LE17 故障处理	通过本单元的学习，了解常见故障的现象、原因及处理方法	1. 外壳鼓胀、变形、漏液 2. 安全阀失灵 3. 电池热失控 4. 反极 5. 极耳腐蚀断裂、极板硫化、枝状结晶 6. 落后电池处理 7. 蓄电池失效机理及判断	结合现场实际设备学习与讲课	12

续表

模块序号及名称	单元序号及名称	学习目标	学习内容	学习方式	参考学时
MU6 硅整流及高频开关电源充电装置	LE18 硅整流及高频开关电路的基础知识	通过本单元学习，了解整流电路的基础知识	1. 相关电子电路基本知识 2. 相关电力电子技术基本知识 3. 电力变换（整流、逆变）技术，PWM 控制技术 4. 整流电路、滤波电路及高频开关电路的基本原理 5. 元件的检测方法 6. 波形图测试 7. 示波器的使用方法	自学及讲课	21
	LE19 硅整流及高频开关电源成套充电装置的基本知识	通过本单元学习，了解硅整流及高频开关电源成套装置的类型、结构、作用、工作原理	1. 硅整流及高频开关电源的型号及功能 2. 装置的组成及模块框图、工作原理 3. 数字通信方式和模拟电压控制方式 4. 技术特性、参数选择 5. 原理图及安装图 6. 微机监控和“三遥”基本原理及实际应用 7. 高频开关电源与相控电源的主要性能差别	结合现场实际设备学习与讲课	21
	LE20 硅整流及高频开关电源成套装置运行	通过本单元学习，了解硅整流及高频开关电源成套装置的运行、调整及操作方法	1. 启、停操作 2. 运行方式的选择及切换操作 3. 监控参数的设置 4. 双路交流自投 5. 模块均流、模块自主运行 6. 降压硅链工作方式 7. 保护、信号回路构成 8. 故障信息的查询 9. 站内自动化直流信息 10. 巡视检查项目及方法	结合现场实际设备学习与讲课	10

续表

模块序号及名称	单元序号及名称	学习目标	学习内容	学习方式	参考学时
MU6 硅整流及高频开关电源充电装置	LE21 检修维护	通过本单元学习，了解装置的正常检修维护项目并掌握检修调试方法	1. 绝缘电阻测量 2. 滤波电容性能测试 3. IGBT及散热装置 4. 充电机稳压、稳流测量 5. 充电装置的直流纹波系数 6. 触发电路及保护回路调试 7. 低压电器的检修调试 8. 元件选择与更换	结合现场实际设备学习与讲课	21
	LE22 故障排除	通过本单元学习，了解装置常见故障的现象、原因及处理方法	1. 熔断器熔断 2. 滤波电容击穿、纹波异常 3. 避雷器击穿 4. 硅元件损坏 5. 晶闸管失去触发脉冲 6. 监控器故障、电压异常 7. 充电模块损坏 8. 通信故障 9. 绝缘电阻不合格 10. 主电路及二次回路接触不良 11. 保护动作原因分析及处理 12. 保护失灵	结合现场实际设备学习与讲课	21
MU7 直流系统	LE23 接线方式	通过本单元学习，了解直流系统的接线方式	1. 直流电源配置原则 2. 接线方式：单电源、多电源接线；合闸母线、控制母线接线；环状及辐射型接线 3. 母线电压监察装置的作用及继电器整定 4. 电桥平衡型绝缘监察装置的工作原理 5. 微机型绝缘监察装置的基本原理	结合现场实际设备学习与自学	10

续表

模块序号及名称	单元序号及名称	学习目标	学习内容	学习方式	参考学时
MU7 直流系统	LE23 接线方式	通过本单元学习，了解直流系统的接线方式	6. 闪光回路工作原理及作用 7. 直流系统信号采集 8. 直流系统图 9. 保护的构成及整定	结合现场实际设备学习与自学	10
	LE24 运行	通过本单元的学习，了解直流系统的运行方式及操作	1. 巡视检查项目及注意事项 2. 直流系统的运行方式及操作 3. 熟悉二次回路图纸 4. 浮、均充电电流和电压的监视与调整 5. 母线电压监视与调整 6. 各种直流绝缘监察装置的使用方法 7. 直流母线硅链降压装置的使用方法 8. 熔断器与空气断路器保护 9. 系统保护元件的级差配合 10. 运行环境测控	结合现场实际设备学习与讲课	12
	LE25 检修维护	通过本单元的学习，了解直流系统的检修项目及检修方法	1. 低压电器检修 2. 测直流系统绝缘电阻 3. 仪表及保护校验 4. 电压调节器检修调试 5. 逆止阀检测 6. 母线、电缆及二次线检修 7. 选择和更换失灵元件 8. 直流系统更换	结合现场实际设备学习与讲课	15

续表

模块序号及名称	单元序号及名称	学习目标	学习内容	学习方式	参考学时
MU7 直流系统	LE26 故障排除	通过本单元的学习，了解直流系统的常见故障及处理方法	1. 直流系统接地及查找 2. 自动电压调节装置失灵 3. 逆止阀损坏 4. 直流母线电压过高或过低 5. 熔断器熔断 6. 保护或信号装置失灵	结合现场实际设备学习与自学	10
MU8 交流不间断电源	LE27 结构及工作原理	通过本单元的学习，了解交流不间断电源的基本知识、结构和工作原理	1. 逆变电路 2. SPWM 技术 3. 电子开关构成及功能 4. 切换时间 5. UPS 与电力专用交流不间断电源 6. 接线方式 7. 工作原理及框图 8. 结构	结合现场实际设备学习与讲课	21
	LE28 运行维护	通过本单元的学习，了解交流不间断电源的运行方式、维护项目及操作方法	1. 后备式不间断电源运行 2. 在线式不间断电源运行 3. 双机主从接线 4. 模块化接线 5. 巡视检查项目 6. 运行监视与调整 7. 交直流失电定期试验 8. 主从切换试验 9. 保护或信号装置	结合现场实际设备学习与讲课	10
	LE29 检修	通过本单元的学习，了解交流不间断电源的正常检修项目及检修方法	1. 清扫 2. 测量绝缘电阻 3. 状态及信号装置试验 4. 逆变部件、静态开关检查与测试	结合现场实际设备学习	12

表 2　　职业技能模块及学习单元对照选择表

模块		MU1	MU2	MU3	MU4	MU5	MU6	MU7	MU8
内容		职业道德	安全生产规定及微机应用	防酸蓄电池	碱性蓄电池	阀控蓄电池	硅整流及高频开关电源充电装置	直流系统	交流不间断电源
参考学时		6	80	60	84	51	94	47	43
适用等级		初级 中级 高级 技师 高级技师	初级 中级 高级 技师 高级技师	初级 中级 高级	初级 中级 高级	初级 中级 高级 技师 高级技师	初级 中级 高级 技师 高级技师	中级 高级 技师 高级技师	中级 高级 技师 高级技师
学习单元LE选择	初	1、2	3、4、5	6、7、8、9	10、11、12、13	14、15、16、17	18、19、20、21、22	—	—
	中	1、2	3、4、5	6、7、8、9	10、11、12、13	14、15、16、17	18、19、20、21、22	23、24、25、26	27、28、29
	高	1、2	3、4、5	6、7、8、9	10、11、12、13	14、15、16、17	18、19、20、21、22	23、24、25、26	27、28、29
	技师	1、2	3、4、5	—	—	14、15、16、17	18、19、20、21、22	23、24、25、26	27、28、29

表 3　　学习单元名称表

单元序号	单元名称	单元序号	单元名称
LE1	职业道德	LE6	构造及工作原理
LE2	电力法律法规	LE7	运行维护
LE3	安全措施	LE8	检修
LE4	直流设备技术规程、规范	LE9	故障处理
LE5	微机应用	LE10	结构及工作原理

续表

单元序号	单 元 名 称	单元序号	单 元 名 称
LE11	运行维护	LE20	硅整流及高频开关电源成套装置运行
LE12	检修	LE21	检修维护
LE13	故障处理	LE22	故障排除
LE14	结构及工作原理	LE23	接线方式
LE15	运行维护	LE24	运行
LE16	检修	LE25	检修维护
LE17	故障处理	LE26	故障排除
LE18	硅整流及高频开关电路的基础知识	LE27	结构及工作原理
LE19	硅整流及高频开关电源成套充电装置的基本知识	LE28	运行维护
		LE29	检修

3 职业技能鉴定

3.1 鉴定要求

鉴定内容和考核双向细目表按照本职业（工种）《中华人民共和国职业技能鉴定规范·电力行业》执行。

3.2 考评人员

考评人员分考评员和高级考评员。考评员可承担初、中、高级技能等级鉴定；高级考评员可承担初、中、高级技能等级和技师、高级技师资格考评。其任职条件是：

3.2.1 考评员必须具有高级工、技师或者中级专业技术职务以上的资格，具有15年以上本工种专业工龄；高级考评员必须具有高级技师或者高级专业技术职务，取得考评员资格并具有1年以上实际考评工作经历。

3.2.2 掌握必要的职业技能鉴定理论、技术和方法，熟悉职业技能鉴定的有关法律、法规和政策，有从事职业技术培训、考核的经历。

3.2.3 具有良好的职业道德，秉公办事，自觉遵守职业技能鉴定考评人员守则和有关规章制度。

鉴定试题库

4

4.1 理论知识（含技能笔试）试题

4.1.1 选择题

下列每题都有4个答案，其中只有一个正确答案，将正确答案的代号填在括号内。

La5A1001 通常所说的交流电压220V或380V，是指它的（B）。

（A）平均值；（B）有效值；（C）最大值；（D）瞬时值。

La5A1002 图A-1晶体三极管图形符号表示的是（C）。

（A）硅管；（B）锗管；（C）NPN管；（D）PNP管。

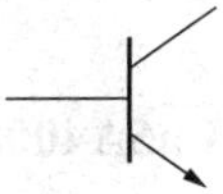

图A-1

La5A1003 P型半导体主要是靠（C）导电的。

（A）离子；（B）电子；（C）空穴；（D）质子。

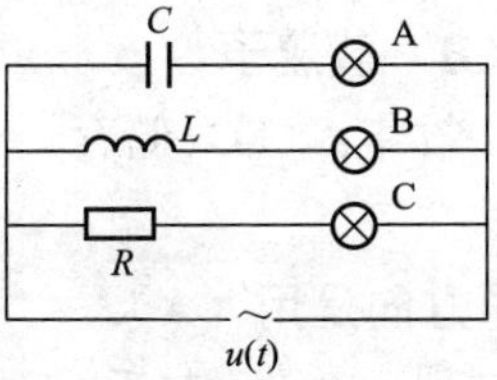

图A-2

La5A2004 如图A-2所示，当交流电源的频率增加时，（A）亮度增大。

（A）A灯；（B）B灯；（C）C

灯；（D）三个灯同时。

La5A3005　关于电位正确的说法是（A）。

（A）电位是标量，没有方向性，但它的值可为正、负或零；（B）电场将单位负电荷从电场中的某点移到参考点所做的功叫该点电位；（C）电位是矢量，具有方向性；（D）若参考点一经选定，则某一点电位的大小与所选路径无关。

La5A3006　有两个相同频率的正弦电压：u_1=100sin（314t+120°），u_2=50sin（314t−90°），则（C）。

（A）u_1与u_2同相；（B）u_1与u_2反相；（C）u_1滞后$u_2$150°；（D）u_1超前$u_2$30°。

La5A3007　单相正弦交流电的电压和电流的峰值为U_m和I_m，则视在功率的有效值是（A）。

（A）$\frac{U_m I_m}{2}$；（B）$\frac{U_m I_m}{\sqrt{2}}$；（C）$\sqrt{2}U_m I_m$；（D）$2U_m I_m$。

La5A4008　负载上交流电为 $i=10\sin 314t$，$u=10\sin\left(314t+\frac{\pi}{3}\right)$，则负载是（C）。

（A）纯电阻性的；（B）纯电感性的；（C）感性的；（D）容性的。

La4A1009　三极管基极的作用是（B）载流子。

（A）发射；（B）输送和控制；（C）收集；（D）储存。

La4A1010　判断通电线圈产生磁通方向是用（A）。

（A）右手螺旋法则；（B）右手定则；（C）左手定则；（D）楞次定律。

La4A1011 在 *RL* 串联电路中，下列功率表达式（A）正确。

（A）$P=I^2R$；（B）$P=U^2/R$；（C）$P=UI$；（D）$P=U^2/Z$。

La4A1012 *LC* 串联电路，当感抗等于容抗时，会发生（B）谐振。

（A）电流；（B）电压；（C）铁磁；（D）无规律的。

La4A1013 线圈中感应电动势的大小与线圈中（C）。

（A）磁通大小成正比；（B）磁通的大小成反比；（C）磁通的变化率成正比；（D）磁通的变化率成反比。

La4A1014 当线圈磁通减少时，感应电流的磁通方向（B）。

（A）与原磁通方向相反；（B）与原磁通方向相同；（C）与原磁通方向无关；（D）与线圈尺寸大小有关。

La4A2015 绕组中自感电流的方向（C）。

（A）与原电流方向相反；（B）与原电流方向相同；（C）阻止原电流的变化；（D）与原电流无关。

La4A3016 在 *LC* 振荡电路中，电容器放电完毕的瞬间，（C）。

（A）电场能正在向磁场能转化；（B）磁场能正在向电场能转化；（C）电场能向磁场能转化刚刚完毕；（D）磁场能向电场能转化刚刚完毕。

La3A2017 用假想剖切面剖开机件，将处在观察者和剖切面之间的部分移去，而将剩余部分向投影面投影所得的图形称为（C）。

（A）剖切图；（B）局部剖视；（C）剖视图；（D）剖面图。

La3A3018　非正弦交流电的有效值指（A）。

（A）各次谐波有效值平方和的平方根；（B）各次谐波有效值和的平方根；（C）一个周期内的平均值；（D）一个周期内绝对值的平均值。

La3A3019　将二进制数1111001转换为十进制数为（D）。

（A）65；（B）97；（C）89；（D）121。

La3A3020　电压和电动势的区别是（C）。

（A）单位不同；（B）能量不同；（C）做功的对象和它们的方向不同；（D）一个反映电场能量，一个反映电场力。

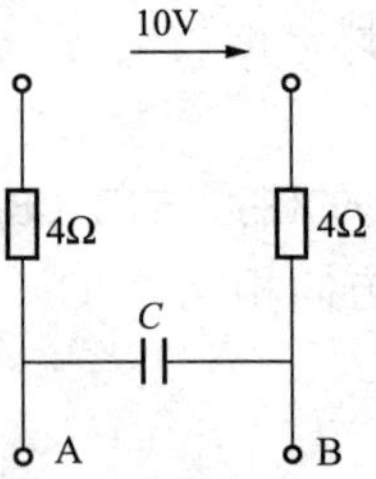

图 A-3

La3A4021　图A-3中，A、B两点间的电压 U_{AB}=（A）V。

（A）10；（B）5；（C）0.1；（D）0.5。

La2A3022　在三相三线制电路中，不论电源和负荷怎么样连接，也不论电流是否对称，正确的说法是（A）。

（A）三个线电流的相量和必等于零；（B）三个相电压的相量和必等于零；（C）三个线电压的相量和必等于零；（D）三个相电流的相量和必等于零。

La2A4023　在复杂电路中，有 n 个节点，m 个支路，其独立网孔数为（A）。

（A）$m-n+1$；（B）$m-n-1$；（C）$m+n-1$；（D）$m+n+1$。

La2A5024　在图A-4中，a点的电位等于（C）V。

（A）1；（B）2；（C）3；（D）4。

Lb5A1025 防酸蓄电池的正极板是（C）。

（A）半化成式；（B）涂膏式；（C）玻璃丝管式；（D）化成式。

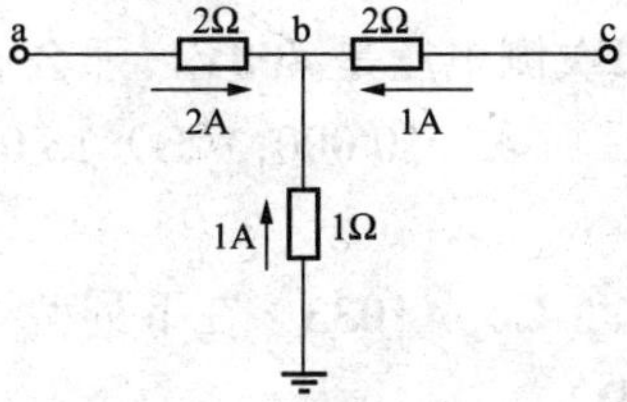

图 A-4

Lb5A1026 蓄电池容量用（B）表示。

（A）放电功率与放电时间的乘积；（B）放电电流与放电时间的乘积；（C）充电功率与时间的乘积；（D）充电电流与电压的乘积。

Lb5A1027 在变电站常用的直流电源中，最为可靠的是（D）。

（A）硅整流；（B）电容器储能式硅整流；（C）复式整流；（D）蓄电池。

Lb5A1028 变压器铭牌上额定容量是指（C）。

（A）有功功率；（B）无功功率；（C）视在功率；（D）瞬时功率。

Lb5A1029 熔断器在电路中的作用是保护（C）。

（A）过负荷；（B）短路；（C）过负荷与短路；（D）漏电。

Lb5A1030 电容器所储存的能量为（C）。

（A）热能；（B）磁场能；（C）电场能；（D）化学能。

Lb5A1031 直流回路中表示信号回路电源小母线的文字符号是（B）。

（A）WTS；（B）WS；（C）WPS；（D）（+）WFS。

Lb5A1032 某单相变压器的一、二次绕组匝数比等于 **25**，二次侧电压是 **400V**，那么一次侧电压是（**A**）**V**。

（A）10 000；（B）15 000；（C）25 000；（D）6000。

Lb5A1033 在下列型号的蓄电池中，属于碱性蓄电池的是（**D**）。

（A）3-Q-75；（B）GF-300；（C）2K-10；（D）GNY-5。

Lb5A2034 阀控蓄电池额定容量为标准温度（**25℃**）下（**C**）**h** 的放电率容量。

（A）4；（B）5；（C）10；（D）20。

Lb5A2035 将一额定电压数值相同的交流接触器应用到直流电路中，将引起（**A**）。

（A）线圈烧毁；（B）触头烧毁；（C）铁芯烧毁；（D）允许使用。

Lb5A2036 图 **A-5** 中，图形符号（**C**）表示 **N** 型单结晶体管。

图 A-5

Lb5A2037 对绝缘材料所加电压与泄漏电流的比值就是要测量的（**A**）。

（A）绝缘电阻；（B）直流电阻；（C）交流电抗；（D）介质损失角。

Lb5A2038 单结晶体管也称（**D**）。

（A）晶闸管；（B）稳压二极管；（C）续流二极管；（D）双

基极二极管。

Lb5A2039　对（C）电缆可以直接通过绝缘电阻测量来判断电缆的好坏。

（A）高压；（B）中压；（C）低压；（D）中、低压。

Lb5A2040　晶体三极管基极电流保持不变，当（A）时，三极管工作在放大区。

（A）发射结加正向电压、集电结加反向电压；（B）发射结加正向电压、集电结加正向电压；（C）发射结加反向电压、集电结加反向电压；（D）发射结加反向电压、集电结加正向电压。

Lb5A3041　在下列整流电路中，（D）整流电路输出的直流脉动最小。

（A）单相半波；（B）单相全波；（C）单相桥式；（D）三相桥式。

Lb5A3042　铅酸蓄电池在充电后，正极板形成的活性物质是（A）。

（A）PbO_2；（B）Pb；（C）$PbSO_4$；（D）$PbSO_4$ 晶粒。

Lb5A3043　铅酸蓄电池在充电后，负极板形成的活性物质是（B）。

（A）PbO_2；（B）Pb；（C）$PbSO_4$；（D）$PbSO_4$ 晶粒。

Lb5A3044　晶闸管导通的条件是：晶闸管（C）。

（A）主回路加反向电压，同时控制极加适当的正向电压；（B）主回路加反向电压，同时控制极加适当的反向电压；（C）主回路加正向电压，同时控制极加适当的正向电压；（D）主回路加正向电压，同时，控制极加适当的反向电压。

Lb5A3045 硅胶电解质的电阻率为（**B**）**Ω·cm**。

（A）1.09；（B）1.12；（C）1.25；（D）1.34。

Lb5A3046 铅酸蓄电池容量与温度关系的公式：C_t=［1+0.008（t−25）］$C_{25℃}$，在温度 t 为（**C**）℃情况下适用。

（A）0～40；（B）5～35；（C）10～40；（D）任意温度。

Lb5A3047 把几个相同的电池组合起来，对一个定值电阻 R 供电，要把它们串联成的电池组和并联成的电池组通过 R 的电流相等，则每个电池的内阻应该是（**D**）。

（A）$r=nR$；（B）$r=n/R$；（C）$r=\sqrt{n}R$；（D）$r=R$。

Lb5A3048 如图 **A-6** 所示，$R_1=R_3=4\Omega$，$R_2=R_4=2\Omega$，当输入电压 $U_1=10V$ 时，输出电压 U_2 为（**B**）**V**。

（A）$\frac{10}{3}$；（B）5；（C）10；（D）0。

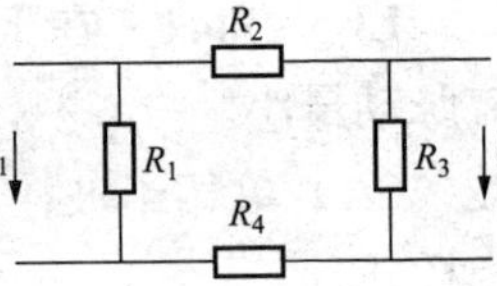

图 A-6

Lb4A1049 防酸蓄电池 **10h** 放电率终止电压（**B**）**V**。

（A）1.75；（B）1.80；（C）1.85；（D）1.90。

Lb4A1050 整流器输出回路直流电流表指示的是（**C**）。

（A）有效值；（B）峰值；（C）平均值；（D）平方值。

Lb4A1051 三相变压器的低压侧接成三角形接线，其相电流较线电流（**B**）倍。

（A）大$\sqrt{3}$；（B）小$\sqrt{3}$；（C）大$\sqrt{2}$；（D）小$\sqrt{2}$。

Lb4A1052 蓄电池充电属于（**B**）。

（A）热电效应；（B）电化学效应；（C）光电效应；（D）电

磁效应。

Lb4A2053　负荷是按星形连接，还是三角连接，是根据(D)。

（A）电源的接法而定；（B）电源的额定电压而定；（C）负荷所需电流大小而定；（D）电源电压大小、负荷额定电压大小而定。

Lb4A2054　所谓三相对称负荷就是（D）。

（A）三个相的相电流有效值相等；（B）三个相的相电压相等且相位互差120°；（C）三个相的相电流有效值相等，三个相的相电压相等且相位互差120°；（D）三个相的负荷阻抗相等，阻抗角相同。

Lb4A2055　如单相桥式整流直流电流为20A，则通过每个硅元件上的电流为（B）A。

（A）20；（B）10；（C）5；（D）4。

Lb4A2056　单个镉镍蓄电池的额定电压为（A）V。

（A）1.2；（B）1.215；（C）1.8；（D）1.9。

Lb4A2057　如图A-7所示，当开关S打开时，（C）。

（A）H1先熄灭；（B）H2先熄灭；（C）H1熄灭，然后H1、H2亮（较前暗），最后全熄；（D）H1、H2同时熄灭。

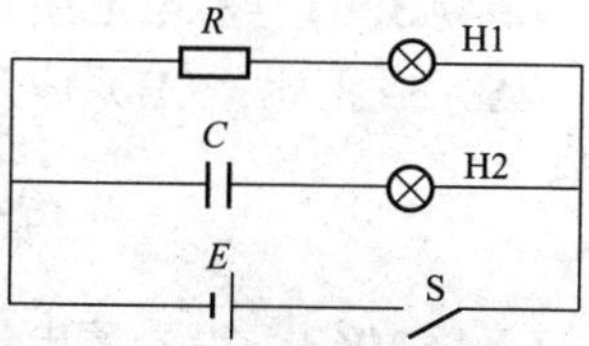

图A-7

Lb4A2058　如图A-8所示，A灯与B灯电阻相同，当电阻器滑动片向下滑动时，（C）。

（A）A灯变亮、B灯变亮；（B）A灯变暗、B灯变亮；

（C）A 灯变暗、B 灯变暗；（D）A 灯变亮、B 灯变暗。

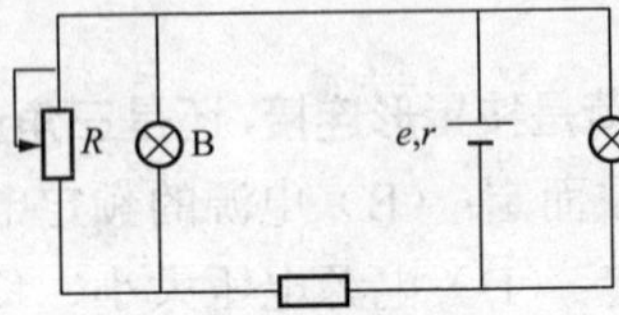

图 A-8

Lb4A2059 相电压相同的三相绕组星形连接时，其绕组的匝数是三角形连接时绕组匝数的（**C**）倍。

（A）$\sqrt{3}$；（B）3；（C）$\frac{1}{\sqrt{3}}$；（D）2。

Lb4A3060 烧结式镉镍蓄电池正极板的活性物质是（**B**）。

（A）氢氧化镉；（B）氢氧化镍；（C）镉；（D）镍。

Lb4A3061 晶体三极管能将微弱的电信号放大很多倍，其能源来自（**B**）。

（A）基极电源；（B）集电极电源；（C）晶体管本身；（D）外加信号源。

Lb4A3062 蓄电池所输出的容量与它的极板表面积（**A**）。

（A）成正比；（B）成反比；（C）不成比例关系；（D）没有关系。

Lb4A3063 铅酸蓄电池的电势高低与蓄电池的（**C**）无关。

（A）极板上的活性物质的电化性质；（B）电解液的浓度；（C）极板大小；（D）电解液的密度。

Lb4A3064 在晶闸管整流电路的交流输入端、直流输出端及元件上接有 *RC* 电路，其作用是（**C**）。

（A）滤波；（B）提高功率因数；（C）过电压保护；（D）移相。

Lb4A3065 **晶体三极管基极电流保持不变，当（B）时，三极管工作在饱和区。**

（A）发射结加正向电压，集电结加反向电压；（B）发射结加正向电压，集电结加正向电压；（C）发射结加反向电压，集电结加反向电压；（D）发射结加反向电压，集电结加正向电压。

Lb4A3066 **负荷的有功功率为 P，无功功率为 Q，电压为 U，电流为 I 时，电阻 R 和电抗 X 的表达式为（A）。**

（A）$R=P/I^2$、$X=Q/I^2$；（B）$R=P/I$、$X=Q/I$；（C）$R=I^2/P^2$、$X=I^2/Q^2$；（D）$R=\dfrac{U^2 I}{P}$、$X=\dfrac{U^2 I}{Q}$。

Lb4A3067 **铅酸电池在（D）环境下会缩短蓄电池浮充运行寿命。**

（A）潮湿；（B）干燥；（C）低温；（D）高温。

Lb4A3068 **相同额定容量的熔丝和开关，通过同样倍数的过电流，它们的动作时间（B）。**

（A）熔丝快于开关；（B）开关快于熔丝；（C）动作时间都一样；（D）动作时间无关联。

Lb4A3069 **直流电源和交流电源（D）共用同一根电缆。**

（A）可以；（B）可以，但要做好隔离措施；（C）只要线间绝缘良好就可以；（D）不允许。

Lb4A3070 **上下级熔体之间额定电流值，应保证（B）级差，电源端选下限，网络末端选上限。**

（A）2～3；（B）2～4；（C）1～3；（D）1～4。

Lb4A4071　蓄电池电解液温度升高，电化反应增强，蓄电池容量（A）。

（A）增大；（B）减小；（C）无变化；（D）与温度无关。

Lb4A4072　晶体三极管基极电流保持不变，当（C）时，三极管工作在截止区。

（A）发射结加正向电压，集电结加反向电压；（B）发射结加正向电压，集电结加正向电压；（C）发射结加反向电压，集电结加反向电压；（D）发射结加反向电压，集电结加正向电压。

Lb4A4073　全烧结镉镍蓄电池工作电流在1～3倍范围内时称为（B）。

（A）低倍率；（B）中倍率；（C）高倍率；（D）超高倍率。

Lb4A4074　想要提高放大器的输入电阻和稳定输出电流，应引入（C）。

（A）电压串联负反馈；（B）电流并联负反馈；（C）电流串联负反馈；（D）电压并联负反馈。

Lb4A5075　自饱和电抗器的铁芯完全去磁时铁芯的导磁率最小，工作绕组的电感量最大，因此，直流输出的电流（电压）（B）。

（A）最大；（B）最小；（C）不变；（D）无法确定。

Lb4A5076　直流系统电压不稳定一般都是由（A）引起的。

（A）充电装置；（B）蓄电池；（C）馈线屏；（D）直流母线。

Lb4A5077 有一电子线路需用一只耐压为 1000V、电容量为 8μF 的电容器，现在只有 4 只耐压 500V、电容量为 8μF 的电容器，将（A）就能满足要求。

（A）两只、两只串联然后并联；（B）四只串联；（C）四只并联；（D）三只并联与另一只串联。

Lb3A2078 在直流电压监察装置中，过电压继电器的动作值一般选取（B）U_N。

（A）1.1；（B）1.15；（C）1.2；（D）1.25。

Lb3A2079 在晶体管放大电路中，放大倍数β值（D）。

（A）越大越好；（B）越小越好；（C）在 10～20 之间；（D）在 20～100 之间。

Lb3A2080 直流放大器的各级之间应采用（C）耦合。

（A）阻容；（B）变压器；（C）直接；（D）电容。

Lb3A3081 已知一个单相桥式整流电路，隔离变压器交流输入为 220V，变比 K=20，则这个整流电路中每个二极管的最大反向电压必须大于（B）V。

（A）11；（B）$11\sqrt{2}$；（C）$2\frac{11}{2}\sqrt{2}$；（D）$\frac{11}{2}$。

Lb3A3082 有一个单相交流电路，所加的电压为 U，当电路中串联电容后，若维持电压不变，电流增加，则原电路是（B）的。

（A）容性；（B）感性；（C）纯电阻性；（D）阻容性。

Lb3A3083 蓄电池设备在浮充电方式运行，当提供冲击负荷时，直流母线电压不低于直流标称电压的（A）。

（A）90%；（B）80%；（C）85%；（D）95%。

Lb3A3084　用摇表测量直流设备内部对外壳（接地端）绝缘，开始时发现指针瞬间为零，然后升高。该现象是（C）。

（A）有击穿，后恢复；（B）是绝缘表的特性造成的；（C）对地电容充电造成的；（D）外界干扰造成的。

Lb3A3085　直流系统第一级（最上级）保护元件是（B）。

（A）充电装置输出熔丝；（B）蓄电池总熔丝；（C）馈线屏输出总熔丝；（D）馈线上定值最大的保护元件。

Lb3A3086　直流系统第一级保护——蓄电池组保护宜采用（C）。

（A）交直流断路器；（B）直流断路器；（C）熔断器；（D）交流断路器。

Lb3A3087　新、扩或改建电站直流系统馈出线应采用（D）状供电方式。

（A）树；（B）分散；（C）环；（D）辐射。

Lb3A3088　电力上 UPS 含义是（D）。

（A）快递；（B）交流电源；（C）直流电源；（D）交流不间断电源。

Lb3A3089　UPS 的功能是（D）。

（A）稳压；（B）抗干扰；（C）保证不间断供直流电；（D）保证不间断供交流电。

Lb3A3090  **该符号表示是（C）。**

（A）滤波；（B）逆变；（C）整流；（D）能量传递。

Lb3A3091 **该符号表示是（B）。**

（A）滤波；（B）逆变；（C）整流；（D）能量传递。

Lb3A3092 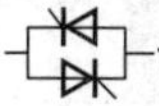**该符号表示是（C）。**

（A）整流；（B）二极管；（C）电子开关；（D）电压保护。

Lb3A3093　在 *RLC* 串联正弦交流电路中，当外加交流电源的频率为 *f* 时发生谐振，则当外加交流电源频率为 2*f* 时，电路的性质为（B）。

（A）电阻性；（B）电感性；（C）电容性；（D）无法确定。

Lb3A3094　在直流电压监察装置中，低电压继电器的返回值一般选取（D）U_N。

（A）0.7；（B）0.75；（C）0.8；（D）0.85。

Lb3A3095　直流系统相邻导线及导线与建筑物或地之间的距离不应小于（B）mm。

（A）25；（B）50；（C）80；（D）100。

Lb3A4096　微分电路是将矩形波变为（C）。

（A）锯齿波；（B）尖顶波；（C）三角波；（D）梯形波。

Lb3A4097　单结晶体管导通条件是（A）。

（A）发射极电压大于峰点电压；（B）发射极电压小于峰点电压；（C）发射极电压小于谷点电压；（D）发射极电压大于谷点电压。

Lb3A5098 一个电池的电动势为ε，内阻为 r，外接负荷为两个并联电阻，阻值为 R，当 R 取（D）时，负荷上消耗的功率最大。

（A）0；（B）$r/2$；（C）r；（D）$2r$。

Lb3A5099 三相桥式整流电路输出脉动电压的频率为（D）Hz。

（A）50；（B）100；（C）150；（D）300。

Lb3A5100 电容器充电和放电过程中，瞬间充、放电电流与（B）。

（A）电容器两端电压成正比；（B）电容器两端电压的变化率成正比；（C）电容器两端电压的变化量成正比；（D）电容器两端电压无关。

Lb2A3101 在三相桥式整流电路中，二极管的最大反向电压是二次相电压的（C）倍。

（A）$2\sqrt{2}$；（B）$\sqrt{3}$；（C）$\sqrt{6}$；（D）$\sqrt{2}$。

Lb2A3102 铅酸蓄电池的防酸雾能力指的是在通常的（A）条件下，抑制其内部产生的酸雾向外部泄放的能力。

（A）过充电；（B）静置；（C）过放电；（D）正常放电。

Lb2A3103 在变电站设计中，蓄电池容量是由（C）决定的。

（A）经常负荷；（B）事故负荷；（C）满足事故全停时的放电容量；满足冲击负荷；满足直流母线电压要求。（D）正常负荷。

Lb2A3104 蓄电池出口回路短路保护应按蓄电池（A）h放电率电流选择，并应与直流馈线回路保护电气相配合。

（A）1；（B）3；（C）5；（D）0.5。

Lb2A4105 晶闸管触发脉冲应有足够的宽度，应保持在（**B**）μs之间。

（A）10；（B）20～50；（C）50～80；（D）100。

Lb2A4106 单相全波整流电路的整流系数为（**B**）。

（A）0.675；（B）0.9；（C）1.35；（D）0.45。

Lb2A5107 图**A-9**中，（**C**）为积分器。

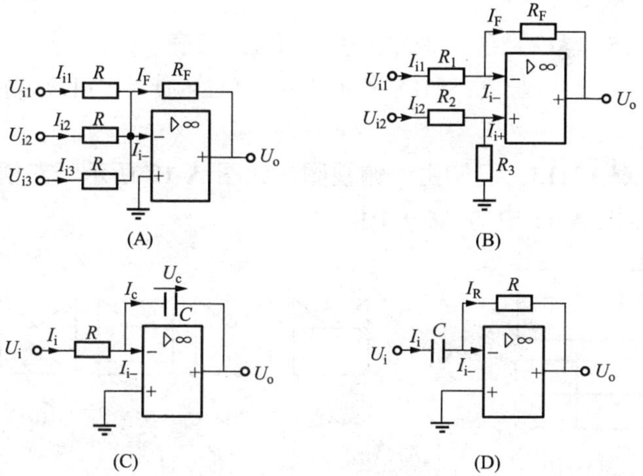

图 A-9

Lb2A5108 三只相同阻值的阻抗元件，先以星形接入对称的三相交流电源，所消耗的功率与再以三角形接入同一电源所消耗的功率之比等于（**C**）。

（A）1:1；（B）1:2；（C）1:3；（D）1:$\sqrt{3}$。

Lb2A5109 双星形中性点带平衡电抗器整流电路，由于平衡电抗器的作用，电路的移相范围为（**C**）。

（A）0～60°；（B）0～90°；（C）0～120°；（D）0～180°。

Lb1A3110 二段完全独立的直流母线通过寄生回路造成一段的正极和二段的负极或二段的正极和一段的负极相连，会（**B**）。

（A）造成直流短路；（B）造成直流绝缘损坏；（C）造成直流接地；（D）造成电压纹波增大。

Lc5A1111 用元素符号表示物质分子组成的式子叫（**B**）。

（A）方程式；（B）分子式；（C）表达式；（D）结构式。

Lc5A2112 台虎钳的大小以（**A**）来表示。

（A）钳口长度；（B）外形大小；（C）质量；（D）高度。

Lc5A2113 已知主、俯视图，如图 **A-10** 所示，左视图正确的是图 **A-11** 中的（**C**）图。

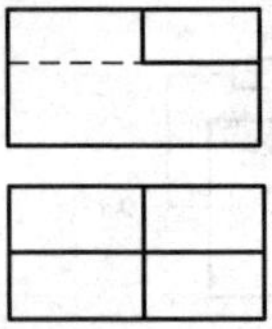

图 A-10

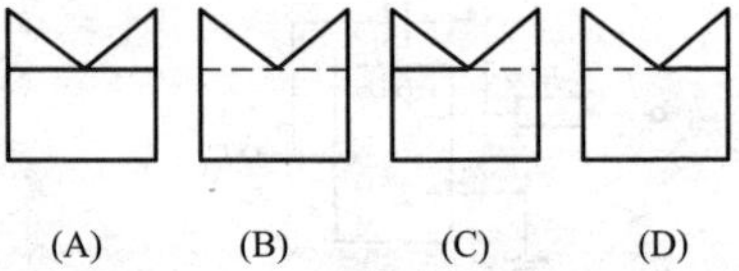

图 A-11

Lc5A3114 图 **A-12** 中，表示额定功率为 **2W** 的电阻器的图形符号是（**B**）。

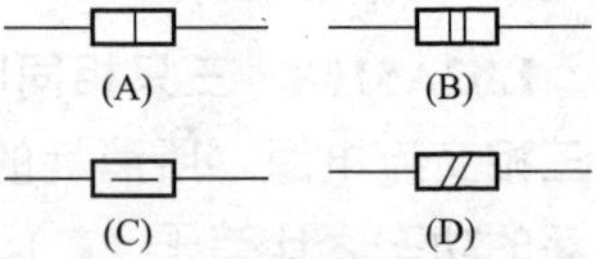

图 A-12

Lc4A2115 图 **A-13** 中，（**B**）为瞬时闭合延时打开的动合触点。

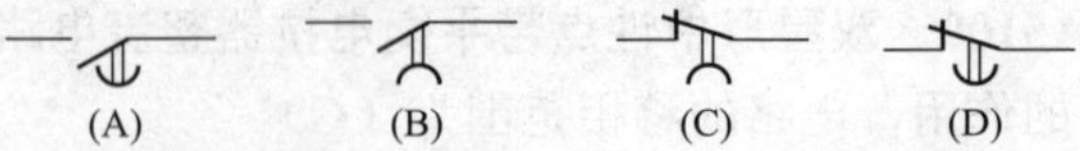

图 A-13

Lc4A2116 **如图 A-14 所示，当直绳一端受拉或两端受拉时，对于绳子来说其受力（A）。**

图 A-14

（A）相等；（B）一端受拉时大；（C）两端受拉时大；（D）两端受拉是一端受拉的 2 倍。

Lc4A3117 **测量仪表准确度等级的百分数是（B）。**

（A）最大基本误差；（B）最大引用误差；（C）最大绝对误差；（D）最大相对误差。

Lc4A3118 **直流电压表的“+”、“−”符号表示（B）。**

（A）电压的实际极性；（B）电压的参考极性；（C）没有什么意义；（D）只表示是接线端子，可随意接。

Lc4A3119 **一般交流电压表和电流表的表盘刻度都是前密后疏，这是由于使指针偏转的力矩，与所测的电压或电流的（C）成比例的缘故。**

（A）平均值；（B）有效值；（C）平方值；（D）最大值。

Lc3A2120 **电力生产工作条例规定：为了加强安全生产管理，提高安全生产水平，必须实现安全（C）现代化、安全器具现代化和安全管理现代化。**

（A）技术；（B）设施；（C）装备；（D）防护。

Lc3A3121 **如图 A-15 所示为盘面刻度示意图，仪表指针**

放在表盘的第 **1** 分格处，此处读数为（**D**）。

（A）10；（B）20；（C）50；（D）80。

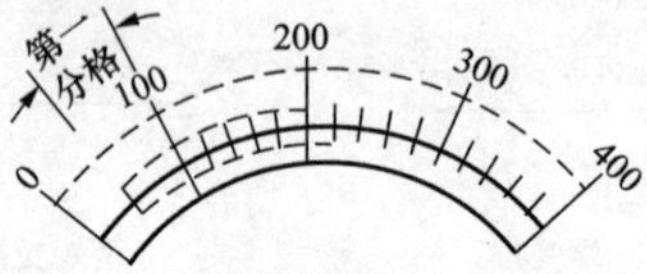

图 A-15

Lc2A2122 公制普通螺纹牙型为（**B**）。

（A）55°；（B）60°；（C）65°；（D）70°。

Lc2A2123 安全生产规章制度是安全生产的经验总结，是进行安全生产的重要（**C**）。

（A）保证；（B）步骤；（C）依据；（D）环节。

Lc2A3124 指针式仪表的三个主要组成部件是转动机构、阻尼器及（**C**）。

（A）刻度盘；（B）外壳；（C）反作用力矩机构；（D）指针。

Lc2A3125 （**C**）不属于电池范畴。

（A）钠硫电池；（B）液流电池；（C）太阳能电池；（D）燃料电池。

Jd5A1126 直流正母线的颜色为（**D**）。

（A）红色；（B）绿色；（C）黄色；（D）赭色。

Jd5A1127 直流负母线的颜色为（**C**）。

（A）黑色；（B）绿色；（C）蓝色；（D）赭色。

Jd5A1128　下列设备接地属于工作接地的是（A）。

（A）配电变压器中性点接地；（B）电动机外壳接地；（C）电流互感器二次接地；（D）配电盘盘体接地。

Jd5A1129　电流互感器在运行中为保证人身和二次设备的安全，其二次（A）。

（A）必须一点接地；（B）必须两点接地；（C）多点重复接地；（D）不得接地。

Jd5A1130　手工铁锯条锯齿的粗细是以锯条（B）mm 长度内的齿数来表示的。

（A）20；（B）25；（C）30；（D）35。

Jd5A2131　当电压互感器一次绕组和二次绕组都接成星形接线，而且中性点都接地时，一次中性点接地称为（B）。

（A）保护接地；（B）工作接地；（C）重复接地；（D）防雷接地。

Jd5A2132　用指针式万用表测量晶闸管的阳极—阴极、阳极—门极、阴极—门极之间正、反向电阻时，应使用万用表的（B）Ω 挡。

（A）$R\times1$；（B）$R\times10$ 和 $R\times1$k；（C）$R\times100$ 或 $R\times1$k；（D）$R\times10$k。

Jd5A2133　塞尺是一种测量工具，它可以用来测量结合面的（C）。

（A）厚度；（B）精度；（C）间隙；（D）深度。

Jd5A2134　下列型号的电容器属于瓷质电容器的是（C）。

（A）CY；（B）CC；（C）CZ；（D）CL。

Jd5A2135　镉镍蓄电池电解液（D）。

（A）pH=7；（B）pH＜7；（C）pH＞12；（D）pH≥12。

Jd5A2136　动力用的熔断器应装在（B）。

（A）隔离开关的电源侧；（B）隔离开关的负荷侧；（C）方便施工的位置；（D）由设计人员决定。

Jd5A3137　用指针式万用表 $R\times100\Omega$ 挡测量二极管的正、反向电阻，当（D）时可判断二极管是好的。

（A）正向电阻几欧，反向电阻几兆欧；（B）正向电阻几十欧，反向电阻几千欧；（C）正向电阻几十欧，反向电阻几十千欧；（D）正向电阻几十欧，反向电阻几百千欧。

Jd5A4138　二极管参数中的最大整流电流的“整流电流”是指允许（A）。

（A）通过二极管的最大正向电流的平均值；（B）通过二极管的脉动电流中的交流分量；（C）通过二极管的脉动电流的最大值；（D）通过二极管的脉动电流的有效值。

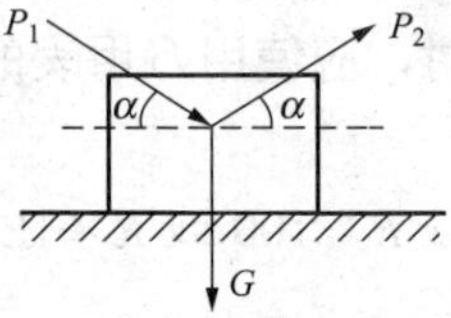

图 A-16

Jd4A1139　如图 A-16 所示，用 P_1 力推动物体或用 P_2 力（P_1=P_2）拉物体，则用 P_2 力拉物体时（A）。

（A）省力；（B）费力；（C）作用效果不变；（D）可以省一倍的力。

Jd4A1140　图 A-17 所示电工仪表符号中（B）表示磁电系仪表。

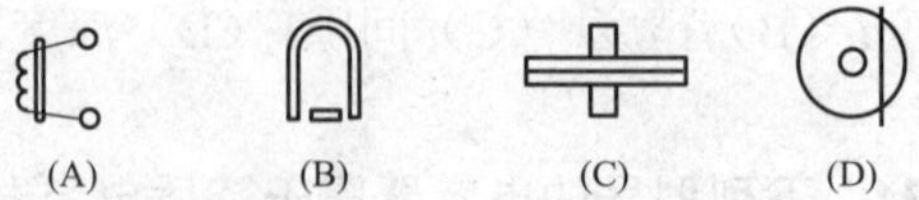

图 A-17

Jd4A2141 **在晶闸管导通时，下列条件中（D）不能使晶闸管关断。**

（A）降低主回路正向电压到一定值；（B）降低主回路电流到一定值；（C）断开主回路；（D）控制回路断开。

Jd4A2142 **根据电气设备正常运行所允许的最高温度，把绝缘材料分为七个等级，其中A级绝缘的允许温度为（B）℃。**

（A）90；（B）105；（C）120；（D）130。

Jd4A3143 **晶闸管整流电路的触发控制角越大，输出直流电压的平均值（B）。**

（A）越大；（B）越小；（C）变化很小；（D）不变。

Jd4A3144 **无端电池的蓄电池组，电池个数应保证在事故放电末期能维持直流母线于（C）倍电压水平上。**

（A）0.75；（B）0.80；（C）0.85；（D）0.90。

Jd4A4145 **使用钳型电流表时，如果将被测回路绝缘导线在钳口铁芯里多串绕几圈，此时被测回路的实际电流值为（C）。**

（A）钳型表指示值；（B）钳型表指示值乘以匝数；（C）钳型表指示值除以匝数；（D）无法准确确定。

Jd4A5146 **在斜面上移动物体时，当倾角由15°增到30°时，在不考虑摩擦力的情况下，则拉力（C）。**

（A）不变；（B）减小；（C）增加1倍以下；（D）增加1倍以上。

Jd3A1147 **直流母线排列顺序（从设备前正视）是（B）。**

（A）正负由外向内；（B）正负由内向外；（C）由设计人员决定；（D）顺序没有规定，由颜色来加以区别。

Jd3A1148 **直流引下线排列顺序（从设备前正视）是（A）。**

（A）正负由左向右；（B）正负由右向左；（C）由设计人员决定；（D）顺序没有规定，由颜色来加以区别。

Jd3A3149 **DT-890B 型数字万用表在用 $R\times200\text{M}\Omega$ 挡测量电阻时，屏幕上出现 1，说明（A）。**

（A）被测电阻已短路；（B）被测电阻已断路；（C）超量程；（D）表内电池电压不足。

Jd3A3150 **镉镍蓄电池正常充电结束后，如电解液液面低于上液面线时，则（C）。**

（A）应补加氢氧化钾溶液；（B）应补加已配制好的电解液；（C）应补加纯水；（D）不应补加。

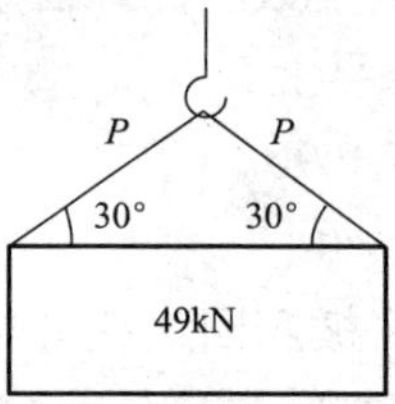

图 A-18

Jd3A4151 **如图 A-18 所示，每根吊索受力 *P* 等于（A）kN。**

（A）49；（B）34.7；（C）28.4；（D）24.5。

Jd3A4152 **自饱和电抗器中，当工作绕组匝数、铁芯柱有效截面积及铁芯平均磁路长度为定值时，工作绕组的电感与铁芯的导磁系数（A）。**

（A）成正比；（B）无关；（C）成反比；（D）有关，但不成比例。

Jd2A4153 **晶体管触发电路中，要使输出脉冲产生相位移动，达到移相控制的目的，需改变大小的是（B）。**

（A）同步电压；（B）控制电压；（C）电源电压；（D）脉冲变压器变比。

Je5A1154 阀控蓄电池，它的容器是用合成树脂制作的，可用（**C**）轻轻擦拭。

（A）汽油；（B）有机溶剂；（C）酒精；（D）煤油。

Je5A1155 铅酸蓄电池的正极板正常状态时为（**A**）。

（A）深褐色；（B）浅褐色；（C）棕黄色；（D）浅红色。

Je5A1156 铅酸蓄电池的负极板正常状态时为（**A**）。

（A）纯灰色；（B）黑灰色；（C）灰白色；（D）浅黑色。

Je5A1157 浮充电运行的防酸蓄电池单只电池的电压应保持在（**D**）**V**。

（A）2.00±0.05；（B）2.05±0.05；（C）2.10±0.05；（D）2.15±0.05。

Je5A1158 浮充电运行的防酸蓄电池单只电池的电解液密度（**25℃**）应保持在（**D**）**g/cm³**。

（A）1.200±0.005；（B）1.205±0.005；（C）1.210±0.005；（D）1.215±0.005。

Je5A2159 蓄电池的防酸隔爆帽每（**B**）必须用纯水清洗一次。

（A）月；（B）季度；（C）半年；（D）年。

Je5A2160 调配酸性电解液时搅拌工具可用（**C**）棒。

（A）木；（B）铁；（C）塑料；（D）不锈钢。

Je5A2161 直流控制、信号回路的馈线，一般采用截面不小于（**B**）**mm²** 的铜芯电缆。

（A）1.5；（B）2.5；（C）2.0；（D）4.0。

Je5A2162　在寻找直流系统接地时，应使用（**C**）。

（A）绝缘电阻表；（B）低内阻电压表；（C）高内阻电压表；（D）验电笔。

Je5A2163　在配制氢氧化钾或氢氧化钠电解液时，为了避免溶液溅到身上，烧伤皮肤或损坏衣服，应备有（**C**）供洗涤用。

（A）3%的苏打水；（B）5%的苏打水；（C）10%的硼酸水溶液；（D）2%的硼酸水溶液。

Je5A2164　碱性蓄电池有两条标记线，在使用前必须将电解液加到（**A**）。

（A）上标记线；（B）下标记线；（C）上、下标记线之间；（D）不低于下标记线。

Je5A2165　整流变压器的绝缘电阻应用量程为：（**C**）**V** 的绝缘电阻表测量。

（A）250；（B）500；（C）1000；（D）2500。

Je5A2166　整流变压器运行中温升最高不应超过（**B**）℃。

（A）35；（B）45；（C）50；（D）55。

Je5A2167　防酸蓄电池的负极板是（**B**）。

（A）半化成式；（B）涂膏式；（C）玻璃丝管式；（D）化成式。

Je5A2168　镉镍蓄电池在放电过程中，其电解液的密度（**C**）。

（A）升高；（B）降低；（C）基本不变；（D）显著降低。

Je5A2169　铅酸蓄电池在充电过程中电解液的密度（**B**）。

（A）下降；（B）升高；（C）基本不变；（D）变化无规律。

Je5A2170 **铅酸蓄电池在放电过程中电解液的密度（A）。**
（A）下降；（B）升高；（C）基本不变；（D）变化无规律。

Je5A2171 **整流变压器的电压比误差不应大于（A）。**
（A）±1%；（B）±2%；（C）±3%；（D）±5%。

Je5A2172 **铅酸蓄电池极板在数量上（B）。**
（A）正极板比负极板多一片；（B）负极板比正极板多一片；（C）正负极板数量相等；（D）没有明确规定。

Je5A3173 **铅酸蓄电池以10h放电率放电，可放出蓄电池容量的（A）。**
（A）100%；（B）90%；（C）80%；（D）70%。

Je5A3174 **碱性蓄电池电槽是用（A）制成的。**
（A）镀镍钢板；（B）有机玻璃；（C）玻璃；（D）合成树脂。

Je5A3175 **对控制负荷和动力负荷合并供电的直流系统，均衡充电时，直流母线电压应满足不高于直流系统标称电压的（B）。**
（A）105%；（B）110%；（C）112.50%；（D）115%。

Je5A3176 **高频开关模块型充电装置，稳压精度应不低于（C）。**
（A）±1%；（B）1%；（C）±0.5%；（D）0.5%。

Je5A3177 **相控型充电装置，稳压精度应不低于（B）。**
（A）±（1%～2%）；（B）Ⅰ型≤±0.5% Ⅱ型≤±1%；

（C）±（2%～2.5%）；（D）±（2%～3%）。

Je5A3178　防酸蓄电池电解液的温度在 30℃时，密度是 1.215，当温度降到 15℃时，密度（C）。

（A）低于 1.215；（B）等于 1.215；（C）高于 1.215；（D）高低无法确定。

Je5A3179　铅酸蓄电池电解液的温度超过 35℃时，电池组容量（A）。

（A）降低；（B）不变；（C）升高；（D）为零。

Je5A3180　镉镍高倍率蓄电池最少（A）恢复容量一次。

（A）每年；（B）每月；（C）每三个月；（D）每半年。

Je5A4181　铅酸蓄电池负极板边片厚度（B）。

（A）比中间片的厚度大；（B）比中间片的厚度小；（C）与中间片厚度相等；（D）没有明确规定。

Je5A4182　铅酸蓄电池的极板组由若干块正、负极板交错排列，负极板至少（D）片。

（A）1；（B）2；（C）3；（D）4。

Je5A4183　镉镍高倍率蓄电池恢复容量的方法是以（A）h 制电流，放电至平均每只电池电压 1.0V，然后用同样的电流充放循环一次，重新充电后即可使用。

（A）4；（B）5；（C）8；（D）10。

Je5A4184　造成运行中蓄电池负极极板硫化的原因是（C）。

（A）过充电；（B）过放电；（C）欠充电；（D）欠放电。

Je5A5185 镉镍高倍率蓄电池浮充电时，对每只电池电压应控制在（**B**）**V**。

（A）1.33～1.42；（B）1.35～1.40；（C）1.32～1.42；（D）1.30～1.42。

Je5A5186 充电装置微机监控功能中的自动充电功能、定期充电功能、三遥功能是属于（**C**）功能。

（A）监视功能；（B）自诊断功能；（C）控制功能；（D）显示功能。

Je5A5187 对于专供动力负荷的直流系统，均衡充电时，直流母线电压应不高于直流系统标称电压的（**C**）。

（A）105%；（B）110%；（C）112.50%；（D）115%。

Je5A5188 高频开关电源模块充电装置，纹波系数应不大于（**C**）。

（A）±（1%～2%）；（B）±0.5%；（C）0.5%；（D）1%～2%。

Je4A1189 大修后的铅酸蓄电池应用（**B**）法进行充放电。

（A）均衡充电；（B）初充电；（C）核对性充放电；（D）浮充电。

Je4A1190 配制铅酸蓄电池电解液过程中，电解液的温度不得超过（**D**）℃。

（A）50；（B）60；（C）70；（D）80。

Je4A1191 配制 **GNG** 系列蓄电池氢氧化钾电解液时，氢氧化钾溶解时放出一定热量，溶液温度可达 **80**℃左右。待温度降至（**A**）℃时，测量并调整电解液密度至合格。

（A）20±2；（B）25±2；（C）30±2；（D）35±2。

Je4A1192 碱性蓄电池注入电解液或补充液面高度时，可打开（**A**）。

（A）一只气塞，并注入；（B）两只气塞，依次注入；（C）全部气塞，依次注入；（D）没有严格要求。

Je4A1193 浮充运行时浮充电机输出电流应等于（**C**）。

（A）正常负荷电流；（B）蓄电池浮充电流；（C）正常负荷电流和蓄电池浮充电流两者之和；（D）正常负荷电流和蓄电池浮充电流两者之差。

Je4A1194 阀控式密封免维护铅酸蓄电池浮充电应采用（**D**）充电法。

（A）半恒流；（B）恒流；（C）恒压；（D）恒压限流。

Je4A1195 配制碱性电解液可用下列容器中的（**A**）容器。

（A）珐琅；（B）铅；（C）铝；（D）镀锌。

Je4A1196 测量防酸蓄电池电解液的密度应换算到（**B**）℃时的密度。

（A）15；（B）25；（C）35；（D）40。

Je4A1197 防酸蓄电池室的通风装置应满足其换气次数不小于（**B**）的要求。

（A）每天 3 次；（B）每小时 3 次；（C）每小时 1 次；（D）每分钟 1 次。

Je4A1198 碱性蓄电池在充电过程中，氢氧化钾与氢氧化锂混合电解液的温度不应超过（**A**）℃，当温度过高时应采取措施。

（A）35；（B）40；（C）50；（D）60。

Je4A2199 小容量的镉镍蓄电池（A）与槽相连。

（A）正极板；（B）负极板；（C）正极板和负极板均不；（D）正极板和负极板均。

Je4A2200 晶闸管整流装置是靠改变（C）来改变输出电压的。

（A）交流电源电压；（B）输出直流电流；（C）晶闸管触发控制角；（D）负载大小。

Je4A2201 运行3年左右或50～100次循环，需更换一次新电解液的蓄电池是（B）。

（A）酸性蓄电池；（B）碱性蓄电池；（C）阀控密封式铅酸蓄电池；（D）胶体蓄电池。

Je4A3202 铅酸蓄电池的电解液的密度下降到（C）时，即可认为放电终了。

（A）1.10～1.11；（B）1.12～1.14；（C）1.15～1.17；（D）1.18～1.19。

Je4A3203 铅酸蓄电池在整个充电过程中，应注意保持电解液的温度不超过（C）℃，否则应减少充电电流，延长充电时间。

（A）30；（B）35；（C）40；（D）45。

Je4A3204 防酸蓄电池的极板应浸于电解液中，电解液高出极板（B）mm。

（A）5；（B）10；（C）15；（D）20。

Je4A3205 镉镍蓄电池的浮充电采用稳压充电方式，每只电池的电压应控制在（B）V。

（A）1.20～1.30；（B）1.35～1.40；（C）1.45～1.50；（D）1.50～1.60。

Je4A3206　2V 一节的阀控蓄电池浮充电电压宜取（C）V。

（A）2.10～2.15；（B）2.13～2.25；（C）2.23～2.28；（D）2.30～2.35。

Je4A3207　2V 一节的阀控蓄电池均充电电压宜取（D）V。

（A）2.10～2.15；（B）2.13～2.25；（C）2.23～2.28；（D）2.30～2.35。

Je4A3208　阀控蓄电池的闭阀压力应在（A）～10kPa 范围内。

（A）1；（B）2；（C）3；（D）4。

Je4A3209　蓄电池静置 90 天后其荷电保持能力不低于（B）%。

（A）75；（B）80；（C）85；（D）90。

Je4A3210　6-GFM-200Ah 中的 6 代表电池（C）。

（A）容量；（B）电压；（C）单体数；（D）电流。

Je4A3211　阀控蓄电池的最大充电电流应该设定为（A）。

（A）$0.10C_{10}$A；（B）$0.20C_{10}$A；（C）$0.30C_{10}$A；（D）$0.05C_{10}$A。

Je4A3212　恒压充电情况下，充电后期的充电电流连续（C）h 不变，即可视为电池已充足电。

（A）1；（B）2；（C）3；（D）4。

Je4A3213　阀控蓄电池安全阀的开阀压力应为（B）kPa

（DL/T）。

（A）1～19；（B）10～49；（C）30～59；（D）1～15。

Je4A3214 **当有一个开关电源模块故障时，高频开关直流电源（C）工作。**

（A）不能；（B）继续；（C）影响最大输出电流，但能继续正常；（D）保持出厂设定的。

Je4A3215 **蓄电池组应通过（D）与电缆连接。**

（A）端子；（B）蓄电池软连接线；（C）连接铜条；（D）连接端子铜排。

Je4A3216 **蓄电池间的连接条在 $3I_{10}$ 放电时的电压降应（A）mV。**

（A）≤8；（B）≤16；（C）≤20；（D）≤18。

Je4A3217 **直流电源柜外形尺寸应优先采用与控制、保护柜一致的标准尺寸，即（A）mm。**

（A）2200×800×600；（B）2000×800×600；（C）2300×800×600；（D）2200×800×550。

Je4A3218 **组柜安装的蓄电池组的各个蓄电池间的间距应不小于（D）mm。**

（A）2；（B）5；（C）10；（D）15。

Je4A3219 **组柜安装的蓄电池与上层隔板间隔应不小于（C）mm。**

（A）50；（B）100；（C）150；（D）200。

Je4A3220 **直流系统发生一点接地应在（C）h 内处理设**

法消除。

（A）3；（B）2；（C）4；（D）1。

Je4A3221 监控器故障或退出运行时，模块应自动处于（**C**）工作状态。

（A）保持原来的；（B）均充；（C）浮充；（D）保持出厂设定的。

Je4A3222 蓄电池工作电压比开路电压（**C**）。

（A）高；（B）等于；（C）低；（D）不一定。

Je4A3223 铅酸蓄电池的存放期一般为（**C**）个月。

（A）2；（B）4；（C）6；（D）8。

Je4A3224 为防止铅酸蓄电池极板被腐蚀，在运行中添加稀硫酸或蒸馏水时，温度应控制在（**C**）℃，并不能高于室温。

（A）0～35；（B）5～35；（C）10～35；（D）15～40。

Je4A3225 铅酸蓄电池初充电国家标准规定，在第（**C**）次循环内应达到**10h**放电率容量的**95%**以上，否则说明该组蓄电池有问题。

（A）3；（B）4；（C）5；（D）7。

Je4A3226 大修后的铅酸蓄电池组允许使用的最小容量不应低于额定容量的（**A**）。

（A）80%；（B）85%；（C）90%；（D）95%。

Je4A3227 铅酸蓄电池在初充电过程中，当发现电解液液面低于上部红线时，则（**B**）。

（A）应补加浓硫酸；（B）应补加纯水；（C）应补加配制

好的电解液；（D）不应补充液面。

Je4A3228 **铅酸蓄电池组在事故放电末期，每个电池的电压，对于变电站而言可取（D）V。**

（A）1.75；（B）1.80；（C）1.85；（D）1.95。

Je4A3229 **放完电后的铅酸蓄电池应立即进行充电，最长的间隔时间不得超过（D）h。**

（A）4；（B）8；（C）12；（D）24。

Je4A3230 **当镉镍蓄电池以连续恒定电流放电时，应根据（A）来判断电池放电是否终止。**

（A）终止电压；（B）放出容量；（C）放电时间；（D）电解液密度。

Je4A3231 **二氧化碳会使镉镍电池的负极板有效物质表面上形成（C），使负极板容量减少。**

（A）碳酸锂；（B）碳酸钾；（C）碳酸镉；（D）碳酸镍。

Je4A3232 **镉镍蓄电池在充电后，正极板的活性物质是（A）。**

（A）氧基氢氧化镍（NiOOH）；（B）金属 Cd；（C）氢氧化亚镍 $Ni(OH)_2$；（D）氢氧化镉 $Cd(OH)_2$。

Je4A3233 **镉镍蓄电池在放电终止后，正极板的活性物质是（C）。**

（A）氧基氢氧化镍（NiOOH）；（B）金属 Cd；（C）氢氧化亚镍 $Ni(OH)_2$；（D）氢氧化镉 $Cd(OH)_2$。

Je4A4234 **铅酸蓄电池正极板硫化的特征为（B）。**

（A）白色，有褐色斑点；（B）褐色，有白色斑点；（C）浅红色，有褐色斑点；（D）紫红色，有白色斑点。

Je4A4235　铅酸蓄电池负极板硫化的特征为（B）。

（A）灰白色，表面有细小硫酸铅结晶颗粒；（B）灰白色，表面有粗大硫酸铅结晶颗粒；（C）褐色，表面有粗大硫酸铅结晶颗粒；（D）表面为纯灰色绒状铅。

Je4A4236　蓄电池与硅整流充电机并联于直流母线上作浮充电运行，当断路器合闸时，突增的大电流负荷（A）。

（A）主要由蓄电池承担；（B）主要由硅整流充电机承担；（C）蓄电池和硅整流充电机各承担 1/2；（D）无法确定。

Je4A4237　对个别落后电池可采取（D）法进行恢复。

（A）浮充电；（B）均衡充电；（C）定期充放电；（D）个别充电。

Je4A5238　浮充运行的防酸蓄电池组，发现电池的密度高低不齐（1.18～1.22）时，检查原始记录密度为 1.215～1.22，此时电池应（B）。

（A）调酸；（B）均衡充电；（C）定期充放电；（D）补水。

Je4A5239　蓄电池容量符号 C_{10} 表示（A）。

（A）10h 率额定容量；（B）1h 率额定容量；（C）5h 率额定容量；（D）3h 率额定容量。

Je4A5240　蓄电池放电电流符号 I_5 表示（C）。

（A）10h 率放电电流；（B）1h 率放电电流；（C）5h 率放电电流；（D）3h 率放电电流。

Je4A5241　2V 阀控蓄电池组在浮充运行中各个电池电压偏差值不应超过（A）V。

（A）±0.05；（B）±0.01；（C）±0.02；（D）±0.1。

Je4A5242　2V 阀控蓄电池组各个电池开路电压最大最小电压差值不应超过（B）V。

（A）±0.03；（B）0.03；（C）±0.05；（D）0.05。

Je4A5243　新投运的蓄电池组绝缘电阻不小于（C）MΩ。

（A）0.1；（B）0.2；（C）0.5；（D）1。

Je4A5244　铅酸蓄电池随着放电深度增加，内阻要（B）。

（A）不变；（B）变大；（C）变小；（D）先变大后变小。

Je4A5245　充电设备额定电压的上限电压值可按（A）确定。

（A）全部蓄电池充电终止电压；（B）蓄电池组的额定电压；（C）蓄电池组的最低运行电压；（D）单个蓄电池的放电终止电压。

Je3A2246　铅酸蓄电池在初充电过程中，电解液的温度不许超过（C）℃。

（A）30；（B）35；（C）40；（D）50。

Je3A2247　为了减缓铁镍电池的容量的降低，常在其电解液中加适量的（A）。

（A）氢氧化锂；（B）氢氧化钾；（C）氢氧化钠；（D）二氧化碳。

Je3A3248　铅酸蓄电池的首次容量试验应在（C）进行。

（A）安装结束后；（B）初充电的同时；（C）初充电完成后；（D）首次放电时。

Je3A3249　直流系统引出的**80%**电压（**B**）。

（A）可以长期带负载；（B）允许短时做试验；（C）不允许接负载；（D）允许接阻性负载。

Je3A3250　单个开关电源模块输出功率一般不大于(**C**)**W**。

（A）2000；（B）3000；（C）5000；（D）7000。

Je3A3251　电池的额定容量与实际容量的关联性是：额定容量（**D**）实际容量。

（A）≤；（B）=；（C）≥；（D）没必然的数学关系。

Je3A3252　在长期稳定的浮充条件下，阀控蓄电池浮充电的电流值一般应等于或小于（**A**）**mA/Ah**。

（A）1～2；（B）2～3；（C）3～4；（D）4～5。

Je3A3253　新装及调换电池后应进行直流压降测试，利用固定负荷来测量，以满足母线末端电压降不大于（**A**）的要求。

（A）5%；（B）10%；（C）15%；（D）20%。

Je3A3254　防酸蓄电池电池室地面坡度为（**B**）次循环期内达到额定容量的**95%**以上，即为合格。

（A）1.5%～3%；（B）2%～3%；（C）3%～4%；（D）3%～5%。

Je3A3255　新安装或大修后的铅酸蓄电池进行放电容量试验的目的是为了确定其（**B**）。

（A）额定容量；（B）实际容量；（C）终止电压；（D）放电电流。

Je3A3256 铅酸蓄电池最外边的两块极板（**B**）。

（A）都是正极板；（B）都是负极板；（C）一块是正极板，一块是负极板；（D）没有严格规定。

Je3A3257 防酸蓄电池充电末期端电压为（**C**）**V**。

（A）2.30～2.40；（B）2.40～2.50；（C）2.70～2.80；（D）2.80～2.85。

Je3A3258 **GNG** 型镉镍蓄电池用 **1** 倍率放电制放电，终止电压为（**C**）**V**。

（A）1.2；（B）1.1；（C）1.0；（D）0.9。

Je3A3259 镉镍高倍率蓄电池充电时，单体电池所需充电电压按 **1.9～2.0V** 计算。充电终了时，充时电压一般为（**B**）**V**。

（A）1.5～1.6；（B）1.6～1.7；（C）1.8～1.9；（D）1.9～2.0。

Je3A3260 用电压表检查直流系统接地时，电压表的内阻应大于（**B**）**Ω/V**。

（A）1000；（B）2000；（C）3000；（D）5000。

Je3A3261 蓄电池 **1h** 放电率比 **10h** 放电率放出的容量（**B**）。

（A）大；（B）小；（C）相等；（D）大小不一定。

Je3A4262 当铅酸蓄电池在充电中发现溶液颜色混浊不清时，如果液面泡沫颜色为褐色，则是由于（**B**）所引起的，会使电容量降低，因此，一般都应及时更换电解液。

（A）铅微粒多；（B）二氧化铅微粒多；（C）硫酸铅微粒多；（D）含有锰杂质。

Je3A4263 将配好的电解液注入铅酸电池的槽中，由于极板的化学反应，电解液的密度将降低，此时应（**D**）调制。

（A）不；（B）用浓硫酸；（C）用密度为 1.4 稀硫酸；（D）用密度相同的电解液。

Je3A4264 配制氢氧化钾电解液时，氢氧化钾与水的质量比为（**B**）。

（A）3:1；（B）1:3；（C）2:5；（D）5:2。

Je3A4265 蓄电池的充电设备过电流限制的电流整定值一般为充电设备额定电流的（**B**）倍。

（A）1.05～1.1；（B）1.1～1.2；（C）1.2～1.25；（D）1.25～1.5。

Je3A5266 防酸蓄电池组长期处于浮充电状态，正、负两极板上的活性物质电化不均，会造成容量减退，此时，应进行（**B**），使容量恢复。

（A）补充充电；（B）活化处理；（C）更换同种电解液；（D）改换不同种电解液。

Je3A5267 直流控制柜的额定电压在 60～300V，各个电气回路间及对地的工频耐受电压水平应为（**B**）kV/1min。

（A）2.5；（B）2.0；（C）1.75；（D）1.5。

Je3A5268 在晶闸管装置中，自动稳流调整回路常采用直流互感器作为（**C**）。

（A）保护用元件；（B）测量用元件；（C）反馈用元件；（D）补偿用元件。

Je3A5269 晶闸管触发脉冲（**B**）。

（A）下降沿要陡；（B）上升沿要陡；（C）上升沿和下降沿陡度无要求，只要有触发脉冲就可以正常工作；（D）波形无严格要求。

Je3A5270 用示波器检查晶闸管整流装置的“脉冲装置”输出脉冲，应将示波器接于晶闸管元件的（**B**）。

（A）阴极与阳极之间；（B）控制极与阴极之间；（C）控制极与阳极之间；（D）控制极与“地”之间。

Je2A2271 铅酸蓄电池在初充电开始后，在（**B**）**h** 内不允许中断充电。

（A）10；（B）20；（C）30；（D）40。

Je2A2272 铅酸蓄电池首次放电完毕后，应再次进行充电，其时间间隔以不大于（**B**）**h** 为宜。

（A）5；（B）10；（C）12；（D）20。

Je2A3273 母线分段开关和联络回路刀开关的额定电流按全部负荷电流（**C**）选择。

（A）10%；（B）30%；（C）60%；（D）100%。

Je2A3274 模块可带电插拔功能是指：在插拔模块过程中直流输出不会（**C**）。

（A）短路；（B）烧坏接插件；（C）产生大的冲击电流；（D）停机。

Je2A3275 由一个 **0.25μF/630V** 电容器和两个 **220V/15W** 灯泡接成星形三相电源相序指示器，设接电容一相为 **A** 相，则 **B** 相（**A**）。

（A）为灯泡较亮的一相；（B）为灯泡较暗的一相；（C）因

两灯泡亮度相同，无法判断；（D）因两灯泡亮与暗交替变化，无法判断。

Je2A4276 测定硅整流元件的正向压降平均值时，硅整流元件应在额定冷却条件下通过（**B**）。

（A）反向漏电流；（B）正向电流平均值；（C）正向电流峰值；（D）正向电流有效值。

Je2A5277 阀控蓄电池在安装结束后，投入运行前应进行（**B**）。

（A）初充电；（B）补充充电；（C）均衡充电；（D）浮充电。

Je2A5278 以高能量密度为特点，主要用于高能量（**B**）的蓄电池称之为能量型蓄电池。

（A）输入；（B）输出；（C）输出、输入；（D）储存。

Je2A5279 以高功率密度为特点，主要用于瞬间高功率（**C**）的蓄电池称之为功率型蓄电池。

（A）输入；（B）输出；（C）输出、输入；（D）储存。

Je2A5280 三相半控桥式整流电路的控制角α=0时，其输出电压（**A**）。

（A）波形是连续的；（B）波形是间断的；（C）等于零；（D）波形变化无规律。

Jf5A1281 交流A相母线的颜色为（**C**）。

（A）红色；（B）绿色；（C）黄色；（D）赭色。

Jf5A1282 直流绝缘监察装置的接地属于（**C**）。

（A）保护接地；（B）保护接零；（C）工作接地；（D）重

复接地。

Jf5A1283 **保护晶闸管的快速熔断器熔体材料是用（B）制作的。**

（A）铜合金；（B）银合金；（C）铅；（D）铅合金。

Jf5A1284 **蓄电池室内照明灯具应设在走道上方，灯具高度应在（C）m 以上。**

（A）距地面 1；（B）距地面 1.5；（C）距地面 2；（D）距电池槽 1。

Jf5A3285 **放电试验用的可调电阻，其额定电流应大于放电电流的（C）倍，并可任意调整所需的电流值。**

（A）1.05；（B）1.1；（C）1.2；（D）1.5。

Jf5A3286 **直流系统发生负极完全接地时，正极对地电压（A）。**

（A）升高到极间电压；（B）降低；（C）不变；（D）略升高。

Jf5A3287 **带电手动取下三相水平排列的动力熔断器时，应（A）。**

（A）先取下中间相，后取下两边相；（B）先取下边相，后取下中间相；（C）按从左至右的顺序依次取下；（D）按从右至左的顺序依次取下。

Jf4A1288 **交流母线水平布置时从里向外（面向设备）的安装顺序是（A）。**

（A）黄绿红；（B）黄红绿；（C）红黄绿；（D）可以任意。

Jf4A1289 交流母线垂直布置时从上向下（面向设备）的安装顺序是（**A**）。

（A）黄绿红；（B）黄红绿；（C）红黄绿；（D）可以任意。

Jf4A2290 在蓄电池上工作时（**B**）。

（A）应办理第一种工作票；（B）应办理第二种工作票；（C）不用工作票；（D）口头联系。

Jf4A2291 使用绝缘电阻表时，手摇发电机的转数为（**D**）**r/min±20%**，变动范围最多不可超过±**25%**。

（A）30；（B）60；（C）90；（D）120。

Jf4A3292 对监视断路器跳合闸回路的指示灯，应串以电阻。**220V** 直流电源应串以（**A**）的电阻。

（A）2.5kΩ，25W；（B）1.5kΩ，25W；（C）1kΩ，25W；（D）由设计人员决定。

Jf4A3293 直流电动机回路的熔断器熔件的额定电流可按电动机（**B**）的 **1/3** 来选择。

（A）额定电流；（B）启动电流；（C）空载电流；（D）短路电流。

Jf4A3294 带有整流元件的回路，摇测绝缘时，整流元件（**A**）。

（A）两端应短路；（B）两端应断路；（C）两端短路或断路均可；（D）可以和其他回路一起加压。

Jf4A4295 更换运行中的熔断器时，如果设备已停电，（**B**）。

（A）可不戴绝缘手套；（B）仍要戴绝缘手套；（C）可戴

可不戴；（D）安全规程中没有严格规定。

Jf4A4296　电解电容器应用于（C）。

（A）单相交流电路；（B）三相交流电路；（C）直流或脉动直流电路；（D）交、直流电路。

Jf3A5297　用0.5级100V和1.5级10V电压表，分别测量9V电压时，（B）。

（A）0.5级表准确；（B）1.5级表准确；（C）准确度相同；（D）无法确定哪个表准确。

Jf2A3298　示波管阴极与栅极短路时，会出现（B）的现象。

（A）无光点；（B）亮度调节不起作用；（C）光点调节不起作用；（D）电源熔断器熔断。

Jf2A5299　保护晶闸管过电流的快速熔断器的额定电流按约等于晶闸管导通时的平均电流的（B）倍来选择。

（A）1；（B）1.5；（C）2；（D）2.5。

Jf2A5300　电磁操动机构合闸线圈回路，熔断器熔体的额定电流按0.25～0.3倍合闸线圈额定电流选择，但熔体的熔断时间应（D）。

（A）大于断路器的固有分闸时间；（B）小于断路器的固有分闸时间；（C）小于断路器的合闸时间；（D）大于断路器的合闸时间。

4.1.2 判断题

判断下列描述是否正确，对的在括号内打“√”，错的在括号内打“×”。

La5B1001 电源电动势的实际方向是由高电位指向低电位。（×）

La5B1002 公式 $R=\frac{U}{I}$ 说明电阻的大小与电压成正比。（×）

La5B2003 在公式 $Q=I^2Rt$ 中，如果 I 的单位取 A，R 的单位取Ω，t 的单位取 s，则热量的单位为 J。（√）

La5B2004 两条平行导线中流过方向相反的电流时，导线互相吸引。（×）

La5B2005 线圈中只要有电流流过就会产生自感电动势。（×）

La5B2006 三极管的放大作用是将基极的小电流放大成集电极的大电流。（×）

La5B3007 线圈感应电动势 e 的方向如图 B-1 所示。（√）

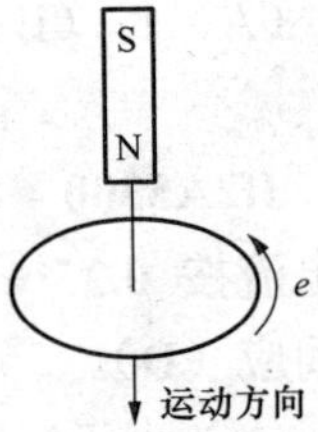

图 B-1

La4B1008 将长度为 l，电阻为 R 的导线均匀拉长到 $2l$，则其电阻值为 $2R$。（×）

La4B1009 在电路计算中，电流不能出现负值。（×）

La4B2010 一个阻性负荷接到 220V 直流电源上与接到 $u=220\sin\omega t$V 的交流电源上所消耗的功率是一样的。（×）

La4B2011 一只电容量为 2000μF，耐压 500V 的储能电容器，可以用 20 只 100μF，耐压 500V 的电容器并联去等效代替。（√）

La4B3012 一个线圈的电阻为 r，感抗为 X_L，则端电压的有效值 $U=I(r+X_L)$。（×）

La4B3013 三个具有相同频率、相同振幅的正弦交流电动势、电压、电流，称为三相交流电。（×）

La4B3014 在串联谐振电路中，电感和电容上的电压数值相等，方向相反。（√）

La4B3015 NPN 型三极管发射极电流等于基极电流和集电极电流之和。（√）

La4B4016 图 B-2 所示电路中，永久磁铁插入线圈的过程中，集电极电势 E_C 将升高。（×）

La3B2017 硅稳压管在稳压电路中必须工作在反向击穿区。（√）

La3B4018 当电流增大时，线圈两端产生的自感电动势的极性如图 B-3 所示。（√）

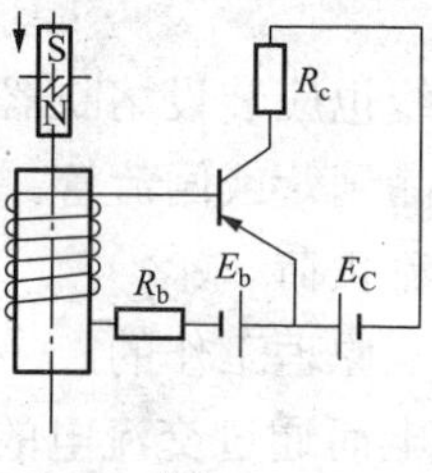

图 B-2

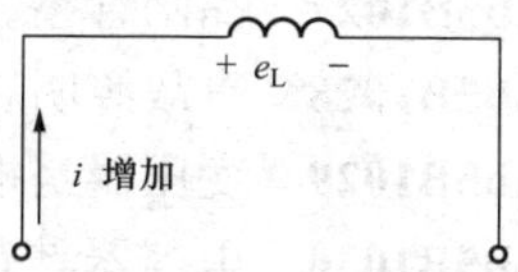

图 B-3

La3B5019 图 B-4 所示集成运算放大器中，图 B-4（a）为反相比例放大器。（×）

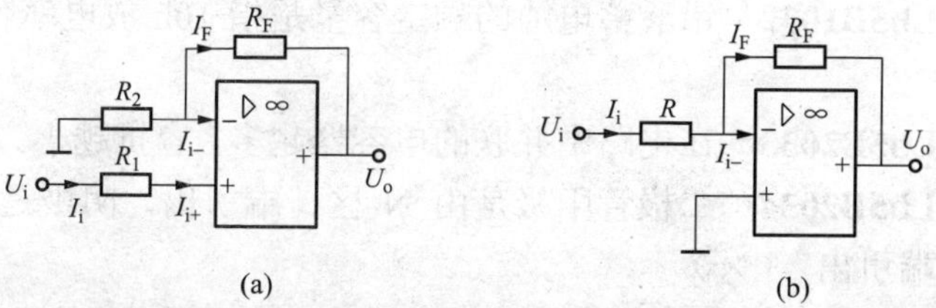

图 B-4

La2B2020 硅稳压管的反向特性曲线越陡，稳压效果越好。（√）

La2B4021 有两只电容器，一只电容为 0.25μF，耐压为 250V，另一只电容为 0.5μF，耐压为 300V，串联后的耐压值为 550V。（×）

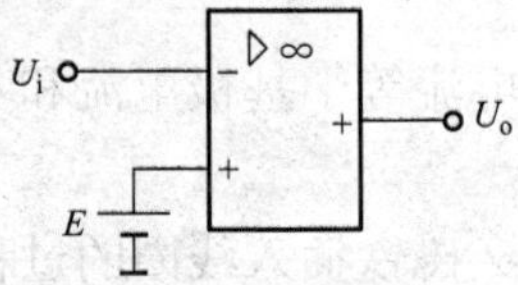

图 B-5

La2B5022 图 B-5 为集成电压比较器。由于输入信号加在反相输入端，所以当输入信号高于 E 时，输出电压 U_o 为低电位。（√）

Lb5B1023 晶闸管元件导通时，通过晶闸管的电流是由电源电压和回路阻抗决定的。（√）

Lb5B1024 二极管的最大反向工作电压等于击穿电压。（×）

Lb5B1025 经常不带负荷的备用铅酸蓄电池应经常进行充、放电。（×）

Lb5B1026 三相四线制中的中性线也应装设熔断器。（×）

Lb5B1027 晶闸管整流器件称为晶闸管或闸流管。（√）

Lb5B1028 事故照明属于正常直流负荷。（×）

Lb5B1029 变压器是根据电磁感应原理工作的。（√）

Lb5B1030 电容器具有隔断直流电而通过交流电的性能。（√）

Lb5B1031 硅整流器是利用二极管的单向导电性的原理把交流电变为直流电的。（√）

Lb5B1032 铅酸蓄电池的额定容量是指 10h 放电率容量。（×）

Lb5B2033 在电路中并联的电容器越多，容抗越小。（√）

Lb5B2034 二极管阳极是由 N 区一端引出，阴极是由 P 区一端引出。（×）

Lb5B2035 氢氧化钾吸收空气中的二氧化碳后，会生成碳酸钾，使电解液失效。（√）

Lb5B2036 镉镍高倍率蓄电池工作原理利用了正负极活性物质电化学反应的可逆性。（√）

Lb5B2037 晶闸管充电装置在恒流充电状态下不能空载启动。（√）

Lb5B2038 铅酸蓄电池的内阻与电解液的密度和温度有关。（√）

Lb5B3039 晶闸管的触发电压是加在控制极和阳极之间的。（×）

Lb5B3040 晶闸管不仅具有反向阻断能力，而且还具有正向阻断能力。（√）

Lb5B3041 以酸性水溶液为电解质者称为酸性电池。（√）

Lb5B3042 以碱性水溶液为电解质者称为碱性电池。（√）

Lb5B3043 蓄电池放电低于终止电压时，就放不出电了。（×）

Lb5B3044 直流对地绝缘水平影响继电保护设备安全运行，故对地绝缘电阻越大越好。（√）

Lb5B3045 当充电装置的监控器退出工作时，充电模块应能可靠运行。（√）

Lb5B3046 充电装置在失电后又来交流电时，充电装置应无需人工干预会自启动进入正常工作状态。（√）

Lb5B3047 电池额定容量与放出的容量之比叫放电深度。（×）

Lb5B3048 镉镍电池是正极主要由镉、负极主要由镍制成的一种碱性电池。（×）

Lb5B4049 铅酸蓄电池放电时，电解液中硫酸逐渐减少，水增多，电解液的密度下降。（√）

Lb5B4050 为补偿蓄电池在使用过程中产生的电压不均现象，使其恢复到规定的范围内而进行的充电方式称作均衡充电。（√）。

Lb5B5051 交流串入直流系统，串入的一极对地直流电压

为零。（√）

Lb5B5052 交流串入直流系统，串入的一极对地交流电压为零。（×）

Lb5B5053 镉镍电池拥有记忆效应，而铅酸电池没有。（√）

Lb4B1054 蓄电池的电动势一定大于端电压。（×）

Lb4B1055 集成电路不需要外接一些辅助元件就能正常工作。（×）

Lb4B1056 在二次回路中，通常所说的“常闭”触点是指继电器线圈通电时，该触点是闭合的。（×）

Lb4B1057 蓄电池充电后储存的是电能。（×）

Lb4B1058 蓄电池并联时总容量为各个电池容量之和。（√）

Lb4B2059 晶闸管整流器导通角越大，输出的直流电压越低。（×）

Lb4B2060 铅酸蓄电池板栅是由铅铸成的。（×）

Lb4B2061 三相制的有功功率均可用 $P=\sqrt{3}UI\cos\varphi$ 计算。（×）

Lb4B2062 如图 B-6 所示，线端 A 与线端 x1 及 x2 为同名端。（√）

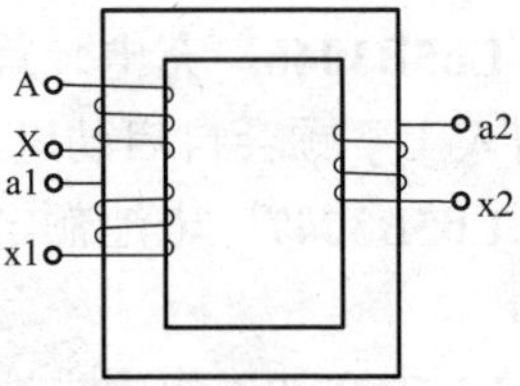

图 B-6

Lb4B2063 单相半波整流通过负荷的是一个脉动直流，在一个周期内的平均电流就是通过负荷的直流成分。（√）

Lb4B2064 pH＜7 的溶液呈酸性。（√）

Lb4B2065 磁电系仪表不能用来测量交流，只能用来测量直流；电磁系仪表可以交直流两用。（√）

Lb4B3066 Yd11 连接组别的变压器，低压侧线电压滞后高压侧对应线电压 30°电角度。（×）

Lb4B3067 三极管有两个 PN 结，二极管有一个 PN 结，所以可以用两个二极管代替一个三极管。（×）

Lb4B3068 NPN 型三极管具有电流放大作用，它导通的必要条件是发射结加反向电压，集电结加正向电压。（×）

Lb4B3069 铅蓄电池充电过程负极由铅转化为硫酸铅。（×）

Lb4B3070 单体铅酸蓄电池主要由正极板、负极板、硫酸、隔板、壳体组成；其中正极活性物质为 PbO。（×）

Lb4B3071 铅酸蓄电池放电深度越深，循环寿命越短；放电深度越浅，循环寿命越长。（√）

Lb4B3072 蓄电池放出的容量随放电电流增大而减小，而蓄电池的额定容量是不变的。（√）

Lb4B3073 蓄电池放电电流数值 $I_{10}=C_{10}/10$，$I_5=C_5/10$。（×）

Lb4B3074 电池内部的电解液由于没有传导电子的能力，因此不能起到导电作用。（×）

Lb4B3075 成品胶体电池内部气体可以通过胶的缝隙进行扩散。（√）

Lb4B3076 铅酸蓄电池在放电时产生氢气和氧气。（×）

Lb4B3077 镉镍电池密封的目的是防止充电或过放电时氧气的析出。（×）

Lb4B3078 硅胶蓄电池具有氧循环机理，使失水率大为降低。（√）

Lb4B3079 直流断路器装设在熔断器的下一级时，熔断器的额定电流宜为直流断路器额定电流的 2 倍及以上。（√）

Lb4B3080 绝缘监视仪一定要有一点接地才能正常工作。（√）

Lb4B3081 平衡型电桥直流绝缘监视仪无法对直流母线绝缘正负极同时等值下降进行报警。（√）

Lb4B3082 直流系统发生负极完全接地时，负极对地电压

升高到极间电压。（×）

Lb4B3083 EMI 元件为电源抗干扰滤波器。（√）

Lb4B4084 自饱和电抗器电感量是线性的，与工作状态无关。（×）

Lb4B5085 在三相桥式半控整流电路中，三个晶闸管阴极连在一起的共阴极组中，哪个管子阳极电位最高，同时有输入触发，该管就导通。（√）

Lb3B1086 直流系统发生正极一点接地比负极发生一点接地危险性更大。（√）

Lb3B1087 电磁继电器构成的直流绝缘监察装置中的接地信号继电器的启动电流一般整定为 1.4mA。（√）

Lb3B2088 电磁继电器构成的直流绝缘监察装置在一极绝缘电阻降低或两极绝缘电阻同时均等降低时发出信号。（×）

Lb3B3089 三相桥式整流电路线电压的正交点，同样是自然换相点。（√）

Lb3B3090 GGF–300 型蓄电池在电解液温度为 35℃条件下，可放出 300A·h 的容量。（×）

Lb3B3091 铅酸蓄电池在放电时，电解液的浓度将发生变化，主要是正极板活性物质化学反应的结果。（√）

Lb3B3092 均衡充电是一种核对电池容量的充电方式。（×）

Lb3B3093 直流正负母线对地电压均为母线电压的一半，说明直流绝缘良好。（×）

Lb3B3094 二段直流母线独立运行是指它们之间不能有任何电气上的连接、完全隔离。（√）

Lb3B3095 无人值守变电站，全站交流电源事故停电时间应按 2h 计算。（√）

Lb3B3096 高频开关整流模块的软启动时间是指从模块启动到输出电流达到额定电流的时间。（√）

Lb3B3097 充电装置交流供电输入端应采取防止电网浪

涌冲击电压侵入充电模块的技术措施。（√）

Lb3B3098 电池的内阻指的是电池的欧姆内阻。（×）

Lb3B4099 单相全控与半控桥式整流电路的最大导通角和最大控制角均为π。（√）

Lb3B5100 三相桥式全控整流电路同极性组触发脉冲相隔 120°。（×）

Lb3B5101 三相桥式全控整流电路相邻两脉冲的相位差为 60°。（√）

Lb3B5102 三相桥式全控整流电路同一相触发脉冲相位差为 180°。（×）

Lb3B5103 单相桥式半控整流输出电压的平均值为 $0.45U_2 \cdot \frac{1+\cos\alpha}{2}$。（×）

Lb2B3104 带感性负荷的晶闸管整流电路中，为避免晶闸管失控，通常和负荷串联一只续流二极管。（×）

Lb2B3105 三相桥式整流二极管的平均电流为 $0.78 \times \frac{U_2}{R_{fZ}}$。（√）

Lb2B3106 绝缘监视仪主机和设置在各场地上的分机之间的通信应该光电隔离。（√）

Lb2B4107 晶闸管整流器的导通角的大小实际上是触发脉冲的移相。（×）

Lb2B4108 晶闸管整流器触发脉冲的移相是由电容器充放电速度决定的。（√）

Lb2B4109 三相桥式整流负荷上电压波形为线电压的包络线。（√）

Lb2B4110 单相桥式整流后脉动直流输出电压的有效值与平均值之比为 1.57。（×）

Lb2B4111 三相桥式整流的波纹因数是 0.46。（√）

Lb2B4112 三相桥式整流的脉动系数是 0.057。（√）

Lb2B5113 具有快速熔断器保护的整流二极管的反向峰值电压的选择按熔断器峰值过电压来考虑。（√）

Lb2B5114 三相半控桥触发单元有3个。（√）

Lc5B1115 图纸比例2:1表示图纸尺寸是实物尺寸的2倍。（√）

Lc5B1116 二次回路图可分为三大类，即原理图、展开图和安装图。（√）

Lc5B1117 图纸中完整的尺寸由尺寸线、尺寸界限、箭头和尺寸数字组成。（√）

Lc5B3118 电气设备分为高压和低压两种：对地电压在250V以上者称高压；250V以下者称为低压。（×）

Lc5B3119 集成电路是把二极管、三极管、电阻、电容、电感、电位器等元器件按电路的结构要求制作在一块半导体芯片上，然后封装而成的半导体器件。（×）

Lc5B3120 计算机存储的容量是用字节来计算和表示的，8位二进制数组成一个字节。（√）

Lc5B3121 力偶是一对大小相等，方向相反，但不作用在同一条直线上的两个力。（×）

Lc4B1122 安装接线图包括屏面布置图、屏背面接线图和端子排图三部分。（√）

Lc4B2123 剖视图用来表达物体内部结构形状。（√）

Lc4B2124 使用示波器时，被测信号的幅值和频率均不得超过示波器的允许范围。（√）

Lc4B3125 $(32)_{10}=(100\ 000)_2$。（√）

Lc4B3126 剖面图用来表达物体的断面形状。（√）

Lc3B1127 微机中字节1kB=1000B。（×）

Lc3B2128 全面质量管理分析产品质量常用频数概念，频数就是产品的个数。（√）

Lc2B1129 微机的硬盘属于外存储器。（√）

Lc2B2130 低压熔断器所用熔体材料必须采用低熔点金

属材料。（×）

Jd5B1131 用指针式万用表测试硅元件的正向电阻时，万用表的黑表笔应接硅元件的负极，红表笔接硅元件的正极。（×）

Jd5B1132 晶闸管整流器和普通硅整流器的根本区别是晶闸管整流器能够均匀调节输出电压。（√）

Jd5B2133 随着放电时间的增加，铅酸蓄电池电解液的密度会降低。（√）

Jd5B2134 盛放 NaOH 溶液应使用玻璃塞子的玻璃容器。（×）

Jd5B2135 溶解固体氢氧化钾时也会放出大量热。（√）

Jd5B2136 随着放电时间的增加，镉镍蓄电池电解液的密度会降低。（×）

Jd5B3137 新启用的碱性电池，制造厂化成时，活性物质的成分不可能全部化成均匀，主要靠初充电还原，来达到额定容量或超过额定容量。（√）

Jd5B3138 双臂电桥与单臂电桥相比，其特点在于能消除接线电阻和接触电阻造成的测量误差。（√）

Jd5B4139 铅酸蓄电池电解液的密度随温度的升高而减小。（√）

Jd4B1140 螺栓型晶闸管，螺栓端为阴极。（√）

Jd4B1141 安全电压有 12、24、36、48V 四种。（×）

Jd4B2142 铅酸蓄电池在电解液温度升高时，内阻增大。（×）

Jd4B2143 在整流输出回路中，串联一个电容器就可以起到滤波作用。（×）

Jd4B2144 测量电压时数字式万用表的黑表笔接电源正极，红表笔接电源的负极。（×）

Jd4B3145 当电解液密度过高时，会显著影响蓄电池的容量。（√）

Jd4B3146 蓄电池的放电容量与放电率的关系是放电率

越高，放出的容量越大。（×）

Jd4B3147 断路器合闸回路的电缆应按断路合闸电流来选择，并需进行热稳定校验。（×）

Jd4B3148 晶闸管元件控制极与阴极之间的反向电阻不一定比正向电阻大。（×）

Jd4B3149 续流二极管极性接反会造成短路事故。（√）

Jd3B1150 蓄电池的容量，随放电电流的大小和放电时间的长短不同而不同。（√）

Jd3B2151 晶闸管整流器的输出直流电压的高低是由控制角决定的。（√）

Jd3B4152 三相桥式全控整流电路的触发角 $0°\leqslant\alpha\leqslant60°$ 时，直流输出电压波形是连续的。（√）

Jd3B4153 三相桥式全控整流电路的触发角$\alpha>60°$时，输出电压的波形就是间断的。（√）

Jd2B2154 单电池的容量是以负极板的面积进行计算的。（×）

Jd2B3155 铅酸蓄电池电解液温度超过规定限度，易使极板弯曲变形。（√）

Jd2B4156 硫酸与水混合后，其总体积的收缩量与电解液的温度有关。（√）

Je5B1157 用指针式万用表电阻挡测试晶闸管好坏时，测反向电阻可以使用 $R\times10\text{k}$ 挡，测正向电阻时，绝不可以使用 $R\times10\text{k}$ 挡。（×）

Je5B1158 晶闸管属于线性元件，三极管属于非线性元件。（×）

Je5B1159 蓄电池室和电解液的温度应保持正常，温度过高时，将使蓄电池自放电增加，容量升高。（×）

Je5B1160 硅整流装置的输出电压不受电网电压的影响。（×）

Je5B1161 蓄电池充电时充电机（或整流器）的正极接蓄

电池的负极，负极接蓄电池的正极，充电电流从蓄电池的负极流入，正极流出。（×）

Je5B2162 铅酸蓄电池极板的总片数一定是偶数。（×）

Je5B2163 铅酸蓄电池正极板数是大于 3 的奇数。（√）

Je5B2164 防酸蓄电池安装完毕后，注液时液面高度应在“最低”与“最高”液面线之间。（√）

Je5B2165 全烧结镉镍蓄电池放电到 1.0V 时，若再继续放电到 0，或放电到反极，则电池将不能恢复容量而损坏。（×）

Je5B2166 防酸蓄电池初充电终期调整密度，电池密度均匀且为 1.215±0.005（15℃）。（×）

Je5B2167 蓄电池防酸隔爆帽在注酸完毕后即应安好，防止充电时大量酸气外喷。（√）

Je5B2168 铅酸蓄电池充电后的负极板活性物质是海绵状灰色纯铅。（√）

Je5B2169 铅酸蓄电池充电后的正极板活性物质是深褐色的二氧化铅。（√）

Je5B2170 GGF-500 型蓄电池 10h 放电率放电电流为 50A。（√）

Je5B2171 防酸蓄电池初充电时，注意观察极板颜色的变化和各个电池冒气情况是否均匀，倘若个别电池冒气微弱或不冒气，应查明原因进行处理，并记入工作日记内。（√）

Je5B2172 极柱四周有白色晶体，明显发黑腐蚀是由于电池漏液造成的。（√）

Je5B3173 控制、信号回路中熔断器熔体的额定电流按回路正常负荷电流来选择。（×）

Je5B3174 阀控蓄电池在正常运行时应保持气密和液密状态，同时防止外部空气进入蓄电池内部。（√）

Je5B3175 防酸蓄电池安装完毕后，把密度为 1.190（25℃）的稀硫酸，在冷却到 30℃以下时，注入蓄电池。（×）

Je5B3176 防酸蓄电池在注入电解液后，应立即对蓄电池

进行充电。(×)

Je5B3177 铅酸蓄电池在充电时，负极板析出氧气。(×)

Je5B3178 铅酸蓄电池放电时，电解液中的硫酸逐渐减少，水增多，电解液的密度下降。(√)

Je5B3179 防酸蓄电池初充电过程中，如果发现电池的电解液液面低于上部红线时，则应补加电解液。(×)

Je5B3180 新安装的蓄电池注完电解液而未充电前，没有化学反应，电动势为零。(×)

Je5B3181 调整单个铅酸蓄电池的密度时，可以直接往电池中加浓硫酸或蒸馏水。(×)

Je5B3182 在10～25℃范围内，温度越高，铅酸蓄电池的容量越低。(×)

Je5B3183 全烧结镉镍蓄电池若在提高倍率的情况下进行放电，则可以达到或超过额定容量。(×)

Je5B3184 铅酸蓄电池在充电过程中吸收水，使相对密度增大。(√)

Je5B3185 防酸隔爆帽在注酸完毕后应立即装上，除去塑料袋，以防止大量酸气外泄。(√)

Je5B3186 蓄电池室内照明灯可不采用防爆型灯。(×)

Je5B3187 蓄电池室内可无事故照明装置。(×)

Je5B3188 蓄电池室内照明线宜采用穿管暗敷，室内不应装设开关和插座。(√)

Je5B3189 阀控蓄电池室内温度宜为15～30℃。(√)

Je5B3190 防酸蓄电池与镉镍蓄电池室内温度宜为5～35℃。(√)

Je5B3191 浮充电运行的阀控蓄电池组，应严格控制所在蓄电池室环境温度，不能长期超过30℃，防止因环境温度过高使蓄电池容量严重下降，运行寿命缩短。(√)

Je5B3192 蓄电池测温用的温度计，其分度值不大于1℃。(√)

Je5B3193 高频开关直流电源装置所用的指针式仪表精度应不低于 2.5 级。（×）

Je5B3194 高频开关直流电源装置所用的数字表应采用四位半表。（√）

Jf5B3195 在装卸电池组导电电缆时，应使用绝缘工具，防护手套，不要造成电池短路打火。（√）

Je5B3196 多个高频开关电源模块并联运行时，各模块应能做到自主均流，均流不平衡度应不大于 0.5%。（×）

Je5B3197 在巡视中，可不检查蓄电池组的浮充电流值。（×）

Je5B3198 直流电源蓄电池出口熔断器可不配置熔断告警信号器。（×）

Je5B3199 两组蓄电池母线分段运行的直流电源系统正常情况下应并段运行。（×）

Je5B3200 备用搁置的阀控蓄电池，每 6 个月进行一次补充充电。（×）

Je5B3201 抗震烈度为 7 度及以上的地区，电池固定架应采取地脚螺栓固定，并降低电池层数。（√）

Je5B4202 用指针式万用表 $R\times1k\Omega$挡测量整流二极管阳极与阴极之间正反向电阻，其正向电阻值在几千欧以下，反向电阻在零点几兆欧以上说明管子完好。（×）

Je5B4203 蓄电池组的电池总个数由单个电池的额定电压来确定。（×）

Je5B4204 用指针式万用表测量单向晶闸管阳极—阴极之间和阳极—门极之间的正反向电阻均合格，再用 $R\times10\Omega$挡测量门极与阴极之间正反向电阻，如反向电阻略大于正向电阻，说明管子完好。（√）

Je5B5205 阀控蓄电池的温度补偿系数受环境温度影响，相对于基准温度为 25℃时，每下降 1℃，单体 2V 阀控蓄电池浮充电压值应提高（3～5）mV。（√）

Je5B5206 阀控蓄电池运行6年后，应每年进行一次核对性放电。（√）

Je5B5207 防酸蓄电池投入运行第一年每6个月进行核对性放电，以后每1～2年进行一次核对性放电。（√）

Je5B5208 所有的阀控蓄电池不可以横卧。（×）

Je4B1209 2组蓄电池的直流系统，应满足在运行中二段母线切换时不中断供电的要求。切换过程中允许2组蓄电池短时并联运行。（√）

Je4B1210 铅酸蓄电池在放电过程中，正、负极板上都产生硫酸铅。（√）

Je4B1211 配制碱性电解液时可以将水慢慢倒入碱中。（×）

Je4B2212 铅酸蓄电池电动势与电解液密度关系公式$E=0.85+\rho$中，ρ为两极板间电解液的密度。（×）

Je4B2213 变电站直流系统的蓄电池组一般不装设端电池。（√）

Je4B2214 浮充电运行的防酸蓄电池单只电池电压应保持在2.15±0.05V。（√）

Je4B2215 浮充电运行的防酸蓄电池电解液的密度应保持在$1.2g/cm^3 \pm 0.05g/cm^3$。（×）

Je4B2216 镉镍蓄电池的液面应高出极板 10～20mm。（√）

Je4B2217 由于氢氧化钾的纯度不够，使得电解液存在金属杂质，引起电池自放电的增加。（√）

Je4B2218 蓄电池充入多少电量就能够放出多少电量。（×）

Je4B2219 调整铅酸蓄电池密度时，应用密度为1.4的稀硫酸和纯水进行。（√）

Je4B3220 晶闸管由导通变为阻断，必须使其电流下降到小于维持电流才能实现。（√）

Je4B3221 改变自饱和电抗器工作绕组的电感，可改变铁芯的饱和程度，即可改变自饱和电抗器的直流输出电压。（√）

Je4B3222 镉镍电池储存电量的多少是根据电池的电压来判断的，而不是根据密度来判断的。（√）

Je4B3223 镉镍蓄电池在整个充电过程中都不会有气泡发生。（×）

Je4B3224 镉镍蓄电池放电时释放出水，使电解液液面升高；充电时吸收水，使电解液液面下降。（×）

Je4B3225 对于防酸蓄电池，同厂同型号的电池可以组合使用。（×）

Je4B3226 蓄电池必须按规定充电至充足电后才能转入浮充电。（√）

Je4B3227 铅酸蓄电池容量降低到额定容量的70%～80%后就不能再用了。（√）

Je4B3228 防酸蓄电池负极板有效物质体积增大，表示蓄电池过放电和硫化。（√）

Je4B3229 当铅酸蓄电池电解液中含有铁质时，极板的颜色为浅红色。（√）

Je4B3230 当铅酸蓄电池电解液中含有锰质时，极板的颜色为紫色。（√）

Je4B3231 新、扩建或改造的变电站选用充电、浮充电装置，应满足稳压精度优于±0.5%、稳流精度优于±1%、输出电压纹波系数不大于1%的技术要求。（√）

Je4B3232 新、扩建或改造的变电站直流系统用断路器应采用具有自动脱扣功能的直流断路器，不应用普通交流断路器替代。（√）

Je4B3233 高频开关整流模块的效率不应小于90%，功率因数不应小于0.9。（√）

Je4B3234 直流母线连续供电时，交流电源突然中断，直流母线应连续供电，电压波动不应大于额定电压的15%。（×）

Je4B3235 多组阀控蓄电池宜分别安装在不同的蓄电池室内。若安装在一个蓄电池室内，应在不同组蓄电池组间采取有效的防火隔爆措施。（√）

Je4B3236 在穿越电缆竖井时，两组蓄电池电缆应加瓷金属套管。（√）

Je4B3237 阀控蓄电池有安全阀，不可能发生爆炸事故，所以 200A·h 以上大容量蓄电池组也可安装在柜内。（×）

Je4B3238 直流柜内电流在 50A 及以下的直流馈线，应经电力端子出线。（×）

Je4B3239 蓄电池端口保护须采用直流断路器，不得使用熔断器。（×）

Je4B3240 直流电源应有均充电（恒流、限流恒压充电）、浮充电及自动转换的功能，并具有软启动特性。（√）

Je4B3241 应定期检查蓄电池组引线及端子的接触情况，防止因为松动而导致接触处电阻增大引起电池端子烧毁甚至发生火灾。（√）

Je4B3242 铅酸蓄电池火灾，应使用二氧化碳灭火器。（×）

Je4B3243 充电装置已经有监控器显示所有电流电压信息，所以可以不要独立表计。（×）

Je4B3244 直流设备运行中，只需要测量蓄电池组的整组电压，无需定期测量蓄电池的单体电压。（×）

Je4B3245 落后电池可以在浮充阶段对其浮充电压进行测量判断。（×）

Je4B3246 阀控蓄电池在正常浮充电状态下运行 3～6 个月后，2V 系列电池端电压偏差应不大于±0.5V，否则，应对蓄电池组进行均衡充电。（×）

Je4B3247 在线绝缘检测装置应具有直流接地选线功能。（√）

Je4B3248 母线分段的直流电源系统，每一段直流母线上可配置一至两个闪光继电器。（×）

Je4B3249 110V 直流系统发生接地故障，接地电阻低于25kΩ时，直流绝缘检测装置应可靠动作。（×）

Je4B3250 采用取下熔断器寻找直流系统接地时，应先取下负极熔断器，后取下正极熔断器。（×）

Je4B3251 当直流断路器与熔断器配合时，应考虑动作特性的不同，对级差做适当调整，直流断路器下一级不应再接熔断器。（√）

Je4B3252 不同熔断器或断路器厂家的产品由于动作特性的分散性，有可能失去动作选择性，所以，一个厂、站的直流熔断器或自动空气断路器，原则上应选用同一厂家系列产品。（√）

Je4B3253 蓄电池出口熔断器熔体的额定电流应按蓄电池 1h 放电电流来选择。（√）

Je4B3254 运行的直流熔断器应标明规格。（√）

Je4B4255 采用带平衡电抗器的双反星形可控整流输出的直流电压脉动很小，因此采用这种晶闸管整流电路作为充电回路时，充电时蓄电池温升低，这样可以延长蓄电池寿命。（√）

Je4B4256 铅酸蓄电池在均衡充电末期，应将电解液的密度及液面高度调整好。电池在均衡充电时，不宜极端过充电，以免因严重过充电而损坏电池。（√）

Je4B4257 无端电池的蓄电池组的电池个数应能保证蓄电池放电终止时直流母线电压不超过允许值。（×）

Je4B4258 浮充电整流装置的输出电流应能承担直流母线的短路冲击电流。（×）

Je4B4259 蓄电池的短路电流与蓄电池的工作状态有关。（√）

Je4B5260 温度升高时，晶闸管的触发电流、维持电流将要减小，正反向漏电电流将增大。（√）

Je4B5261 镉镍蓄电池的放电倍率增加时，电池内化学反应加快，将引起内电阻增加，使电池的端电压下降较快。（√）

Je3B1262 碱性蓄电池初充电前，应将消化栓拧上。（×）

Je3B1263 蓄电池用不同小时率放电时终止电压相同。（×）

Je3B2264 当直流系统正极对地和负极对地绝缘均良好时，绝缘监察装置电压表 2PV 正极对地和负极对地电压均等于母线电压的 1/2。（×）

Je3B2265 碱性电池的半封闭气门是为了不让气体跑出来。（×）

Je3B2266 镉镍蓄电池的额定容量为 5h 放电率放出容量。（√）

Je3B2267 改变自饱和电抗器控制绕组的电流，即可改变其工作绕组的感抗及其饱和程度，从而达到调整输出直流电压的目的。（√）

Je3B3268 晶闸管整流装置的交流电源应严格按 A、B、C 相序接入，否则，晶闸管整流装置不能正确动作。（√）

Je3B3269 铅酸蓄电池在充电过程中，由于产生气体，使液面下降，补充液面高度时应进行调酸处理。（×）

Je3B3270 蓄电池充电曲线和放电曲线所围成的封闭图形面积的物理意义是蓄电池充电时的电能消耗。（√）

Je3B3271 碱性电池的额定电压是 1.3V，充电终结时端电压为 1.7～1.8V。（×）

Je3B3272 氢氧化钾水溶液在密度较低时，其电阻率较高。（√）

Je3B3273 铅酸蓄电池电解液的温度与密度有关。当密度升高时，其温度升高；密度降低时，温度降低。（√）

Je3B3274 在测量硅整流元件正、反向峰值的电路中，直流电压表的读数是半波电压的平均值。（√）

Je3B3275 电解液密度越高，极板腐蚀和隔离物损坏越快，电池使用寿命越短。（√）

Je3B3276 若发电厂、变电站直流电源系统只有一组蓄电

池时，为了安全起见，运行单位宜配置便携式充放电装置，以便于日常维护工作需要。（√）

Je3B3277 对于两组蓄电池两组充电装置的系统，每组高频开关电源模块数量大于等于7块时，应选择N+1热备份方式。（×）

Je3B3278 当直流电源系统设有合闸（动力）母线与控制母线，并在其间设有降压装置时，应采取防止该降压装置开路造成控制母线失压的措施。（√）

Je3B3279 直流屏的主母线及相应回路应能耐受母线出口短路时的动、热稳定要求。（√）

Je3B3280 直流正、负极熔断器必须同时更换，更换下的熔断器应及时清理。（√）

Je3B4281 用电压表检查直流系统接地时，将电压表的一根引线接地，另一根接非接地极（对地电压较高的一极），然后断开开关，如断开后，电压表指示明显降低，则说明该回路有接地。（√）

Je3B4282 蓄电池充电设备的电压调整范围的上限电压值，应能满足蓄电池额定电压的要求。（×）

Je3B5283 三相晶闸管全控桥在逆变工作时，其输出平均电压的极性与整流工作时的极性相同。（×）

Je3B5284 当蓄电池组正常浮充电流显示为零时，应检查蓄电池组出口熔断器是否熔断。（√）

Je2B2285 均衡充电是一种恢复电池容量的充电方式。（√）

Je2B2286 初充电结束后，电解液的密度和液面高度有可能变化，需要进行调整和补充，此时不允许再继续充电，否则将造成过充电。（×）

Je2B3287 当环境温度为–25～+10℃时，碱性蓄电池使用氢氧化钾水溶液的密度在1.190～1.210。（√）

Je2B3288 氢氧化钾水溶液在密度为1.250（18℃）时，其电阻率最小。（√）

Je2B3289 碱性蓄电池电解液的电阻随氢氧化锂含量的增加而增加。(√)

Je2B3290 在碱性蓄电池中加入的氢氧化锂越多，蓄电池的容量增加越多。(×)

Je2B3291 酸性电解液的密度在1.150～1.300时，电阻率最大。(×)

Je2B3292 阀控蓄电池在25℃以下最佳浮充电压为2.23V/单只。(√)

Je2B3293 不能以控制极与阴极之间反向电阻的大小来确定晶闸管元件控制特性的好坏。(√)

Je2B4294 三相半控桥和三相全控桥均可作可控整流，又都可工作在逆变状态。(×)

Je2B4295 当防酸蓄电池以较小电流放电时（低于10h放电率），往往在其端电压未降到1.8V之前蓄电池就已放出了保证容量，此时，虽然蓄电池仍有较高电压，也应停止放电。(√)

Je2B4296 三相全控桥在逆变工作时，如果个别相晶闸管元件失去脉冲或者移相角超出范围，就会使逆变失败。(√)

Je2B5297 三相半控桥式整流电路中最大导通角为120°，最大控制角为180°。(√)

Je2B5298 蓄电池的充电设备应能在蓄电池充电的第一阶段以自动稳压方式运行，在正常运行时以自动稳流方式运行。(×)

Je2B5299 三相全控桥控制角α在0°～90°范围内为逆变工作状态。(√)

Je2B5300 查找直流接地时，拉开支路直流开关，只要一看到对地电压没有变化就马上判定此路没有接地，然后立即合上直流开关。(×)

Jf5B1301 用指针式万用表电阻挡某一倍率测量电阻时，应先将两表笔短接，然后进行欧姆调零，其目的是为了消除表笔线引起的误差。(×)

Jf5B1302 蓄电池室的照明采用普通白炽灯。（×）

Jf5B1303 保证安全的组织措施是工作票制。（×）

Jf5B1304 指针式万用表用完后应将切换开关放到“直流电压”挡上。（×）

Jf5B1305 用钻床钻孔时衣袖要扎紧，戴好工作帽、护目眼镜和手套。（×）

Jf5B1306 滤波电容器应采用电解电容器。（√）

Jf5B2307 红灯监视断路器的跳闸回路，绿灯监视断路器的合闸回路。（√）

Jf5B2308 在起重作业中，钢丝绳的许用应力等于钢丝绳的破断拉力除以安全系数。（√）

Jf5B2309 测量防酸铅酸蓄电池单个电池电压时，应使用高阻值 0～3V 的直流电压表。（×）

Jf4B1310 配制碱性电解液，当眼睛里溅上电解液时，应立即用 10%的硼酸溶液和清水冲洗。（√）

Jf4B1311 RT0 型熔断器属于快速熔断器，可用于保护整流管。（×）

Jf4B2312 在低压配电盘、配电箱和电源干线上工作时，应填写第二种工作票。（√）

Jf4B2313 断路器（电磁机构）合闸控制回路的负荷包括断路器的合闸接触器和合闸线圈。（×）

Jf4B2314 示波器的扫描电压与被测信号必须同步，才能观测被测信号。（√）

Jf4B2315 交流配电盘上的电压表和电流表指示的是平均值。（×）

Jf4B2316 有两只灯泡，一只是 220V/100W，另一只是 220V/40W，则 100W 的灯泡电阻比 40W 的大。（×）

Jf4B2317 二极管反向电流与温度有关，在一定的温度范围内温度升高，反向电流减小。（√）

Jf4B3318 用万用表测试可判断硅整流元件的好坏，还可

以判断硅整流元件的工作性能是否合格。（×）

Jf4B3319 一只刻度为 100A 的直流电流表，注明需用100A、75mV 的分流器，如果配用 500A、75mV 的分流器，读数乘以 5。（√）

Jf4B3320 直流系统中所有载流导体的截面按发热条件及允许电压降条件进行选择，并校验短路时的动热稳定。（×）

Jf3B2321 有一个外附分流器的额定电压为 75mV，额定电流为 200A，这个分流器和额定电压为 75mV 的直流测量机构并联后，量程扩大到 200A。（√）

Jf3B2322 母线连接的接触面要求紧密，需用 0.1×10mm 塞尺检查，母线宽度在 56mm 及以下者不得塞入 4mm。（×）

Jf3B3323 分流器的两个“电位端钮”应用总电阻为 0.035Ω的两根专用导线与磁电式测量机构并联。（√）

Jf3B3324 示波器只能用来观察信号波形，不能测量信号幅度的大小。（×）

Jf3B3325 整流电路保护二极管的快速熔断器的额定电流按通过二极管的正向平均电流来选择。（×）

Jf2B1326 外附分流器的“电位端钮”应与磁电式直流电流表并联。（√）

Jf2B4327 用准确度等级为 1.0 的 MF18 型万用表的 15V 直流电压挡测量某一电路，在真值为 10V 时，测得的数据为 10.2V，在合格范围内。（×）

4.1.3 简答题

La5C3001 晶体管“2AP9”、“3DD10”的含义是什么？

答：2AP9 表示二极管型号。2 表示二极管；A 表示锗材料；P 表示普通管；9 表示序号。

3DD10 表示三极管。3 表示三极管；D 表示 NPN 型硅材料；D 表示低频大功率；10 表示序号。

La5C3002 集成电路有哪些特点？

答：（1）体积小、质量轻、功能全。

（2）可靠性高、寿命长、安装方便。

（3）频率特性好、速度快。

（4）专用性强。

（5）集成电路需要外接一些辅助元件才能正常工作。

La5C3003 半导体是如何通过空穴的移动来导电的？

答：锗、硅的物质结构是晶体，它们的 4 个最外层价电子既在本原子轨道上运动，又分别在相邻的 4 个原子轨道上运动，形成共价键。在常温下，一些价电子成为自由电子后，在原来共价键的位置上就留下一个空位，即空穴，与此同时这个相邻原子的共价键中又出现了一个新的空穴，如此不断进行下去。可知空穴的移动实质上就是价电子的反向移动。半导体就是这样通过空穴的移动来导电的。

La5C3004 什么是三极管的电流放大作用？

答：三极管的基区同时存在两个过程：自由电子向集电结扩散的过程和自由电子与基区空穴复合的过程。其电流放大能力取决于扩散与复合的比例，扩散运动越是超过复合运动，就有更多的自由电子扩散到集电结，电流放大作用也就越强。当管子内部的复合与扩散比例确定后，基极电流 I_b 和集电极电流 I_c 的比例即确定，I_b 增大或减少多少倍，I_c 也随之增大或减少多少倍。因为 I_b 远远小于 I_c，故 I_b 有微小的变化即会引起 I_c 极大的变化，实现以小电流控制大电流，这就是电流放大作用。

La5C3005　简述硫酸的性质。

答：纯硫酸是无色的油状液体，含 H_2SO_4 96%~98%，密度 1.84，沸点 338℃，不容易挥发。

浓硫酸具有强烈的吸水性，容易吸收空气中的水蒸气，保存时应盖严，以免变稀。

浓硫酸与糖、淀粉、纸张、纤维等碳水化合物发生反应，以脱水的形式夺取这些化合物中的氢和氧。

浓硫酸遇水时，会放出大量的热。

La5C3006　蓄电池的定义是什么？

答：能将所获得的电能以化学能的形式储存并将化学能转变为电能的一种电化学装置。

Lb5C3007　电池由哪几部分构成？

答：任何一种电池由四个基本部件组成，它们是：两个不同材料的电极、电解质、隔膜和外壳。

La5C3008　什么是铅酸蓄电池？

答：电极主要由铅制成，电解液是硫酸溶液的一种蓄电池。包括防酸式铅酸蓄电池及阀控式密封铅酸蓄电池。

La5C4009　什么是防酸式铅酸蓄电池？

答：防酸式铅酸蓄电池是指电池槽与电池盖之间密封，使电池内产生的气体只能从防酸栓排出的一种酸性电池。防酸式铅酸蓄电池又简称防酸蓄电池。

La5C4010　什么是阀控式密封铅酸蓄电池？

答：阀控式密封铅酸蓄电池是指正常充放电时电池保持气密和液密，电池内产生的气体复合还原成水，当内部气压超过预定值时，安全阀自动开启，释放气体，平时应阀门闭合，防止外部空气进入电池内部，使其密封的一种酸性电池。阀控式密封铅酸蓄电池又简称阀控蓄电池。

La5C4011　什么叫工作接地？什么叫保护接地？

答：将电路中某一点与大地相连，以保证电气设备在正常或事故情况下可靠地工作，这种接地称为工作接地。电气设备的金属外壳或构架与大地相连，以保护人身的安全，这种接地称为保护接地。

La5C4012　二极管的主要参数有哪些？

答：二极管的主要参数有四个，即最大正向电流、最大反向电流、最高反向工作电压和最高工作频率。

La4C3013　试述晶闸管的控制角和导通角的定义。

答：晶闸管正向阻断期间的电角度α称为控制角。晶闸管在导通期间的电角度θ称为导通角。

La4C3014　稳压二极管和普通二极管的主要区别是什么？

答：主要区别是稳压二极管工作在反向击穿区，在电路中起稳压作用。普通二极管工作在正向区，通常起整流作用。

La4C3015　在什么情况下，整流电路采用电容滤波和电感滤波？各种滤波效果有什么不同？

答：对于输出电流较小的电路，如控制电路等，一般采用电容滤波较为合适。对于输出电流较大的电路，一般采用电感滤波效果好。

用电容器滤波输出电压较高，最大可接近整流后脉动电压的幅值。用电感滤波时，输出电压可接近整流后脉动电压的平均值。

La4C3016　什么是电力电子主电路？

答：在电气设备或电力系统中，直接承担电能的变换或控制任务的电路被称为电力电子主电路。

La4C3017　什么是电力电子器件？

答：电力电子器件是指可直接用于处理电能的主电路中，实现电能的变换或控制的电子器件。

La4C3018　蓄电池组在直流系统运行中，主要起哪些作用？

答：（1）当市电中断或整流器设备发生故障时，电池组担负起对负载单独供电的任务，使供电不中断。

（2）在短路冲击或正常负荷起始冲击等情况下，超出整流器额定输出的部分由蓄电池组承担。

（3）起平滑滤波的作用。电池组与电容器一样具有充放电作用，因而对交流成分具有旁路作用，这样送至负载的脉动成分进一步减少，从而保证了负载设备对电压质量的要求。

La3C3019　什么是集成运算放大器？它有哪些功能和特点？

答：集成运算放大器（简称运放）实际上是一个具有高增益、低漂移，带有深度负反馈并直接耦合的直流放大器，因为它最初主要用作模拟计算机的运算放大器，故称为集成运算放大器。

其性能优良，广泛地应用于运算、测量、控制以及信号的产生、处理和变换等领域。

运算放大器本身不具备计算功能，只有在外部网络配合下才能实现各种运算。

La2C4020　电池的本质特点是什么？

答：电池通过氧化还原反应，把化学能转为电能。但与普通氧化还原反应不同，其氧化和还原反应是分开进行的，氧化在正极，还原在负极，而电子得失是通过外部线路进行的，所以形成了电流。这就是所有电池的本质特点。

Lb5C3021　什么叫铅酸蓄电池容量？

答：将一个充足电的铅酸蓄电池连续放电至电压达到极限终止电压（1.75～1.80V）时，放电电流和放电时间的乘积称为铅酸蓄电池的容量。

Lb5C3022　写出蓄电池的电动势和端电压的关系式。

答：充电时：$U=E+Ir$（r 为蓄电池的内阻）。

放电时：$U=E-Ir$（r 为蓄电池的内阻）。

Lb5C4023　蓄电池的端电压与电动势有什么区别？

答：蓄电池的端电压一般指闭合回路而言，而电动势则指它的开路电压。

Lb5C4024　直流系统在发电厂和变电站中所起的作用是什么？

答：在发电厂和变电站中，直流系统在正常情况下为控制信号、继电保护、自动装置、断路器跳合闸操作回路等提供可靠的直流电源，当发生交流电源消失事故情况下为事故照明、交流不停电电源和事故润滑油泵等提供直流电源。直流系统可靠与否对发电厂和变电站的安全运行起着至关重要的作用，是安全运行的保证。

Lb5C4025　直流系统的保护元件配置原则是什么？

答：（1）直流电源供电的可靠性。

（2）能够快速、准确地切除故障点。

（3）尽力避免故障点的扩大化。

Lb5C4026　何谓蓄电池的自放电？它有何危害？

答：充足电的蓄电池虽未经使用，但经过一定时期后也会失去电量，此现象称为蓄电池的自放电。

蓄电池的自放电会使极板硫化。通常铅酸蓄电池在一昼夜之内，由于自放电而使蓄电池容量减少 0.5%～1%。

Lb5C4027　什么叫过电压继电器？什么叫低电压继电器？

答：过电压继电器是当电压值大于动作值时，衔铁被吸合，动合触点闭合，继电器动作；当电压低于返回值时衔铁被释放，动合触点打开，继电器返回。

低电压继电器是电压低于动作值时，衔铁释放，动断触点闭合，继电器动作；当电压高于返回值时，衔铁被吸持，动断触点打开，继电器返回。

Lb5C4028　开关电源基本电路分为哪些部分？

答：开关电源的基本电路包括两部分。一是主电路，是指从交流输入到直流输出的全过程，它完成功率转换任务。二是控制电路，通过为主电路变换器提供的激励信号控制主电路工作，实现稳压。

Lb4C1029　电力用操作直流电源系统按接线分类主要有哪些？

答：（1）以母线分段为标准可分为：单母线接线方式、单母线分段接线方式、双母线接线方式等。

（2）以降压装置为标准可分为：带降压装置接线方式和不

带降压装置接线方式。

（3）以充电机和蓄电池组数为标准可分为：一组充电机一组蓄电池方式、二组充电机一组蓄电池方式、二组充电机二组蓄电池方式、三组充电机二组蓄电池方式等。

Lb4C1030　什么是UPS？

答：UPS是英文缩写，电力系统中的含义是"不间断电源"。当交流电不正常或发生中断故障时，UPS仍能向负载提供符合要求的交流电，从而保证负载能连续不断地正常工作。

对一般通用UPS的交流输出电压有如下要求：

具有自动稳压功能；输出纯正弦波交流，非线性失真小；能与市电或并机运行电源锁相同步；动态特性要好，控制电路简单。

Lb4C1031　为何采用交流不间断电源装置（UPS）？

答：为了保证电子计算机的正常、安全、连续运行的需要，避免计算机因受电网干扰、频率电压偏离，甚至突然断电而导致数据丢失、程序紊乱、磁盘损伤以至系统失控等严重后果，须用交流不间断电源装置。

Lb4C1032　什么是有源逆变、什么是无源逆变？

答：逆变是将直流电转变成交流电的装置。

装置工作在逆变状态时，如果把变流器的交流侧接到交流电源上，便可把直流电逆变为同频率的交流电反送到电网中去，这就是有源逆变。如将铅酸蓄电池组放电的电能逆变送入交流电网中，属于有源逆变。

如果装置的交流侧不与电网相连接，而直接接到负载上，把直流电源逆变为某一频率或可调频率的交流电供给负载，叫无源逆变。

Lb4C1033　无端电池直流系统有哪些优点？

答：无端电池直流系统优点有：

（1）蓄电池总数减少，并省去了端电池调整器。

（2）减少了施工安装工作量。

（3）降低了充电硅整流器的输出电压。

Lb4C1034　无端电池直流系统采用什么调整电压措施？

答：无端电池直流系统在各种运行方式下电压均有可能造成波动。对负载来说，对控制负荷采用串联硅二极管的调压措施。由于硅二极管有稳定的管压降，从而实现了电压调节。对于要求较高的直流系统，可安装多级硅降压装置，实现自动控制。对动力负荷，因为短时间使用，母线电压波动不影响断路器的跳合闸。为防止蓄电池均衡充电时直流母线电压偏高，亦可采用充电回路装设硅降压装置，正常时被接触器短接，当均衡充电时，将接触器断开，接入硅降压装置。

Lb4C1035　什么是转换效率？

答：电源在工作中，有部分电能转换成热量损耗掉了。电源必须尽量减少热量的损耗。转换效率就是输出功率除以输入功率的百分比。

Lb4C1036　功率因数与转换效率有什么区别？

答：尽管功率因数和转换效率都是指电源的利用率，但区别却很大。简单的说，功率因数产生的损耗是电力部门负担，提高功率因数是对国家电网的保护。而转换效率的损耗是用户自己负担。

Lb4C2037　单相半波整流电路的工作原理是什么？有何特点？

答：工作原理：在变压器二次绕组两端串接一个整流二极

管和一个负载电阻。当交流电压为正半周时，二极管导通，电流流过负载电阻；当交流电压为负半周时，二极管截止，负载电阻中没有电流流过，所以负载电阻上的电压只有交流电压一个周期的半个波形。

特点：接线简单，使用的整流元件少，但输出的电压低、脉动大、效率也低。

Lb4C2038　单相全波可控整流电路对整流变压器有什么要求？

答：单相全波可控整流电路必须采用带中心抽头的变压器，并且变压器铁芯不会产生直流磁化。

Lb4C2039　蓄电池为什么要在正负极板间加装隔离物？

答：隔离物有隔离板和隔离棒。装在正负极之间，使两者保持一定的距离，防止正、负极板接触短路，并防止内部较大的充电和放电电流，使极板振动，导致活性物质脱落和极板弯曲变形。

Lb4C2040　铅酸蓄电池的极板是由什么组成的？按基极的材质、形状以及活性物质的形式可分为几种？

答：极板是由基极（或称板栅、栅片）和活性物质组成的。

按基极的材质、形状、及活性物质的形式，可将极板分为化成式极板、半化成式极板、涂膏式极板和管式极板。

Lb4C2041　阀控蓄电池安全阀的作用是什么？

答：阀控蓄电池在正常浮充电状态下，处于密封状态，装设有能自动开启和关闭的安全阀。当内部压力超过规定开阀值时，安全阀自动开启；压力低于关阀时又自动关闭。安全阀上有滤酸装置，不会排出酸雾等有害气体，也不会发生电解液泄漏，可防止火花引起电池爆炸。

Lb4C3042　简述铅酸蓄电池的工作原理。

答： 蓄电池是一种化学能源，充电时能把电能转变成化学能储存起来,放电时将储存起来的化学能转化成电能输送出去。

铅酸蓄电池的工作原理：

（1）充电。将蓄电池接入直流电，正极栅（或铅筋）上的硫酸铅变成棕褐色二氧化铅，在负极板上的氧化铅变成灰色绒状铅。

（2）放电。将蓄电池与负载接通，正、负极板上的活性物质都吸收硫酸起了化学变化，逐渐变成硫酸铅，当两极板上大部分活性物质都变成硫酸铅后，蓄电池就不能再放电了。

铅酸蓄电池可逆式化学反应方程式

$$\underset{\text{正极}}{PbO_2}+2H_2SO_4+\underset{\text{负极}}{Pb} \underset{\text{充电}}{\overset{\text{放电}}{\rightleftharpoons}} \underset{\text{正极}}{PbSO_4}+2H_2O+\underset{\text{负极}}{PbSO_4}$$

Lb4C3043　简述镉镍蓄电池的工作原理。

答： 镉镍蓄电池极板的活性物质在充电后，正极板为氧基氢氧化镍，负极板为金属镉。而放电终止时，正极板转化为氢氧化亚镍，负极板转化为氢氧化镉。电解液选用氢氧化钾溶液添加少量的氢氧化锂，蓄电池在充电时将化学能转变为电能储存起来，放电时将化学能变为电能，两极的化学反应是可逆的。

总反应：

$$\underset{\text{正极}}{2NiOOH}+\underset{\text{负极}}{Cd}+2H_2O \underset{\text{充电}}{\overset{\text{放电}}{\rightleftharpoons}} \underset{\text{正极}}{2Ni(OH)_2}+\underset{\text{负极}}{Cd(OH)_2}$$

Lb4C3044　简述密封式镉镍蓄电池的电化学密封原理。

答： 由于在电池内部填充镉的当量数比氧基氢氧化镍的当量数大，因此，在充电末期，即使在正极产生氧，但由于氢在镉电极的过电位大，有相当高的逸出电位，所以在镉负极板上也不产生氢。而且镉易与氧反应，反应方程式为：$2Cd+O_2+$

$2H_2O = 2Cd(OH)_2$。这样，镉在上述反应中与在正极板上产生的氧反应，又生成氢氧化镉，从而抑制了氢的发生。负极板不析出氢，正极板析出的氧气被负极板吸收。同时，氧气还有另一个消耗途径：电化学还原反应，相应离子方程式为 $O_2+2H_2O+4e^- \longrightarrow 4OH^-$。

Lb4C3045　何谓镉镍蓄电池的瞬时放电倍率选择性？

答：即镉镍蓄电池的瞬时负荷（如车辆启动，断路器合闸等），能以1～30的倍率进行放电的特性。如额定容量为40A·h的镉镍蓄电池，瞬时最大可以对冲击性负荷放出 40×30=1200（A）的电流。

Lb4C3046　什么是镉镍电池和金属氢化物电池？

答：二者均采用氧化镍或氢氧化镍作正极，以氢氧化钾或氢氧化钠的水溶液作电解质溶液，金属镉或金属氢化物作负极。金属氢化物电池为20世纪80年代末，利用吸氢合金和释放氢反应的电化学可逆性而发明制成，是小型二次电池产品。

Lb4C3047　镉镍电池有什么特点？

答：镉镍电池的主要特点有：

（1）电解液只作为电流的传导体，浓度不起变化。

（2）电池的充放电程度不能根据电解液的密度变化来判断，而是在充电时以电压的变化来判断。

（3）在充放电过程中随着电化反应的加剧，在正极板上析出氧气，负极板上析出氢气。

（4）密封式镉镍电池在制造时使负极板上物质过量，以避免氢气的析出，而在正极上产生的氧气因电化作用而被负极板吸收，防止了蓄电池内部气体聚集，保证了蓄电池在密封条件下正常工作。

Lb4C3048　何谓铅酸蓄电池的极板硫化？

答：蓄电池长期处于放电或半放电状态，极板上就会生成一种白色的粗晶粒硫酸铅，正常充电时它不能转化为二氧化铅和绒状铅，这称为硫酸铅的硬化，简称硫化。

Lb4C3049　蓄电池产生自放电的主要原因是什么？

答：产生自放电的主要原因首先是由于电解液及极板含有杂质，形成局部小电池，小电池两极又形成短路回路，短路回路内的电流引起自放电。其次，由于电解液上下密度不同，极板上下电动势的大小不等，因而在正负极板上下之间的均压电流也引起蓄电池的自放电。它随电池的老化程度而加剧。

Lb4C3050　蓄电池定期充放电的意义是什么？

答：蓄电池定期充放电也叫核对性放电。以全浮充方式运行的蓄电池应每6个月进行一次核对性放电，以核对其容量，并使极板有效物质得到均匀活化。对已运行两年以上的蓄电池可适当延长核对性放电周期。一方面检查电池容量和健康水平，做到发现问题及时检修；另一方面能够活化极板上的有效物质，保证蓄电池的正常运行。

Lb4C3051　贫液式阀控蓄电池电解液有何特点？

答：该阀控蓄电池属于贫电解液蓄电池，其内部电解液全部吸附在隔膜和极板中，隔膜处于约90%的饱和状态，电池内无游离电解液，不会有电解液溢出。蓄电池在任何位置放置均能正常工作。

Lb4C3052　铅酸蓄电池电解液的多少和浓度与蓄电池的容量有什么关系？

答：适当增加电解液和提高电解液的浓度，使酸增多，可以增加其容量(必须在允许范围内)；电解液液面过低及密度低，会使电池容量减少。

Lb4C3053　什么是蓄电池理论容量？

答：蓄电池理论容量又叫计算容量。该容量是由电极里所含活性物质的量决定的，知道活性物质的量就能按照该物质电化当量计算蓄电池的电量。理论容量就是把活性物质的质量按法拉第定律计算而得的最高理论值。

Lb4C3054　什么是蓄电池额定容量？

答：蓄电池额定容量又叫标称容量，是指在制造厂规定的条件下，蓄电池能保证的最低容量。且标写在蓄电池外壳上。我国电力系统用 10h 放电率的放电容量来定义，以 C_{10} 表示。例如 GF-300 型蓄电池，300 即表示该蓄电池的额定容量为 300Ah。

Lb4C3055　什么是蓄电池实际容量？

答：蓄电池实际容量是指电池在一定条件下实际所能输出的电量。它等于放电电流与放电时间的乘积，单位为 Ah，其值小于理论容量，以符号 C 表示。蓄电池的实际容量取决于原材料质量以及制造工艺、技术和使用方法、使用年限等诸多因素。

Lb4C3056　高频开关电源系统由哪几部分组成，其作用是什么？

答：高频开关电源系统通常由四个部分组成：交流配电模块、整流模块、集中监控模块和直流配电模块。交流配电模块对交流电源进行处理、保护、监测并与整流模块接口。整流模块将交流电变为直流电。直流配电模块负责向直流负载供电。集中监控模块用于对交流输入电源、整流模块、输出电源及蓄电池组进行智能管理，并实现数据监测、定值设定、越限报警。还设有 RS-232CT、RS-485 串行通信接口，以实现遥信、遥测、遥调和遥控。

Lb4C3057 什么是直流电源“三遥”功能？

答：调度控制中心应用现代通信手段，通过遥信、遥测、遥控接口（RS485、422、232），去了解和控制变电站、发电厂中正在运行的直流电源状态。

遥信内容：开关量；直流母线电压过高或过低信号、直流母线接地信号、交流输入及充电装置故障，蓄电池熔丝、避雷器异常等信号。

遥测内容：数据量；直流母线电压及电流值、电池组电压值、充放电电流值、交流输入电压、电流等参数。

遥控内容：开关量；直流电源装置的开机、停机、充电装置的切换。

Lb4C3058 简述直流电源微机监控器功能。

答：微机监控器装于直流电源屏内，具有监视功能、自诊断和显示功能、控制功能。负责对直流系统各单元（如电压电流采集单元、充电模块、绝缘监测、电池巡检等）运行状态与数据的采集、显示；系统单元运行参数的设置，并控制各单元的正常运行；接收监控中心计算机发送来的命令及参数，并将系统运行状态及参数发送给监控中心计算机。

Lb4C5059 如何计算直流母线出口的最小短路电流？

答：直流母线出口最小短路电流可按事故放电末期发生短路作为计算条件，公式为

$$I_{d\cdot min}=nU_{1m}/(nR_{1m}+R_x)$$

$$R_{1m}\approx 0.036I_{10}$$

式中 $I_{d\cdot min}$——直流母线出口最小短路电流；

U_{1m}——放电末期单个电池电压；

n——放电时接入直流母线的电池个数；

R_x——短路引出回路电阻；

R_{1m}——单个电池在事故放电状态的内阻；

I_{10} ——蓄电池 10h 放电率电流。

Lb4C5060 什么是后备式不间断电源？

答：由逆变器、蓄电池组成的一种电源设备。在市电正常供电时，由市电直接向负载供电，电源中核心部件逆变器工作在空载待机状态。当市电供电中断或电压异常时，自动切换到逆变器输出，继续向负载供应交流电，切换过程有 4～10ms 的失电，一般不影响负载的运行。

Lb4C5061 什么是在线式不间断电源？

答：由整流器、逆变器、蓄电池组成的一种电源设备。在有市电交流的条件下，市电经过整流器转换成直流（AC/DC）、再经 DC/AC 逆变器转换成符合要求的交流向负载供电。避免了由市电带来的各种电压波动和干扰，易于实现稳压、稳频。一旦市电中断时，逆变器工作电源改由蓄电池供电，保证逆变器连续不间断向负载提供交流输出，从输出看没有切换过程和断电时间。

Lb4C5062 什么是 UPS 的切换时间？

答：由电网供电切换到电池供电或由电池供电切换到电网供电所需的时间。

后备式 UPS 切换时间一般小于 10ms，在线式 UPS 切换时间为 0。

Lb4C5063 什么是 UPS 旁路开关切换时间？

答：从逆变器停止工作时起到电网直接供电时止或从电网直接供电时起到恢复逆变器工作时止所需的时间。

在线式 UPS 旁路开关切换时间一般小于 5ms。

Lb4C5064 UPS 旁路开关起什么作用？

答：当 UPS 逆变器因故停止工作时，控制系统接通旁路开关自动切换到旁路市电电源，由市电向负载不间断供电。

若发生负荷短路、正常负荷起始冲击等情况，输出电流超出逆变器最大限定将进入保护停止供电时，控制系统自动切换到旁路市电电源，由市电提供强大的短路电路或冲击大电流，使短路负载的保护开关动作脱离电源，使逆变器不进入保护，从而避免了 UPS 所有负载停电的风险。

故障、异常消失后，控制系统关闭旁路开关恢复到原先供电状态。

Lb3C4065　什么是一次电池，二次电池？

答：一次电池：用完即丢，无法重复使用者，如：碳锌电池、碱性电池、水银电池、锂电池。

二次电池：可充电重复使用者，如：镍镉充电电池、镍氢充电电池、锂充电电池、铅酸电池。

Lb3C4066　EMI 电路的主要作用是什么？

答：EMI 电路的作用是对输入电源作净化处理，滤除由电网进来的各种干扰信号、吸收瞬态冲击，并防止电源开关电路形成的高频扰窜电网。

Lb3C4067　什么是传导干扰？

答：传导干扰是用来衡量电子产品在运行过程中对整个电网发送电子干扰信号大小的一个概念。所有的电子产品在用电时都会对电网发出干扰信号，如果干扰信号过大，就会影响整个电网的用电质量，从而干扰到其他电器的正常运行。

Lb3C4068　什么是浪涌电流？

答：浪涌电流指电源接通瞬间，流入电源设备的峰值电流。由于输入滤波电容的瞬间大电流充电，所以该峰值电流远远大于稳态输入电流。

Lb3C4069　什么是 SPWM 波形?

答: SPWM 波形——脉冲宽度按正弦规律变化而和正弦波等效的 PWM 波形。

要改变等效输出正弦波幅值，则按同一比例改变各宽度即可。

Lb3C4070　简述直流互感器的工作原理及用途。

答: 直流互感器利用磁放大器原理，其一次侧直流电流与二次输出的直流电流接近正比关系。次级输出的交流电压经整流滤波，由电位器分压抽取，加到直流放大器的输入端。这样一次侧大直流电流就可以用二次侧小电流来表示。

其用途主要用于电流测量、电流反馈、过载及短路保护等。

Lb2C2071　写出“KP200–14”的名称和含义。

答: 它表示普通晶闸管，其额定通态平均电流 200A，正、反向重复峰值电压 1400V(晶闸管正、反向重复峰值电压 1000V 以下用百位数表示，1000V 以上用千位和百位数表示)。

Lb2C3072　什么是开关电源的软开关技术?

答: 开关电源在运行中不可避免地存在各种损耗，损耗很大一部分是开关损耗。开关损耗主要发生在开关瞬间，其电压和电流的乘积功率。如果开关过程中控制电流为零或电压为零，在零流或零压的情况下打开或关断开关，则开关损耗降为零，这就是开关电源的软开关技术。软开关技术降低了开关的损耗，降低了模块的发热量，提高了高频开关电源模块的效率。

Lb2C4073　什么是“功率因数校正”PFC?

答: PFC 即“功率因数校正”，主要用来表征电子产品对电能的利用效率。功率因数越高，说明电能的利用效率越高。功率因素校正器的运作原理是调整输入电流波形使其与输入电压波形尽可能一致，让功率因素趋近于1。PFC有两种，一种是无源PFC（也称被动式PFC），另一种是有源PFC（也称主动式PFC）。

Lb2C4074　主动式“功率因数校正”PFC有什么特点？

答：主动式PFC使用主动组件（控制线路及功率型开关式组件），调整输入电流波形使其与输入电压波形尽可能相似，功率因数高于0.99。此外主动式PFC有另一项重要附加价值，输入电压可以从90～270V，并具有低损耗和高可靠等优点，电源供应器不需要像以往一般需切换电压，从而不再需要辅助电源变压器。

Lb2C4075　被动式“功率因数校正”PFC有什么特点？

答：被动式PFC一般采用电感补偿方法，通过减小交流输入的基波电流与电压之间相位差来提高功率因数，被动式PFC的功率因数不是很高，只能达到0.7～0.8，并且发热量比较大。

Lb2C5076　什么是阀控蓄电池热失控？

答：指电池在恒压充电情况下发生的一种临界状态。在充电过程中阀控电池内的再化合反应将产生大量的热能，由于阀控电池的密封结构使热量不易散发，电池的电流及温度发生一种积累性的相互增强作用，导致电池温升过高、电流过大，最终致电池过充而失效。

由于结构原因，吸液式（亦称贫液式）阀控电池易发生热失控，胶体式阀控电池导热性好，不易发生热失控。

Lb2C5077　晶闸管对触发电路有何要求？

答：晶闸管对触发电路的要求如下：

（1）触发时，触发电压应有足够大的电压和电流。

（2）不该触发时，触发回路电压应小于0.15～0.25V。

（3）触发脉冲的上升前沿要陡。

（4）触发脉冲要有足够的宽度，一般应保持20～50μs。

（5）触发脉冲应与主电路同步，脉冲发出时间前后能平稳地移动，而移动的范围要宽。

Lb2C5078　什么叫逆变失败？造成逆变失败的原因有哪些？

答：晶闸管在逆变运行时，一旦不能正常换相，外接的直流电源就会通过晶闸管电路形成短路，或者使变流器输出的平均电压和直流电动势变成顺向串联，形成很大的短路电流，这种情况叫逆变失败，或叫逆变颠覆。

造成逆变失败的主要原因有：

（1）触发电路工作不可靠。如个别相失去脉冲或移相角超过范围。

（2）晶闸管本身性能不好。如不能正常导通或阻断。

（3）交流电源故障。如突然断电，缺相或电压过低等。

（4）换相的裕量角过小。主要是对换相重叠角估计不足，使换相时间小于晶闸管的关断时间。

Lb2C5079　试举出除铅酸蓄电池外可用于电站的动力电池名称。

答：如镍镉电池，镍氢电池，磷酸铁锂电池，全钒氧化还原液流电池等。

Lb1C3080　什么是燃料电池？

答：燃料电池是一种将燃料的化学能透过电化学反应直接转化成电能的装置。燃料电池是利用氢气在阳极进行的氧化反应，将氢气氧化成氢离子，而氧气在阴极进行还原反应，与由阳极传来的氢离子结合生成水。氧化还原反应过程中就可以产生电流。燃料电池包括碱性燃料电池（AFC）、磷酸燃料电池（PAFC）、质子交换膜燃料电池（PEMFC）、熔融碳酸盐燃料电池（MCFC）、固态氧化物燃料电池（SOFC），以及直接甲醇燃料电池（DMFC）等。

Lc5C3081　什么是计算机？

答：计算机也称电脑。它是以高速度进行运算，具有内部存储能力，由程序控制操作过程的自动电子设备。

Lc5C3082　什么是一次回路？什么是二次回路？

答：由一次设备相互连接构成发电、输电、配电或进行其他生产的电气回路，称为一次回路或一次接线。

由二次设备互相连接，构成对一次设备进行监测、控制、调节和保护的电气回路称为二次回路。

Lc5C3083　什么是一次设备？什么是二次设备？

答：一次设备是指发、输、配电的主系统上所使用的设备。如发电机、变压器、断路器、隔离开关、母线、电力电缆和输电线路等。

二次设备是指对一次设备的工作进行控制、保护、监察和测量的设备。如测量仪表、继电器、操作开关、按钮、自动控制设备、计算机、信号设备、控制电缆以及提供这些设备能源的一些供电装置（如蓄电池、硅整流器等）。

Lc5C3084　蓄电池室照明有何规定？

答：蓄电池室照明有如下规定：

（1）蓄电池室照明应使用防爆灯，并至少有一个接在事故照明线上。

（2）开关、插座及熔断器应置于蓄电池室外。

（3）照明线应用耐酸、碱的绝缘导线。

Lc5C3085　简述 RTO 系列熔断器的构造及优点。

答：RTO 系列熔断器主要由熔管、熔体和底座三部分组成。

熔管的插刀插在底座的插座内，熔管为填料封闭管式结构。熔管采用高频陶瓷制成，它具有耐热性强、机械强度高、外表面光洁美丽等优点。熔体是两片网状紫铜片，中间用锡把它们焊接起来，这个部分称为“锡桥”。熔管内充满石英砂，作为熄灭电弧介质。熔管上装有熔断指示器。

优点：灭弧能力强，分断速度快；熔体熔断后有显示；熔断器配有专用的更换熔管的绝缘手柄。

Lc4C1086　计算机由哪些基本部件组成？

答：由运算器、控制器、存储器、输入/输出设备四大基本部件组成。

Lc4C2087　什么是计算机硬件？什么是计算机软件？

答：硬件构成了计算机的实体，是计算机系统中实际装置的总称。软件是安排计算机做什么工作、怎样工作的，指的是计算机运行所需的程序、数据及有关资料。

Lc3C3088　什么是计算机程序？

答：为解决某一问题而设计的一系列指令或语句，它们具有计算机可以接受的语言形式。

Lc2C4089　晶闸管为什么要用快速熔断器保护？一般熔丝能否代替？

答：晶闸管过负荷能力较小，与晶闸管有同样倍数的快速熔断器，可以在晶闸管烧坏前熔断，而一般熔丝熔断时间较长，不能起到保护作用，所以晶闸管要用快速熔断器保护。

如果晶闸管的额定电流较大，而负荷电流较小，并有短路电流限制装置，则可采用一般熔丝保护。

Lc2C5090　什么是电池储能系统？

答：电池储能系统是通过电池组在电力负荷低谷时段吸收电力储存电能，并在电力系统高峰负荷或事故断电情况下对电网系统及局部区域设备释放电力的一种电力可双向自动运转系统。对电力供应起到削峰填谷、事故备用作用；在智能电网中有效调控各种新生电力资源，平衡供电、用电差异；可提高供电的安全性与可靠性。

Lc2C5091　电池储能系统最基本的构成是哪些？

答：最基本的电池储能系统由两部分构成，电池及变流器。电池进行储藏与输出电能。变流器起能量转换作用，实现直流电和交流电之间双向变换。

Jd5C1092　写出 RS3-500/100 的名称和规格意义。

答：RS3-500/100 为保护大功率晶闸管整流器的快速熔断器，额定电压 500V，额定电流 100A。

Jd5C1093　写出 RTO-100/100 的名称和规格意义。

答：RTO-100/100 为低压填料封闭管式熔断器，熔断管和底座额定电流为 100A，熔体额定电流为 100A。

Jd5C1094　写出 RLS-50/30 的名称和规格意义。

答：RLS-50/30 为快速螺旋式熔断器，额定电压 500V，额定电流 50A，熔体额定电流 30A。

Jd5C2095　简述 GM 系列直流断路器的灭弧原理和脱扣器的种类。

答：GM 系列直流断路器采用磁吹、移动细隙形灭弧室和 VJC 绝缘、四重加速及窄缝分枝技术，其灭弧迅速、弧光能量小、飞弧距离短。

脱扣器包括：分励脱扣、欠压脱扣、电磁脱扣、热脱扣、复式脱扣（热—电磁脱扣）和智能化脱扣。

Jd5C2096　怎样补充蓄电池自放电？

答：（1）采用浮充电运行方式。

（2）按厂家说明书的规定时间，定期进行均衡充电。

Jd5C3097　蓄电池并联运行有哪些要求？

答：当负荷需要的电流较大时，可以采用蓄电池并联运行方式。但并联运行的蓄电池电动势应该相等，否则电动势大的会对电动势小的电池放电，形成环流。各电池的内阻最好也相同，以免内阻小的放电电流过大，造成损坏。所以不同型号的新旧电池不得并联使用。

Jd4C2098　说明蓄电池型号10GNH60的意义。

答：10GNH60表示碱性蓄电池。其中：10表示10个电池串联；G表示负极板材料镉；N表示正极板材料镍；H表示蓄电池外壳为活动盖；60表示容量为60A·h。

Jd4C2099　对蓄电池室的取暖设备和室温及液温有何要求？

答：蓄电池室的取暖设备应装在电池室外，经风道向室内送入热风。在室内只允许安装无接缝的或者焊接的并且无汽水门的暖气设备。

蓄电池电解液的温度按厂家规定，在15～35℃最为合适，室内应保持适当的温度，并保持良好的通风和照明。在没有取暖设备的地区，已经考虑了电池允许降低容量，则温度可以低于10℃，但不能低于0℃。

Jd4C3100　ZCW-2A充电装置的相序继电器动作原因有哪些？如何处理？

答：相序继电器动作的主要原因一般是三相电源相序相反，或三相电源一相或两相消失。应检查三相电源的相序是否相反，若相反，则应进行调整；检查电源熔断器是否熔断，若熔断，应检查原因并排除故障后再更换熔断器。

Jd3C2101 写出 ZP-20/500 的名称和规格意义。

答：ZP-20/500 为硅整流二极管，额定正向平均电流 20A，反向峰值重复电压 500V。

Jd2C5102 抑制晶闸管设备产生高次谐波的主要措施有哪些？

答：抑制晶闸管设备产生高次谐波的主要措施有：

（1）整流变压器采用 Yd 或 Dy 接线组别。

（2）增加整流脉冲的相数。

（3）采用性能良好、运行可靠的触发系统。

（4）采用滤波措施。

（5）采用调谐滤波器等。

Jd2C5103 怎样改变晶闸管导通角的大小？

答：改变导通角的大小，一般用触发脉冲移相的方法来实现。触发脉冲是靠电容充放电来保证的。电容器充放电的速度越快，尖顶脉冲就越宽，第一个脉冲发出的时间就越提前，晶闸管导通角就越大，输出电压也就越高。电容器充电的速度的快慢是由可调电阻 R 来决定的。R 小充电快，尖顶波的距离就靠近，导通角就加大，反之导通角减小。

Jd2C5104 用在交流回路中的阻容保护电容器的额定电压应选多少伏？

答：一般电容器上标的电压是直流耐压值，用于交流时，直流耐压值为交流有效值电压的 3 倍左右，故工作在 380V 交流电压下，应选用 1000V 以上的电容器。

Jd2C5105　三相桥式半控整流电路中，若使晶闸管全导通，控制极应在什么时候加入脉冲？并说明控制角和导通角各为多少？

答：控制极应在自然换流点处加入脉冲。此时控制角α=0，θ=120°。

Je5C1106　什么叫蓄电池初充电？

答：新安装或大修后的蓄电池第一次充电叫做初充电。

Je5C1107　什么叫蓄电池终止电压？

答：终止电压是蓄电池出现过放电现象时，不致造成极板损坏所规定的放电最低极限电压值。

Je5C1108　配制酸性电解液时，工作人员应注意哪些安全事项？

答：配制电解液时，工作人员必须戴白光护目镜、口罩、耐酸手套；穿耐酸服、耐酸靴；在配制电解液的场所应备有 5% 的苏打水，以便急救时使用。一定要注意蒸馏水不可往酸里倒。电解液中不得混有脏物，温度计要安牢固，不要碰打。

Je5C1109　为什么在配制蓄电池电解液时，不允许将水注入硫酸中？

答：浓硫酸与水混合时，水立即被浓硫酸所吸收，并产生大量的热，不能及时释放，而反应不断加剧，会使加入的水浮在硫酸表面，沸腾起来，使硫酸飞溅出来，甚至造成容器破碎和灼伤人等事故。

Je5C1110　在配制酸性电解液过程中，为什么不允许用木

棒搅拌？

答：纯硫酸是一种强烈的脱水剂，它可以使木料及有机物脱水碳化，变为黑色，造成电解液报废。

Je5C1111　蓄电池槽的作用和要求是什么？

答：该容器是用于储存电解液和支承极板的。

它应具有防止液体漏泄、耐腐蚀、坚固、耐高温和绝缘特性。

Je5C1112　碱性蓄电池标记线的含义是什么？

答：碱性蓄电池有两条标记线，其中上面的一条为加电解液的标记线，下面的一条为最低电解液标记线。

Je5C2113　有的碱性蓄电池的电解液中加氢氧化锂，其作用是什么？

答：碱性蓄电池的电解液中加入适量的氢氧化锂，可增加电池容量，并延长其寿命，提高电池的效率。

Je5C3114　铅酸蓄电池隔离物应具备哪些性能？

答：（1）多孔性。疏松多孔，能大量吸收电解液，使电解液在其中容易渗透、对流和扩散。

（2）内电阻低。它对电池内电阻影响相当大。其本身就是绝缘体，而蓄电池的化学反应则发生在隔离物小孔中的电解液内，因此小孔越多，发生化学反应的范围就越大，导电性能就越好，内电阻越小。

（3）耐酸腐蚀、耐氧化、韧性和弹性大、机械强度高。酸性蓄电池在充电和放电过程中受大电流冲击以及极板弯曲变形时，都容易损坏隔离物，因此，隔离物应具有承受这种压力和冲击的机械强度。

Je5C3115　对铅酸蓄电池隔离板尺寸有何要求？

答：它的高度应比极板高 20mm，宽度比极板宽 10mm，在安装蓄电池时，为了防止落入杂物造成两极短路，隔离板应高出极板顶部凹面处 10mm。下部伸出的长度，是为了防止脱落的活性物质在下面与极板底部接触造成两极短路。

Je5C3116　蓄电池连接时有哪些要求？

答：（1）正负极正确。

（2）接触严密，接触电阻要小，不松动。

（3）将电池接线柱和连接条上氧化层用刮刀刮掉，在铅螺丝和螺丝帽上涂一层凡士林油，拧紧铅螺帽后再涂一层凡士林。

（4）专用塑料保护帽、油套应上好，并不得损伤。

Je5C3117　碱性电池初充电过程中的检查项目与检查周期有哪些？

答：初充电开始 10min 检查极柱是否发热，电压是否上升，以后每 30min 检查一次；检查正、负极螺丝是否发热，如有个别发热应紧固螺母，注意异性极性，以防止短路；检查测量充电电压、充电电流，当不符合要求时，应随时调整并记录于表中；检查测量每一单体电池的电压和温度，对于电压滞缓不升或上升较慢者检查原因及时处理，并记录于表中。

Je5C3118　达到蓄电池保证容量的条件是什么？

答：要达到其保证容量，必须满足下列条件：

（1）极板质量要合乎标准。

（2）初充电应良好。

（3）日常维护良好。

（4）电解液浓度和纯度应合格。

Je5C3119　如何判断蓄电池组不合格？

答：运行电池，在三次充放电循环之内，若达不到额定容量值的 100%，此组蓄电池判断为不合格。

Je5C3120　如何判断蓄电池组需要更换？

答：运行电池，若连续放充三次容量均达不到额定容量的 80%，可判断此组电池使用年限已到，应安排更换。

Je5C3121　蓄电池引出线为电缆时，为什么正负极不能在同一根电缆内？

答：蓄电池引出线为电缆时，其正负极应采用单独的电缆，这样可以提高绝缘水平，减少正负极间电容值。

Je5C3122　什么是蓄电池恒流限压充电？

答：先以恒流方式进行充电，当蓄电池组电压上升到限压值时，充电装置自动转换为恒压充电，直到充电完毕。

Je5C3123　直流系统由哪些部分构成？

答：直流系统主要由充电机、蓄电池、馈线屏三大部分组成，保证直流系统的可靠供电和在发生事故情况下的直流不间断供电。为监视直流系统正常工作，还有一些辅助设备，如直流绝缘监测、蓄电池监测等。

Je5C4124　微机控制直流电源装置有哪些特点？

答：对电网及直流系统的各种运行状态，均汇编为微机执行的程序。运行中出现的各种问题，微机能自动地做出相应的指令，进行处理。例如：恒流充电、恒压充电、浮充电、交流中断处理、自动调压、自动投切、信号输出、远方控制等，微机均能正确无误地进行处理，全面实现无人值守的要求。

Je5C4125　高频开关整流器主要技术特点有哪些？

答：（1）用高频半导体器件（VMOS 或 IGBT）取代晶闸

管。具有输入阻抗高、开关速度快、高频特性好、线性好、失真小、多管并联、输出容量大等特点。取消了笨重的工频变压器，重量轻、体积小、效率高、噪声小。

（2）采用高频变换技术、PWM 脉宽调制技术和功率因数校正技术。使功率因数大大提高，接近于 1.0，效率高、重量减轻、体积缩小、可靠性高。由于元件集成化，维护工作量小。同时由于控制、调制技术先进，使各项技术指标非常先进。

Je5C4126　晶闸管的过电流的保护有哪些？

答：蓄电池内阻小，引出线如为同一个电缆发生绝缘损坏时短路电流大，易引起火灾，所以正负极应采用单独的电缆，同时可以减少正负极间的电容值。

Je5C4127　铅酸蓄电池正常维护项目有哪些？

答：（1）清扫灰尘，保持室内清洁。

（2）及时检查落后的不合格的电池。

（3）清除漏出的电解液。

（4）定期给连接端子涂凡士林油。

（5）定期进行蓄电池的充放电。

（6）充注电解液。

（7）记录蓄电池的运行状况。

Je5C4128　解决大功率整流器晶闸管散热问题的主要措施是什么？

答：（1）加装散热器。晶闸管要紧固在相应的散热器上，并要求接触良好，没有可见的缝隙，接触面涂以硅油，以增加导热能力；散热器周围要有足够大的散热空间。

（2）采取强制冷却措施。20A 以下的晶闸管采用自然冷却；20A 以上的晶闸管必须强制风冷，并有一定的风速。例如 50A 晶闸管的散热器出口风速为 5m/s。

Je5C4129　蓄电池浮充电的目的和方法是什么？

答：充电后的蓄电池，由于电解液的电解质及极板中有杂质存在，会在极板上产生自放电。为使电池能在饱满的容量下处于备用状态，电池与充电机并联接于直流母线上，充电机除负担经常性的直流负荷外，还供给蓄电池适当的充电电流，以补充电池的自放电，这种运行方式叫浮充电。对运行维护来说，能否管理好浮充电是决定蓄电池寿命的关键问题，浮充电流过大，会使电池过充电，反之将造成欠充电，这对电池来说都是不利的。

Je5C4130　对镉镍蓄电池的浮充电流、浮充电压有何技术要求？

答：镉镍蓄电池组平常以很小的浮充电流进行浮充电，以补充蓄电池组的自放电损失。浮充电流为 1～2mA/（A·h），每只蓄电池浮充电压为1.35～1.38V。

Je5C4131　恒流充电法和恒压充电法各有哪些缺点？

答：恒流充电法的缺点：在充电后期，若充电电流仍然不变，这时大部分电流用于水的分解上，会产生大量气泡，这不仅消耗电能，而且容易造成极板上活性物质脱落，影响蓄电池的寿命。

恒压充电法的缺点：在充电开始时充电电流过大，正极板上活性物质体积收缩太快，影响活性物质的机械强度；而充电后期电流又偏小，有可能使极板深处的硫酸铅不易还原，形成长期充电不足，影响蓄电池性能和寿命。

Je5C4132　蓄电池极板在组合时为什么正极板要夹在两片负极板之间？

答：正极板在充电与放电循环过程中膨胀与收缩现象严重，夹在两片负极板之间，使正极板两面都起化学反应，产生同样的膨胀与收缩，减少正极板弯曲和变形，从而延长使用寿命。而负极板膨胀与收缩现象不太严重。

Je5C4133　硅整流器的小修内容有哪些？质量有何要求？

答：（1）检查电源变压器外部绝缘。要求交、直流回路的绝缘电阻一般不低于1MΩ，在比较潮湿的地区不宜低于0.5MΩ（不包括插件和印刷电路）。

（2）检查整流器与变压器及熔断器等各部分部件接触情况。要求交流接触器、操作开关、按钮的接点接触良好，无烧伤损坏现象。硅元件与散热片连接牢固，外壳无损伤、锈蚀等，各部分螺丝连接牢固。

（3）检查硅整流器内部、仪表盘内部、外部清洁无尘垢。

（4）检查调整继电器使之动作正常，硅元件的电阻、电容器性能良好，各种仪表指示正常。

Je5C5134　温度与铅酸蓄电池容量有什么关系？

答：温度越高，稀硫酸黏度越低，活力越强，内电阻越小，电池的有效电压升高，输出能量就增加。温度每升高1℃，容量增加0.8%。其关系式如下

$$C_{25}=\frac{C_{\mathrm{t}}}{1+0.008(t-25)}$$

式中　C_{25}——25℃时的容量；

　　t——实际平均温度。

上式适用于电解液温度在10～40℃之间，若温度降低，则蓄电池的容量减少更为显著。但当温度超过40℃时，容量反而减少。

Je4C2135　铅酸蓄电池极板发生短路有哪些表现？

答：充电时，产生气泡的时间比正常情况晚，电压低，电解液密度低，并且在充电后无变化，但电解液的温度却比正常

情况高。

放电时电压很快降到极限放电电压值，容量也有显著降低。

Je4C3136　试述国产防酸蓄电池现用型号所表示的意义。

答： 型号分为三个部分。第一个字母为第一部分，第二个字母起为第二部分，数字为第三部分。

第一部分字母 G，表示这种蓄电池是固定式的，G 是“固”字的汉语拼音 GU 的第一个字母。

第二部分以汉语拼音字母表示：H——化成式，T——涂膏式，B——半化成式，G——玻璃管式，F——防酸隔爆式。

第三部分数字表示蓄电池的容量。

Je4C3137　试述国产阀控蓄电池现用型号所表示的意义。

答： 型号分为三个部分。

第一部分为单体蓄电池个数，3 表示由 3 个 2V 单体电池组合的 6V 电池，6 表示由 6 个 2V 单体电池组合的 12V 电池，无数据表示 2V 单体电池。

第二部分以汉语拼音字母表示：G——固定型，F——阀控式，M——密封，J——胶体。

数字为第三部分，蓄电池容量。100 表示 100AH。

Je4C3138　什么是蓄电池的容量试验？

答： 新的蓄电池在交付使用前，或正常运行中的蓄电池组为了检验其实际容量，将蓄电池充满容量后，蓄电池组脱离运行，以规定的放电电流进行恒流放电，只要其中的一个单体蓄电池放到了规定的终止电压，停止放电。

按以下公式计算蓄电池组在该温度下的实际容量

$$C=It$$

式中　C——蓄电池组容量，Ah；

　　I——恒定放电电流，A；

t ——放电时间，h。

Je4C3139　蓄电池为什么要进行核对性放电？

答：长期浮充电方式运行的铅酸蓄电池，极板表面将逐渐生产硫酸铅结晶体（一般称之为“硫化”），堵塞极板的微孔，阻碍电解液的渗透，从而增大了蓄电池的内电阻，降低了极板中活性物质的作用，蓄电池容量大为下降。核对性放电，可使蓄电池得到活化，容量得到恢复，使用寿命延长，确保发电厂和变电站安全运行。

Je4C3140　阀控蓄电池充电限流值为多少？

答：尽管阀控蓄电池厂方的电池参数标示充电电流可达 $0.25C_{10}$，但为安全起见，以及降低充电机容量配置，一般整定为 $0.1C_{10}$。

Je4C3141　什么是高频开关电源模块均流及均流不平衡度？

答：采用同型号同参数的高频开关电源模块整流器，以（N+1）或（N+2）多块并联方式运行，为使每一个模块都能均匀地承担总的负荷电流，称为均流。模块间负荷电流的差异，叫均流不平衡度。按以下公式计算

$$\beta=\frac{I-I_{\mathrm{P}}}{I_{\mathrm{N}}}\times100\%$$

式中　β ——均流不平衡；

I ——实测模块输出电流的极限值；

I_{P} ——N 个工作模块输出电流的平均值；

I_{N} ——模块的额定电流值。

Je4C3142　铅酸蓄电池电解液中含有杂质有何危害？

答：会引起极板自放电和局部腐蚀。

如混有有机物，尤其是醋酸和一些木质析出物，在正极板

上将会产生硫酸盐，危害极大。这是因为极板表面的硫酸盐层不易转化，会引起板栅的腐蚀。电解液中含有铁、锰、氯等杂质时，其离子都有氧化和还原能力，引起极板的自放电。如电解液中含铁达 0.01%时，则极板表面呈淡褐红色，活性物质变得又硬又脆。如果含铁量达 0.5%时，将会使蓄电池储存的电能在一昼夜内耗尽。

Je4C3143　什么是铅酸蓄电池的均衡充电？它的意义是什么？

答：为补偿蓄电池在使用过程中产生的电压不均现象，使其恢复到规定的范围内而进行的充电叫均衡充电。

以浮充电方式运行的蓄电池是串联的，浮充电流对于每一个电池都是一样的，但每个电池放电不完全相同，所选的浮充电流只能对大多数电池是合适的，对于部分电池可能会偏大或偏小，偏大的稍有过充，还问题不大，但偏小的就会引起极板硫化，内阻增加，容量降低，而影响整组电池的出力，为使电池能在健康的水平下工作，运行一段时间后（如每三个月）对电池进行一次均衡充电，以便将落后的电池消除硫化恢复到良好的运行状态。

Je4C3144　如何进行蓄电池均衡充电？

答：通过直流电源装置可对蓄电池自动或手动进行均衡充电，其程序为：先用 I_{10} 电流对蓄电池组进行恒流充电，蓄电池端电压上升到均充电压（如阀控电池 2.30～2.33V×N），将自动或手动转为恒压充电，当充电电流减小到 0.1 I_{10} 时，可认为蓄电池组已被充满容量，恒压充电保持一定时间（如 3h）自动或手动转为浮充电方式运行。

Je4C3145　怎样配制酸性电解液？

答：配制电解液前，一定要先将所用的空容器洗刷干净，再用蒸馏水冲洗一次才能使用。配制时，先将一定量的蒸馏水注入瓷缸，并在壁上挂一只0～100℃的水银温度计，然后再将硫酸以细流徐徐注入纯水中（切不可将水注入硫酸中），用玻璃棒或塑料棒（不准用金属棒或木棒）不断搅拌，将热量扩散，配制时最高温度不允许超过80℃，如果达到80℃，应立即停止，待温度降低后再进行，使电解液的密度达到要求。

Je4C3146　铅酸蓄电池极板弯曲的原因有哪些？

答：（1）充电或放电电流过大。

（2）由于装接不当。

（3）电解液中混入有害物质。

Je4C3147　铅酸蓄电池新极板检查的标准是什么？

答：制造厂化成干燥后的正、负极板的表面应无白色硫酸铅斑点，无裂纹和脱粉，无余膏残渣，平整光滑，筋条纹路清晰。正极板全部呈棕褐色，负极板全部呈青灰色或纯灰色。

Je4C3148　根据哪些现象判断防酸蓄电池充电完成？

答：当蓄电池出现下述现象时，即可认为充电已经完成：

（1）两极板上发生强烈气泡，电解液呈现乳白色。

（2）电解液的密度增加到1.215～1.220（25℃时），且经3h以上稳定不变。

（3）各个电池电压增加到2.75～2.80V，且经3h以上稳定不变。

（4）正极板变成棕褐色，负极板变成纯灰色。

为了监督充电的正确性，可利用放电的记录，对正常蓄电池而言，若在充电时蓄电池所获得的安培小时数比在前期放电时所放出的容量多20%，即可认为充电完成。

Je4C3149　应根据哪些特征来判断防酸蓄电池是否放电

终止？

答：（1）蓄电池是否已输出其保证容量。最好在蓄电池放电到保证容量的75%～80%时，即停止放电，准备充电。

（2）蓄电池的电压降。当电池电压降落到1.8V时，即认为是放电终了的特征。当蓄电池以较小的电流放电时（低于10h放电率），往往在电压尚未降到1.8V以前，蓄电池即已放出了保证容量。此时，虽然蓄电池仍有较高的电压（如1.9V），也应停止放电。

（3）极板的颜色放电终了时正极板变成褐色，负极板发黑。

（4）电解液的密度降到1.15～1.17时，即可认为放电终了。具体数值应根据放电电流的大小来决定。

Je4C3150　蓄电池容量降低的特征及原因有哪些？

答：特征：蓄电池不能保持全容量；充电后容量很快降低，充电时气泡发生迟缓且不强烈，充电时电压和电解液的密度都高于正常值且过早发生气泡，一经放电容量很快减少。

产生原因：电解液不纯，极板不良，使用年限过久，极板活性物质逐渐损耗或脱落过多。

Je4C3151　阀控蓄电池在什么情况下应进行补充充电或均衡充电？

答：（1）安装结束后，投入运行前需要进行补充充电。

（2）事故放电后，需要在短时间内充足蓄电池容量。

（3）单格电池的浮充电压小于2.20V，需要进行均衡充电。

Je4C4152　说明测量蓄电池充放电电流的操作步骤，操作中注意的事项是什么？（见图E-86）

答：测量时将按钮SB按下，带有动断触点的直流接触器KM动作，主接点打开，电流表PA就测出蓄电池是充电还是放电，充、放电电流是多少，根据浮充电要求，调节蓄电池浮充电流。

注意事项：① 在测量中，SB不能按下时间过长，要防止合闸电流烧坏电流表或影响合闸；② 在拆除校验电流表时，禁止将SB按钮按下。

Je4C4153　如何进行直流屏交流切换装置调试？

答：测充电屏两路交流断路器的输入端电压应正常，测任意两个接线端子之间的绝缘，彼此不得有导通的现象。合上两路交流进线断路器，则其中有一路接触器应该动作。关掉这路交流进线开关，则自动切换至另一路接触器供电。再合上这一路交流进线开关，不影响供电，两路交流电互为备用。当两路交流同时失电1s后再同时得电时，应该有一路接触器得电，谁先得电谁工作，当一路失电后，能够自动切换至另一路交流供电，调试完成。

Je4C4154　阀控蓄电池是“免维护”蓄电池吗？为什么？

答：阀控蓄电池早期曾俗称“免维护”蓄电池，它的应用确实减少了防酸蓄电池繁琐复杂的维护工作，然而，所谓“免维护”仅仅指无需加水、加酸、换液等，日常维护仍是必不可少的。且阀控蓄电池对运行要求更高，例如：对充电机稳压精度、纹波系数，对环境温度等要求比防酸蓄电池更严更高，诸多因素时刻影响着阀控电池的容量、寿命、及供电能力。原运行、检测、维护方法已不再适用于阀控蓄电池，需更精细地维护。故阀控蓄电池不是不需维护的电池。

Je4C5155　防酸蓄电池充电时怎样防止极板损坏？应注意什么？

答：为防止极板损坏，当蓄电池内开始冒气泡时，应逐渐降低充电电流；充电终期，电流减至最大电流的40%。在充电过程中，电压和电解液的温度密度逐渐升高。接至电压切换器上的电池将首先发生气泡，在充电终了时应将这些电池逐渐切出。

在充电过程中应注意：充电时，切换器的手柄应放在终端位置（全部电池均接在回路中），开始充电通风机就启动，在整个充电过程中通风机必须运行；在基本电池发生气泡之后，检查所有电池的沸腾是否均匀，如有落后的电池，则必须检查其电压和密度，如发现有内部短路情况，应迅速消除，不应使电池过热；电解液的温度不应超过35～40℃；充电终了，通风机还要运行1.5～2.0h，以便将氢气全部排出去。

Je4C5156　简述镉镍蓄电池电解液的主要杂质的形成及危害。

答：镉镍蓄电池电解液中主要杂质是碳酸盐。当空气中或水中的二氧化碳进入电解液后，将会与氢氧化钾或氢氧化钠起化学反应，生成碳酸钾或碳酸钠。化学反应方程式为

$$2KOH+CO_2=K_2CO_3+H_2O$$
$$2NaOH+CO_2=Na_2CO_3+H_2O$$

因此，进入杂质将会使电解液的电阻增大和浓度下降，从而降低蓄电池的容量。当碳酸钾的含量达50%以上时，容量便发生显著下降（约25%～40%），在更换电解液后蓄电池容量就恢复了。

二氧化碳还会在负极有效物质 CdO 颗粒表面上形成不良的碳酸镉，使负极容量减少。

如果电解液中加有氢氧化锂，二氧化碳还会与氢氧化锂发生化学反应，生成碳酸锂沉淀物，降低了氢氧化锂的作用。

Je4C5157　简述碱性电池过充电的方法。

答：以正常充电率的电流值充电 6h 后，再以正常充电率1/2 的电流值继续充电 6h，或在充电中间不减少充电电流值，但充电时间不少于 9h。

急用时，可采用快速充电。以快速充电的电流值（为其额

定容量40%的电流值）充电3h，或者是额定容量50%的电流值充电4h。过充电不但不会降低蓄电池容量，而且在一定条件下还会增加其容量。

Je3C2158　试述晶闸管元件的主要参数及其定义。

答： 晶闸管元件的主要参数及意义如下：

（1）正向阻断峰值电压（U_{DRM}）。它等于正向转折电压减去100V。

（2）反向阻断峰值电压（U_{RRM}）。它等于反向转折电压减去100V。

（3）额定正向平均电流（I_T）。元件允许连续通过的工频正弦半波电流平均值。

（4）控制极触发电压（U_G）、触发电流（I_G）。在晶闸管规定正向电压的条件下，使元件从阻断变为导通的最小控制电压和电流。

（5）维持电流（I_H）。在规定条件下，维持元件导通所必需的最小正向电流。

Je3C3159　如何判断镉镍电池充电是否终止？

答： 判断镉镍电池充电是否终止，可采用观察电池两极间电压的办法，若电压升到1.75V经1h无显著变化，并且充入的电量已达到放出电量的140%时，即可认为充电结束。

Je3C3160　阀控蓄电池充电为什么要限流？

答： 阀控蓄电池是全密封结构，充电时产生的气体是通过内部复合还原成水，如此循环保证蓄电池内部不失水。当充电电流过大时，复合速度跟不上产生气体的速度，过多的气体使蓄电池内压增高，到了一定程度将顶开气阀，这样就造成失水，缩短蓄电池寿命。为此阀控蓄电池充电要限流。

Je3C3161 **高频模块运行中发生运行灯和故障灯均不亮如何进行处理？**

答：（1）查看模块内输入保险是否烧毁，找出原因。

（2）测量模块的辅助电源变压器是否正常。

（3）拆开模块，查看模块与前面板的连接电缆是否脱落。

Je3C3162 **直流系统发生正极接地和负极接地时对运行有何危害？**

答：直流系统发生正极接地时，有可能造成保护误动，因为电磁机构的跳闸线圈通常都接于负极电源，倘若这些回路再发生接地或绝缘不良就会引起保护误动作。当直流系统对地电容增大到一定数值时，一点接地，也有可能致使继电器误动。直流系统负极接地时，如果回路中再有一点接地时，就可能使跳闸或合闸回路短路，造成保护装置和断路器拒动，烧毁继电器，或使熔断器熔断。

Je3C3163 **直流系统为什么要装设绝缘监察装置？**

答：发电厂和变电站的直流系统与继电保护、信号装置、自动装置以及屋内配电装置的端子箱、操作机构等连接，因此直流系统比较复杂，发生接地故障的机会较多，当发生一点接地时，无短路电流流过，熔断器不会熔断，所以可以继续运行。但当另一点接地时，可能引起信号回路、继电保护等不正确动作，为此，直流系统应设绝缘监察装置。

Je3C3164 **寻找直流接地点的一般原则是什么？**

答：寻找直流接地点的一般原则：

（1）对于两段以上并列运行的直流母线，先采用“分网法”寻找，拉开母线分段开关，判明是哪一段母线接地。

（2）对于母线上允许短时停电的负荷馈线，可采用“瞬间停电法”寻找接地点。

（3）对于不允许短时停电的负荷馈线，则采用“转移负荷法”寻找接地点。

（4）对于充电设备及蓄电池，可采用“瞬间解列法”寻找接地点。

Je3C3165　查找直流接地的注意事项有哪些？

答：查找直流接地时应注意：

（1）查找接地点禁止使用灯泡寻找的方法。

（2）用电压表检查时所用电压表的内阻不应低于2000Ω/V。

（3）当直流系统发生接地时禁止在二次回路上工作。

（4）处理时不得造成短路或另一点接地。

（5）查找和处理必须由两人进行。

（6）拉路前应采取必要措施防止直流失压可能引起的保护装置误动。

Je3C3166　为什么晶闸管整流电路中要采取过电压保护措施？

答：在晶闸管整流电路的交流输入端、直流输出端及元件上，都接有 *RC* 吸收网络或硒堆等过电压保护。因为晶闸管的耐受过电压的能力较差，而在交流侧及直流侧会经常产生一些过电压，如电网操作过电压、雷击过电压、直流侧电感负载电流突变时感应过电压、熔断器熔断引起过电压和晶闸管换向时过电压等，都有可能导致元件损坏或性能下降，所以要采取过电压保护措施。

Je3C4167　晶闸管整流装置输出电压异常如何处理？

答：晶闸管整流装置输出电压异常的处理步骤如下：

（1）直流电压输出降低，经调压后仍不能升高时，应检查交流电压是否过低，整流元件是否损坏或失去脉冲，熔断器是否熔断，交流电源是否非全相运行。

（2）直流输出电压高，经调压后仍不能下降的，可能是由于直流负荷太小，小于允许值。此时应将全部负荷投入。

Je3C4168　使用晶闸管整流设备应注意哪些事项？

答：（1）投切晶闸管充电机时，必须将晶闸管调节电位器旋至最低，使输出的直流电压为零；投入后，调节电位器应由零到高缓缓调节。

（2）不准任意改变运行中晶闸管充电机的运行状态，改变"手动—自动"、"稳压—稳流"运行状态时，必须在晶闸管充电机停用时切换选择开关。

Je3C4169　简述平衡电桥法检测母线接地的优缺点。

答：优点：

（1）平衡电桥法属于静态测量，即测量正负母线对地的静态直流电压，因此母线对地电容的大小不影响测量精度；

（2）由于不受接地电容的影响，因此检测速度快。

缺点：

（1）双端接地时，测量误差较大；

（2）不能检测平衡接地。

Je3C4170　简述不平衡电桥法检测母线接地的优缺点。

答：优点：任何接地方式均能准确检测。

缺点：在测量过程中，需要正负母线分别对地投电阻，因此母线对地电压是变化的。为了获得准确的测量结果，每次投入电阻后需要延时，待母线对地电压稳定后再测量，因此检测速度比平衡电桥法慢。

Je2C1171　镉镍电池更换电解液有何规定？

答：当镉镍电池中碳酸钾的含量大于50g/L，或经过100～150次充、放电循环，或使用时间为1～2年时，应更换电解液。

如电池的容量明显下降时，电解液的更换期应缩短。

Je2C1172　何谓碱性蓄电池爬碱？爬碱有何危害？处理方法是什么？

答：含有氢氧化钾（KOH）和氢氧化锂的碱性电解液有爬上容器口，翻越容器壁向地面再向墙壁爬越的特性，称为爬碱。

爬碱的危害：爬碱现象会引起蓄电池正、负极以及其他回路自放电加大，降低蓄电池正、负极间和直流系统的绝缘水平，消耗电解液。

处理方法：爬碱是由于极柱、螺母、垫圈等处的凡士林油涂抹不均，蓄电池内部的电解液液面过高，极柱、气塞密封不严，外溢电解液过多造成的。遇到这些情况时，如因电解液过多而引起液面外溢时，应吸出一部分至液面标准线。气塞密封不严，应更换密封件，并拧紧螺母。

Je2C1173　新安装的蓄电池组，应进行哪些项目的交接试验？

答：新安装的蓄电池组，应进行以下项目的交接试验：

（1）试验蓄电池组的容量。

（2）试验电解液是否符合标准。

（3）测量电解液在充满电和放完电的密度。

（4）测量蓄电池组绝缘电阻。

（5）检查每一只电池有无不良情况。

（6）检查通风设施。

Je2C1174　高频模块如何进行告警及保护值设定？

答：高频模块有输入过欠压、输出过欠压、输出短路等告警及保护。根据电力系统相关标准：交流电源电压允许波动范围在标称电压的–10%～+15%，模块输入电压允许波动范围为±15%；模块输出电压可调范围为标称电压的 90%～130%，输出电流大于额定电流的 110%应限流。制造厂可根据用户要求在满足以上标准基础上进行设置。当模块运行超过整定值时应进行报警或关机保护，故障消失后应能恢复工作。

Je2C1175 如何进行直流屏限流及限压特性的试验？

答：（1）限流：充电装置在浮充电（稳压）状态下运行，减小负载，使输出电流逐渐上升而超过限流整定值，充电装置将自动地降低直流输出电压值，从而使充电电流下降至整定值以下，达到限流和保护设备的目的，限流的调整范围为额定输出电流 50%～100%中的任一数值。

（2）限压：充电装置在（恒流）充电状态下运行，当直流输出电压超过限压整定值时，应能自动转换恒压充电方式运行，达到限压保护的目的，限压的调整范围为额定电压 105%至充电电压上限值中任一数值。

Je2C3176 高频模块故障主要有哪几种情况？

答：一般包括以下几种情况：

（1）因交流输入电源失压、缺相或过电压引起的充电模块停机或保护关机。

（2）充电模块的输出电压低或高于设定值。

（3）模块地址码设错。

（4）某些不明原因引起的充电模块内部故障，无电压输出。

Je2C3177 铅酸蓄电池极板腐蚀的原因有哪些？怎样防止、处理？

答：极板腐蚀原因有：过充、过放和大电流充、放电，极板与活性物质的材质配制工艺不符合要求，电解液密度过高，硫酸和蒸馏水不合格，经常充电不足，极板下边缘出现腐蚀现象。

防止、处理方法：使用密度合格的电解液，严格按规程操作，充、放电过程中控制电流值，使用合格的浓硫酸和蒸馏水，添加稀硫酸及蒸馏水时，温度要控制在 15～35℃，不能高于室温。

Je2C3178　变电站继电保护直流系统为什么采用不接地系统？

答：变电站继电保护直流系统采用不接地系统，这样当直流系统发生一点接地时不会立即发生短路现象。对地绝缘的直流电源避免了一次设备接地故障地电位升高对直流系统冲击，保护直流负载设备的安全，同时保证了人身的安全。

Je2C5179　模块给电池充电，当状态转换后模块故障灯亮，是否正常？

答：给蓄电池充电过程中，在状态转换瞬间及浮充状态时有可能发生蓄电池电压高于整流模块输出电压的情况，此时的状态为整流模块运行灯灭，故障灯亮，蓄电池放电。等蓄电池放电到电压低于整流模块输出电压后，整流模块会自动恢复正常充电状态。若发生某个整流模块长时间为故障状态，则应重新调节该模块电压调节旋钮，保证所有模块工作正常。

Je2C5180　直流屏调试时模块启动后马上关闭，间隔 10s 后重新启动，周而复始是否正常？

答：（1）如果模块不带负载，则模块已损坏，需更换模块内部的开关管或整流管。

（2）如果是模块带负载后发生，则是负载端存在短路现象。

Je1C3181　何谓镍镉电池记忆效应？产生的原因是什么？

答：镍镉电池使用过程中，如果电量没有全部放完就开始充电，下次再放电时，就不能放出全部电量。比如，镍镉电池只放出 80%的电量后就开始充电，充足电后，该电池也只能放出 80%的电量，这种现象称为记忆效应。

镍镉电池充电时，正极由氢氧化亚镍变成氢氧化镍；放电时由氢氧化镍变成氢氧化亚镍。电池全部放完电后，极板上的结晶体很小。电池部分放电后，氢氧化亚镍没有完全变为氢氧化镍，剩余的氢氧化亚镍将结合在一起，形成较大的结晶体。结晶体变大是镍镉电池产生记忆效应的主要原因。

Je1C3182　为什么不允许低于放电终止电压后蓄电池继续放电?

答: 放电终止电压是指蓄电池放电时允许的最低电压，放电终止电压和与放电电流大小有关。如果电压低于放电终止电压后蓄电池继续放电，电池两端电压会迅速下降，形成深度放电，这样，极板上形成的生成物在正常充电时就不易再恢复，从而影响电池的寿命。

Je1C3183　蓄电池的内阻与哪些因素有关?

答: 蓄电池的内电路主要由电解液构成，电解液有电阻，而极栅、活性物质、连接物、隔离物等都有一定的电阻，这些电阻之和就是蓄电池的内阻。影响蓄电池内阻的因素很多，主要有各部分的构成材料、组装工艺、电解液的密度和温度等。因此，蓄电池内阻不是固定值，在充电和放电过程中，随着电解液的密度、温度和活性物质的变化而变化。

Je1C3184　简述铅酸蓄电池在充放电过程中内阻变化的原因。

答: 电池的内阻决定于极板的电阻和离子流的阻抗。在充放电过程中，极板的电阻是不变的，但是，离子流的阻抗将随电解液浓度的变化和带电离子的增减而变化。

Jf5C1185　熔断指示器起什么作用?

答: 熔断指示器是与熔体并联的康铜熔断丝，当熔体熔断后立即烧断，弹出红色的醒目的标识，表示熔断信号。因此，很容易识别熔体是否熔断。

Jf5C2186　蓄电池组通常装设的两只双向电流表各有什么用途？

答：一只量程比较大的用来测量充电电流和放电电流。另一只量程小的只用来测量浮充电流，这只表平时被短接，只在浮充电按钮瞬间断开旁路接触器后测读。

Jf5C3187　仪表标度盘上起始点附近标有一黑点表示什么意思？

答：为了使仪表有较高的测量准确度，在仪表标度盘上用一黑点来区别标度盘的工作部分和非有效部分。一般黑点以上为工作部分，它应符合仪表的准确等级要求。黑点以下为非工作部分，在仪表制造上它满足不了该仪表准确度要求。因此如果某些仪表经常指示在黑点以下其数字是不够准确的，按要求应更换合适的仪表或互感器，以保证测量的准确。

Jf5C3188　熔断器日常巡视检查的内容有哪些？

答：（1）负荷电流应与熔体的额定电流相适应。

（2）熔断信号指示器信号指示是否弹出。

（3）与熔断器相连的导体、连接点以及熔断器本身有无过热现象，连接点接触是否良好。

（4）熔断器外观有无裂纹、脏污及放电现象。

（5）熔断器内部有无放电声。

Jf5C3189　使用电子示波器时，为什么不准频繁开闭电源开关？

答：因为示波管灯丝是用钨丝制成的，并且电阻随温度升高而增大，所以开启电源的瞬间，灯丝电流要比正常工作电流大几倍到几十倍，这种瞬间电流过多地冲击容易使灯丝损坏。另外，灯丝未充分预热就受阳极的高电压作用，会加速示波管阴极老化，使发射电流衰减，屏幕变暗，波形模糊。因此，不能过多开闭示波器开关。若中途不用时，只需将亮度调到最小位置，保持灯丝预热状态即可。

Jf5C3190　怎样用指针式万用表测量电阻？

答：（1）选好倍率量程（$R\times10\Omega$、$R\times100\Omega$、$R\times1k\Omega$、$R\times10k\Omega$）。

（2）每换一次挡都要先调零。

（3）不可带电换挡或测量。

（4）断开被测电阻的并联支路。

（5）测量晶体管参数，切忌使用$R\times10k\Omega$挡。

（6）注意欧姆挡位，黑表笔接的是表内电池的“+”极，红表笔接的是“−”极。

Jf5C3191　更换熔断器熔体时，为保证安全应注意哪些事项？

答：熔体熔断后应首先查明原因，排除故障后再送电。熔体熔断是由于短路、过载，还是接触不良过热引起的，可根据熔体熔断情况加以判断。熔体在过载下熔断时，响声不大，熔体仅在一两处熔断，变截面熔体只有小截面熔断，熔管内没有烧焦现象；熔体在短路下烧断时，响声很大，熔体熔断部位大，熔管内有烧焦现象。

更换熔体时，首先，熔体的规格应与负荷性质及线路电流相适应；其次必须停电进行，以防止触电；再次，应有监护人并戴绝缘手套。有专用手柄时，应使用专用手柄。

Jf5C3192　发电厂直流系统分成若干回路供电，各个回路不能混用，为什么？

答：在直流系统中，各种负荷的重要程度不同，所以一般按用途分成几个独立的回路供电。直流控制及保护回路由控制母线供电，开关合闸由合闸母线供电。这样可以避免相互影响，便于维护和查找、处理故障。

Jf5C4193　直流母线电压监视装置有什么作用？母线电压允许范围是多少？母线电压过高或过低有何危害？

答：直流母线电压监视装置的作用是监视直流母线电压在允许范围内运行。

当母线电压过高时，对于长期充电的继电器线圈、指示灯等易造成过热烧毁；母线电压过低时则很难保证断路器、继电保护可靠动作。因此，一旦直流母线电压出现过高或过低的现象，电压监视装置将发出预告信号，运行人员应及时调整母线电压。

Jf4C1194　电能表和功率表指示的单位有哪些不同？

答：功率表指示的是瞬时的发、供、用电设备所发出、传送和消耗的电能大小，称为功率，单位瓦特（W）；而电能表指示的是功率累计，计量某一段时间内所发出、传送和消耗的电能，俗称“度”，单位 kWh，即一千瓦的功率作用一小时所消耗的能量。

Jf4C2195　安装在直流控制盘或硅整流盘上的仪表应符合哪些要求？

答：对于仪表准确度，直流仪表不应低于 1.5 级，交流仪表不应低于 2.5 级。对于仪表附件的准确度，与仪表连接的分流器、附加电阻和仪用互感器应低于 0.5 级，但仅作电流或电压测量时，1.5 级或 2.5 级仪表可用 1.0 级互感器。

Jf4C2196　电磁机构的合闸线圈 YC 为什么不能像跳闸线

圈 YT 那样接入控制母线？

答：因为用于电磁机构的断路器合闸电流大，一般都在 80A 以上，故合闸线圈 YC 由单独的合闸电源供电，由合闸接触器的触点控制 YC。

Jf4C2197　低压带电工作时应注意什么？

答：一切检修和维护工作都应在停电后进行，但在特殊情况下，允许低压带电工作，但应注意以下几点：

（1）工作中应有专人监护，使用的工具必须带绝缘柄，严禁使用锉刀、金属尺和带金属的毛刷等工具。

（2）工作时应站在干燥的绝缘物上，并戴好手套和安全帽，穿好工作服。

（3）工作中精力集中，注意周围的带电设备，若有高压电气设备时，应保持足够的安全距离。

（4）在带电的低压配电装置上工作，应采取防止相间短路和单相接地的隔离措施。

Jf2C4198　直流接触器的检修与调整的内容有哪些？

答：（1）用毛刷清除灰法。

（2）灭弧罩应完整，其卡簧应能可靠夹住，弧角与静触头应有 1～2mm 间隙，吹弧线圈的绝缘良好，匝间无短路现象，并用布擦净。

（3）动静触头的接触面应用锉及砂布将烧痕修整好，触头的四个边应有 1～2mm 圆角，烧痕严重的要及时更换。

（4）检查衔铁的变位弹簧应完好，衔铁在定位卡板上下之间应有 1～2mm 间隙，左右间隙不大于 0.5mm，拆下返回弹簧用手按动闭合衔铁时，应无轻微卡涩现象。

（5）检查线圈的绝缘应良好，无破损，无烧焦痕迹，接线完好，线圈的直流电阻、绝缘电阻及动作电压应符合要求。

（6）组装后用力按动衔铁，检查动触点在灭弧罩内无卡涩摩擦现象。

（7）测量触点闭合同期差、开距及压缩行程应符合要求。

Jf2C5199　晶闸管整流装置输出端快速熔断器熔体熔断应如何处理？

答：（1）首先检查负荷侧回路中有无短路现象。

（2）若为过负荷熔断，此时应检查熔体规格是否合理。

（3）检查硅元件是否损坏。如属于熔断器熔断特性及快速熔断特性不符合要求导致晶闸管元件损坏时，应更换特性好的熔断器，再试启动整流装置。

（4）如直流回路及元件正常时，可能熔断的原因一般是断路器多次合闸冲击电流而引起的，更换同规格的熔断器后即可启动整流装置。

（5）如果暂时查不出原因，可换上同一规格的熔体试送一次，如再熔断，应彻底找出原因加以消除。

Jf2C5200　液晶显示屏的结构如何？它是怎样工作的？

答：它不是发光元件，只是依靠良好的环境光其他形式的光源来工作的。它的结构包括极化滤光器，后面用显微镜下喷涂金属薄层完全罩住的玻璃衬垫板；向列液体；金属化七段数字，或者在另一个玻璃盘上的字母数字显示符号；最后是另一个极化滤光器。整个显示器是密封的，通过印刷电路板上的插座进行电气连接。在透射系统中，光经过显示屏。而在反射系统中，有一个反射器把光反射回来通过它前面的盘面。当用交流电或方波脉冲激励选用段时，这些段下面的液晶转动或扭转90°，改变光的穿过状态，光被这个扭转的动作遮住，就显示出或黑色或透明的所需要的符号。

4.1.4 计算题

La5D1001 图 D-1 中，R_1=5Ω，R_2=10Ω，R_3=8Ω，R_4=6Ω，R_5=3Ω，试求图 D-1 中 a、b 两端的等效电阻 R_{ab}。

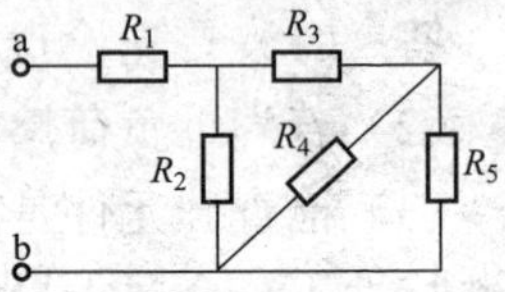

图 D-1

解：$R_6 = R_4 // R_5 = \frac{3\times 6}{3+6} = 2$（Ω）

$R_7 = R_3 + R_6 = 8 + 2 = 10$（Ω）

$R_8 = R_7 // R_2 = \frac{10\times 10}{10+10} = 5$（Ω）

$R_{ab} = R_1 + R_8 = 5 + 5 = 10$（Ω）

答：a、b 两端的等效电阻 R_{ab} 等于 10Ω。

La5D3002 某正弦电流，当 t=0 时 $i_{(0)}$=0.8A，已知初相角 30°，试求该正弦电流的最大值 I_m、有效值 I 和平均值 I_{av}。

解：此电流的瞬时表达式为

$$i=I_m\sin(\omega t+30°)$$

将 t=0 代入上式得

$$i_{(0)}=I_m\sin(0+30°)$$

$$0.8=\frac{1}{2}\cdot I_m$$

$$I_m=1.6\text{（A）}$$

有效值　$I=\frac{\sqrt{2}}{2}I_m=0.707\times 1.6=1.13$（A）

平均值　$I_{av}=0.637I_m=0.637\times 1.6=1.02$（A）

答：正弦电流的最大值为 1.6A，有效值为 1.13A，平均值为 1.02A。

La5D4003 如图 D-2 所示，为晶体管放大电路图，已知：E_c=20V，I_c=1.75mA，电源内阻 r_c=6kΩ，试求集电极电位φ_c是多少？

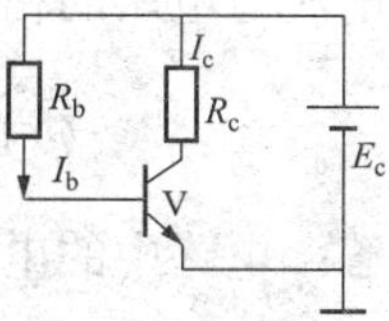

图 D-2

解：$R_c = \frac{E_c}{I_c} - r_c = \frac{20}{1.75} - 6$

≈ 5.43（kΩ）

集电极电位$\varphi_c = I_c R_{ce} = 1.75 \times 5.43 \approx 9.5$（V）

答：集电极电位约为 9.5V。

La4D2004 如图 D-3 所示，已知 R_1=1Ω，R_2=3Ω，R_3=R_4=3Ω，R_5=2Ω，R_6=4Ω，求该回路等效电阻 R_{ab} 是多少？

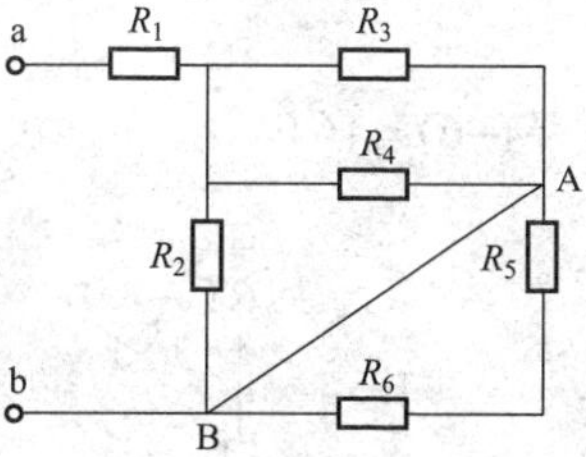

图 D-3

解：由图可知，R_5 和 R_6 被导线 AB 短接，R_2、R_3、R_4 并联且电阻值相等，所以

$$R_{ab} = R_1 + \frac{R_2}{3} = 1 + \frac{3}{3} = 2 \text{（Ω）}$$

答：该回路等效电阻 R_{ab} 等于 2Ω。

Ia4D3005 已知 R、L 串联电路，其电阻 R 和感抗 X_L 均为 10Ω，求当在电路上加 U=100V 的交流电压时，电路中电流 I 的大小，电流与电压的相位差φ。

解：电路中的阻抗

$$|Z| = \sqrt{R^2 + X_L^2} = \sqrt{10^2 + 10^2} = 14.14 \text{（Ω）}$$

电路中的电流

$$I = \frac{U}{|Z|} = \frac{100}{14.14} = 7.07 \text{（A）}$$

电流与电压的相位差

$$\varphi = \arctan\frac{X_L}{R} = \arctan1 = 45°$$

答：电路中的电流为7.07A，电流与电压相位差为45°。

La2D3006 电路如图D-4所示，求A点相对B点的电位φ_A。

解法1：$\varphi_A = \dfrac{\varphi_C - \varphi_B}{R_1 + R_2} \cdot R_2 + \varphi_B$

$$= \frac{\varphi_C - \varphi_B}{(40+20)\times10^3}\times20\times10^3 + \varphi_B$$

$$= \frac{60-(-6)}{60\times10^3}\times20\times10^3 + (-6) = 16\text{（V）}$$

答：A点相对B点的电位为16V。

解法2：A、B两点间的电位差为

$$U_{AB} = \frac{U_{CB}}{R_1+R_2}\cdot R_2$$

$$= \frac{U_{CB}}{(20+40)\times10^3}\times20\times10^3$$

$$= \frac{60-(-6)}{20+40}\times20$$

$$= 22\text{（V）}$$

$\varphi_A = U_{AB} + \varphi_B = 22 + (-6) = 16$（V）

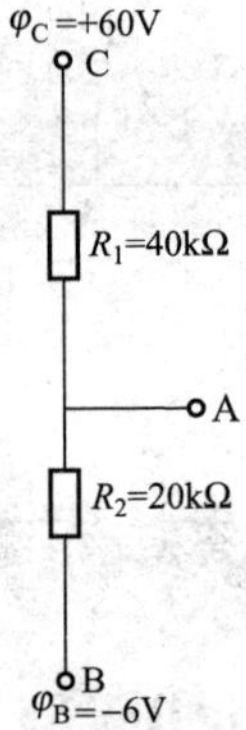

图D-4

答：略。

La4D4007 有一星形连接的三相对称感性负载，每相电阻R=3Ω，电抗X=4Ω，电源线电压U_L为380V。求各相负载电流的瞬时值表达式i_A、i_B、i_C。

解法1：负荷相电压U_{Ph}为

$$U_{ph}=\frac{U_L}{\sqrt{3}}=\frac{380}{\sqrt{3}}=220\text{（V）}$$

负荷每相阻抗

$$|Z|=\sqrt{R^2+X^2}=\sqrt{3^2+4^2}=5\text{（}\Omega\text{）}$$

负荷相电流有效值

$$I_{ph}=\frac{U_{ph}}{|Z|}=\frac{220}{5}=44\text{（A）}$$

各相相电压超前相电流的相位差为

$$\varphi=\tan^{-1}\frac{X}{R}=\tan^{-1}\frac{4}{3}=53.1^\circ$$

设以 A 相电压为参考相，

则 A 相电流瞬时值解析式为

$$i_A=\sqrt{2}\times 44\sin(\omega t-53.1^\circ)$$

对称的 B、C 相电流瞬时值解析式分别为

$$i_B=\sqrt{2}\times 44\sin(\omega t-173.1^\circ)$$

$$i_C=\sqrt{2}\times 44\sin(\omega t+66.9^\circ)$$

解法 2： 设 $\dot{U}_A=\frac{380}{\sqrt{3}}\angle 0^\circ$

$$\dot{I}_A=\frac{\dot{U}_A}{Z}=\frac{220\angle 0^\circ}{3+j4}=44\angle -53.1^\circ\text{（A）}$$

$$i_A=44\sqrt{2}\sin(\omega t-53.1^\circ)$$

根据对称性，得

$$i_B=44\sqrt{2}\sin(\omega t-173.1^\circ)$$

$$i_C=44\sqrt{2}\sin(\omega t+66.9^\circ)$$

答： 略。

La3D3008 如图 D-5 所示，已知 R_1=3Ω，R_2=6Ω，R_3=4Ω，R_4=4Ω，求该回路等效电阻 R_{ab} 是多少？

解法 1：该电路为四个电阻并联

$$\frac{1}{R_{ab}}=\frac{1}{R_1}+\frac{1}{R_2}+\frac{1}{R_3}+\frac{1}{R_4}$$

$$=\frac{1}{3}+\frac{1}{6}+\frac{1}{4}+\frac{1}{4}=1$$

所以 $R_{ab}=1\Omega$

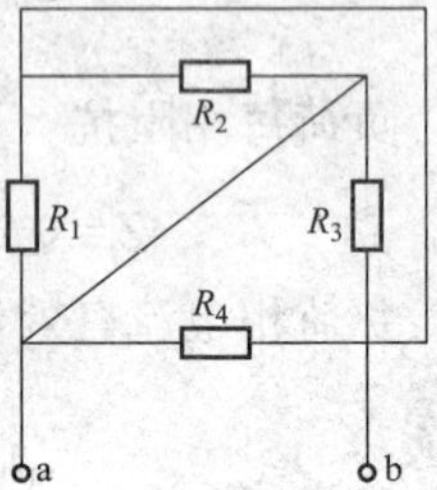

图 D-5

解法 2：R_1 与 R_2 并联得

$$R_{12}=\frac{R_1R_2}{R_1+R_2}=\frac{3\times6}{3+6}$$

$$=\frac{18}{9}=2（\Omega）$$

R_3 与 R_4 并联得

$$R_{34}=\frac{R_3R_4}{R_3+R_4}=\frac{R_3}{2}=\frac{4}{2}=2（\Omega）$$

电路等效电阻

$$R_{ab}=\frac{R_{12}}{2}=\frac{R_{34}}{2}=1（\Omega）$$

答：电路等效电阻 R_{ab} 为 1Ω。

La3D4009 有一感性负荷，它的功率 P=10kW，$\cos\varphi_1=0.6$，接在 f =50Hz、U=220V 的电源上。如将功率因数提高到 $\cos\varphi_2=0.95$，求并联补偿电容值 C 及并联前后的电流值 I_1、I_2。

解：（1）补偿前 $\cos\varphi_1=0.6$

$$\varphi_1=53.1°$$
$$\tan\varphi_1=1.33$$

补偿后 $\cos\varphi_2=0.95$

$$\varphi_2=18.2°$$
$$\tan\varphi_2=0.33$$

并联补偿电容值为

$$C=\frac{P}{2\pi fU^2}(\tan\varphi_1-\tan\varphi_2)$$

$$=\frac{10\times10^3}{2\times3.14\times50\times220^2}\times(1.33-0.33)$$
$$=658(\mu F)$$

（2）补偿前线路的电流为

$$I_1=P/U\cos\varphi_1=10\times10^3/(220\times0.6)=75.7\text{（A）}$$

补偿后线路的电流为

$$I_2=P/U\cos\varphi_2=10\times10^3/(220\times0.95)=47.8\text{（A）}$$

答：并联补偿电容器值为 658μF，补偿前后的电流分别为 75.7A 和 47.8A。

La3D4010 在图 D-6（a）所示的电路中，已知 U_1=10V，U_2=12V，R_1=2Ω，R_2=4Ω，R_3=4Ω，用节点电压法计算各支路电流 I_1、I_2、I_3。

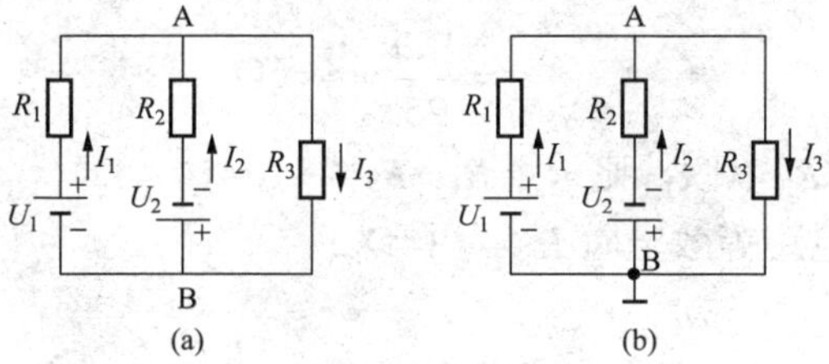

图 D-6

解：节点电压为

$$U_{AB}=\frac{\dfrac{U_1}{R_1}-\dfrac{U_2}{R_2}}{\dfrac{1}{R_1}+\dfrac{1}{R_2}+\dfrac{1}{R_3}}=\frac{\dfrac{10}{2}-\dfrac{12}{4}}{\dfrac{1}{2}+\dfrac{1}{4}+\dfrac{1}{4}}=2\text{（V）}$$

根据基尔霍夫定律求图 D-6（b）中各支路电流

$$I_1=\frac{U_1-U_{AB}}{R_1}=\frac{10-2}{2}=4\text{（A）}$$

$$I_2=\frac{-U_2-U_{AB}}{R_2}=\frac{-12-2}{4}=-\frac{7}{2}\text{（A）}$$

$$I_3=\frac{U_{AB}}{R_3}=\frac{2}{4}=\frac{1}{2}\ （A）$$

答：R_1 支路电流为 4A，R_2 支路电流为$-\frac{7}{2}$ A，R_3 支路电流为$\frac{1}{2}$ A。

La2D3011　如图 D-7 所示，已知 R_1=5Ω，R_2=10Ω，R_3=20Ω，求该回路等效电阻 R_{ab} 是多少？

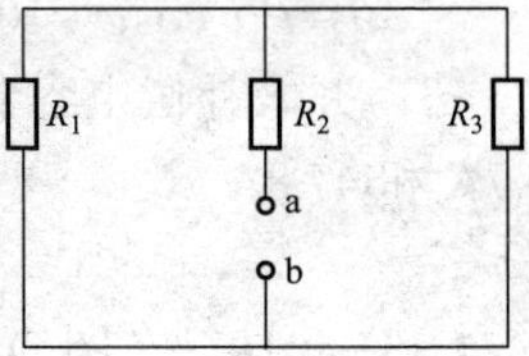

图 D-7

解：从图 D-7 中可知，R_1 与 R_3 并联

$$R_{13}=\frac{R_1R_3}{R_1+R_3}=\frac{5\times20}{5+20}$$

$$=\frac{100}{25}=4\ （Ω）$$

R_{13} 与 R_2 串联，则 R_{ab}=R_{13}+R_2=4+10=14（Ω）

答：电路等效电阻 R_{ab} 为 14Ω。

La1D4012　图 D-8 电路中，已知 R=16kΩ，C=0.01μF，试求输入电压 U_1 的频率 f 应为多少才能使输出电压 U_2 的相位超前输入电压φ=45°？如果这时输入电压最大值 U_{1m} 等于 1V，那么输出电压的最大值 U_{2m} 是多少？画出相量图。

解：相量图如图 D-9 所示。

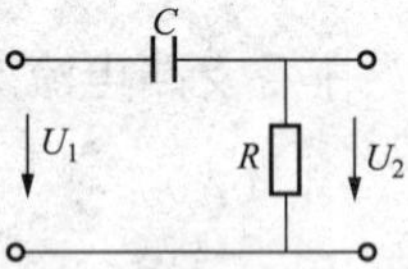

图 D-8

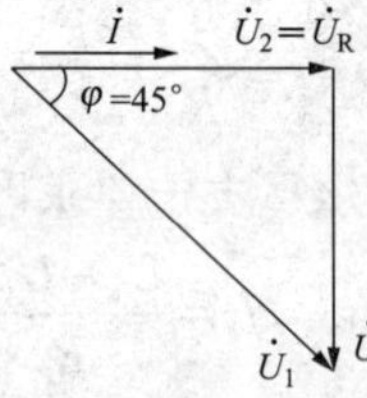

图 D-9

当 U_2 超前 U_1 45°时，φ=45°

$$\tan\varphi = X_C/R = 1$$

$$X_C = 1/2\pi fC = 16\text{（k}\Omega\text{）}$$

则 $f = 1/2\pi CX_C$

$= 1/(2\times3.14\times0.01\times10^{-6}\times16\times10^{3})$

$= 1000$（Hz）

当输入电压最大值 U_{1m}=1V 时，输出电压最大值为

$$U_{2m} = U_{1m}\cos\varphi = 1\times\cos45° = 0.707\text{（V）}$$

答： 输入电压的频率为 1000Hz，输出电压的最大值为 0.707V。

La1D3013 应用戴维南定理求解图 D-10 所示电路中通过 R_3 的电流 I_3。已知：E_1=40V，E_2=40V，R_1=4Ω，R_2=2Ω，R_3=5Ω，R_4=10Ω，R_5=8Ω，R_6=2Ω。

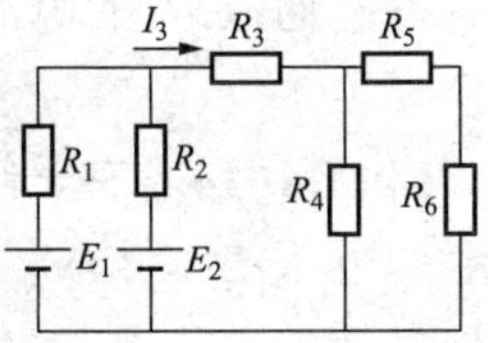

图 D-10

解：（1）首先应用戴维南定理将由 R_1、E_1 所在的支路和 R_2、E_2 所在的支路构成的含源一端口网络，用它的等值电路来替代，如图 D-11 所示。其中

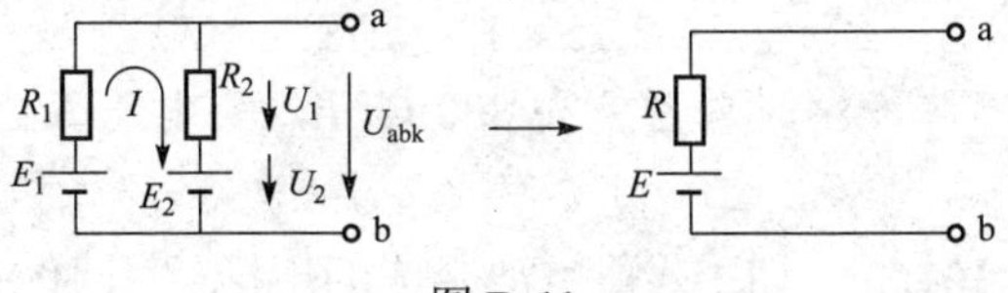

图 D-11

$$R = \frac{R_1R_2}{R_1+R_2} = \frac{4\times2}{4+2} = 1.33\text{（}\Omega\text{）}$$

$$E = U_{abk} = R_2I + E_2 = \frac{E_1 - E_2}{R_1+R_2}R_2 + E_2 = 40\text{（V）}$$

（2）求电阻 R_4、R_5、R_6 无源一端口网络的入端电阻，如图 D-12（a）、（b）所示。

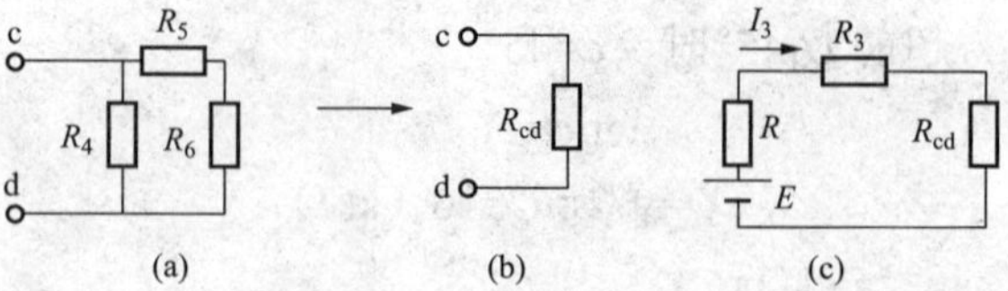

图 D-12

$$I_3=\frac{E}{R+R_3+R_{cd}}=\frac{40}{1.33+5+5}$$

简化成单回路电路见图 D-12（c）。

通过 R_3 的电流为

$$R_{cd}=\frac{R_4(R_5+R_6)}{R_4+(R_5+R_6)}=\frac{10\times(8+2)}{10+(8+2)}=3.53\text{（A）}$$

答：通过 R_3 的电流为 3.53A。

Lb5D1014 有一组 GGF-800 型蓄电池，共 130 只，每只电池的电压 U=2.15V，当串联使用时，总容量 Q_S 和总电压 U_S 各是多少？

解：（1）蓄电池串联总容量等于单只电池的容量，即

$$Q_S=800\text{A}\cdot\text{h}$$

（2）蓄电池串联总电压等于单只电池的电压和，即

$$U_S=\sum U=2.15\times130=279.5\text{（V）}$$

答：串联使用时总容量为 800A·h，总电压为 279.5V。

Lb5D1015 由 12 只蓄电池组成的电池组用 10A 电流放电时，测得电池端电压 U=23.4V，将电池断开后，电压立即上升到 E=24V，计算蓄电池组的内阻 r。

解：由全电路欧姆定律 $r=\dfrac{E-U}{I}$ 得

$$r=\frac{24-23.4}{10}=0.06\text{（Ω）}$$

答：蓄电池组的内阻为 0.06Ω。

Lb5D1016 铅酸蓄电池电解液的密度ρ =1.21，电势常数a=0.85，求该蓄电池的电势E是多少？

解：根据公式$E=a+\rho$得

$$E=0.85+1.21=2.06\text{（V）}$$

答：该蓄电池的电势是2.06V。

Lb5D1017 蓄电池电解液温度在5℃时测得密度是ρ_5=1.29，密度温度系数β=0.000 74，求15℃时的密度是多少？

解：根据公式$\rho_{15}=\rho_5+\beta(t-15)$

$$\rho_{15}=1.29+0.000\,74\times(5-15)=1.283$$

答：15℃时电解液的密度为1.283。

Lb4D3018 已知三相对称负荷为三角形连接，每相负荷元件$R=6\Omega$，$X=8\Omega$，由星形连接的三相电源供电，每相电源的电动势E为127V，假设电源内阻和输电线的阻抗均忽略不计，试求负荷相电流I_{ph}和线电流I_L？

解：电源线电压为

$$U_L=\sqrt{3}E=\sqrt{3}\times127=220\text{（V）}$$

每相负荷阻抗

$$|Z|=\sqrt{R^2+X^2}=\sqrt{6^2+8^2}=10\text{（}\Omega\text{）}$$

由于负荷对称并三角形连接时，线电压等于相电压，所以负荷的相电流为

$$I_{ph}=U/|Z|=220/10=22\text{（A）}$$

负荷的线电流为

$$I_L=\sqrt{3}I_{ph}=\sqrt{3}\times22=38\text{（A）}$$

答：负荷相电流为22A，线电流为38A。

Lb4D1019 换算到25℃时，铅酸蓄电池电解液的密度ρ_{25}=1.22，在t=50℃时测量电解液的密度ρ_{50}应为多少？

解：已知 ρ_{25}=1.22，t=50℃

根据公式

$$\rho_{25}=\rho_t+\beta\ (t-25)$$

得

$$\rho_t=\rho_{25}-0.0007\ (t-25)$$

所以

$$\rho_{50}=1.22-0.0007\times(50-25)=1.2025$$

答：在 50℃时电解液的密度应为 1.202 5。

Lb4D1020 已知一组 GGF-720 型蓄电池，极板内部自放电 Q_h=12A·h 需补偿 I_{bc}=1%的充电电流，求连续浮充电流 I_{fc} 是多少？

解：根据公式

$$I_{fc}=\frac{I_{bc}Q}{Q_h}$$

连续浮充电流为

$$I_{fc}=\frac{1\%\times720}{12}=0.6\ (\mathrm{A})$$

答：连续浮充电流为 0.6A。

Lb4D2021 若电源 E_1 为 3.2V，内阻 r_1 为 0.3Ω，被充电的蓄电池 E_2 为 2.6V，内阻 r_2 为 0.01Ω，求此时充电电流 I 是多少？蓄电池的端电压 U 是多少？

解：充电电流

$$I=\frac{E_1-E_2}{r_1+r_2}=\frac{3.2-2.6}{0.3+0.01}\approx1.94\ (\mathrm{A})$$

蓄电池的端电压

$$U=E_2+Ir_2=2.6+1.94\times0.01\approx2.62\ (\mathrm{V})$$

答：充电电流为 1.94A，蓄电池的端电压为 2.62V。

Lb4D2022 为了测定蓄电池的内阻，通常用一个阻值等于额定负荷的电阻 R，接成如图 D-13 所示电路，合上开关 S，由电压表读出端电压 U_1 为 48V，再打开开关 S，读出电压 U_2 为 50.4V，如果 R 等于 10Ω，试求蓄电池的内阻 r_0。

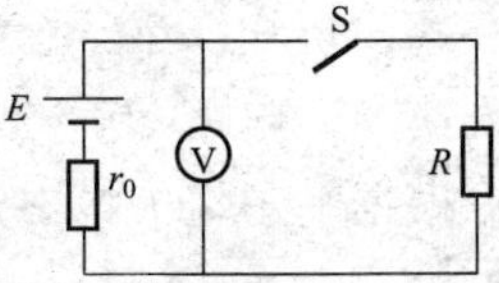

图 D-13

解：当 S 合上时

$$I=U_1/R=48/10=4.8\text{（A）}$$

在内阻 r_0 上产生的压降

$$U_{r0}=U_2-U_1=50.4-48=2.4\text{（V）}$$

蓄电池的内阻

$$r_0=U_{r0}/I=2.4/4.8=0.5\text{（Ω）}$$

答：蓄电池的内阻 r_0 为 0.5Ω。

Lb4D3023 三相桥式半控整流电路中，负荷要求直流电压 U_L 为 100V，直流电流 I_L 为 30A。控制角为 30°时，求变压器二次绕组电压 U_2、I_2（变压器为 Yy 接法，查表已知当控制角为 30°时，电压整流系数为 1.26，电流整流系数为 1.21）。

解：变压器二次绕组的电压

$$U_2=\frac{U_L}{1.26}=\frac{100}{1.26}=79.36\text{（V）}$$

变压器二次绕组的电流

$$I_2=\frac{I_L}{1.21}=\frac{30}{1.21}=24.79\text{（A）}$$

答：变压器二次绕组电压为 79.36V，电流为 24.79A。

Lb4D3024 一蓄电池，用 R_1=5Ω的电阻作外电路的电阻，产生 I_1=0.4A 的电流；用 R_2=2Ω的电阻作外电阻时，端电压 U_2 为 1.76V，试求蓄电池的电动势 E 及内阻 r。

解：已知：第一个电路 R_1=5Ω，I_1=0.4A

第二个电路 R_2=2Ω，U_2=1.76V

根据基尔霍夫第二定律

$$E=Ir+U$$

则 第一个电路的电动势

$$E_1=0.4r+0.4\times5$$

第二个电路的电动势

$$E_2=\left(\frac{1.76}{2}\right)\times r+1.76$$

由 $E=E_1=E_2$ 得

$$E_1-E_2=-0.48r+0.24=0$$

则
$$r=\frac{0.24}{0.48}=0.5\ (\Omega)$$

将 r 值代入公式中得

$$E=E_1=0.4\times0.5+0.4\times5=2.2\ (\text{V})$$

答：蓄电池的电动势为 2.2V，内阻为 0.5Ω。

Lb4D4025 已知单相桥式整流器的直流电压 U_d 为 220V，直流电流 I_d 为 20A，试求整流变压器的一次容量 P_{1S} 和二次容量 P_{2S}（设变压器效率等于 1)。

解：
$$U_2=1.11\times220=244.2\ (\text{V})$$

$$I_2=1.11\times20=22.2\ (\text{A})$$

$$P_{2S}=244.2\times22.2=5421.24\ (\text{V}\cdot\text{A})$$

因为 变压器效率等于 1

所以 $P_{1S}=P_{2S}=244.2\times22.2=5421.24$（V·A）

答：整流变压器一次容量和二次容量均为 5421.24V·A。

Lb4D4026 如图 D-14 所示，U_1=220V，变压器变比 K=220/20，变压器二次抽头位于绕组的中心，二极管上压降忽略不计，R_L=200Ω，求 R_L 上的电压 U_L 和电流 I_L。

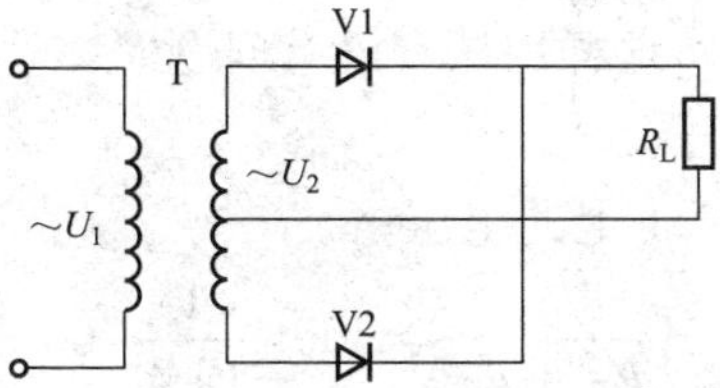

图 D-14

解：

$$U_2=\frac{U_1}{2K}=\frac{220}{2\times11}=10\text{（V）}$$

$$U_L=0.9U_2=0.9\times10=9\text{（V）}$$

$$I_L=\frac{U_L}{R_L}=\frac{9}{200}=0.045\text{（A）}$$

答： 负荷 R_L 上的电压为 9V，通过的电流为 0.045A。

Lb3D2027 一组 GGF-500 型蓄电池在平均液温 t=15℃的条件下，以 I=25A 的负荷电流放电，放电时间 t 是多少（换算成标准温度）？

解： 因为电解液在标准温度 25℃时的容量为

$$Q_{25}=\frac{It}{1+0.008\times(t-25)}$$

$$t=\frac{C_{25}[1+0.008\times(t-25)]}{I}$$

$$=\frac{500\times[1+0.008\times(15-25)]}{25}$$

$$=18.4\text{（h）}$$

答： 可放电 18.4h。

Lb3D3028 型号为 2CP22 的二极管 V1 和 V2，最大整流电流为 300mA，最高反向电压为 200V，如果串联使用在反向电压 U 为 300V 的电路中，由于同类产品的差异，V1 的反向电阻 R_{V1} 为 1MΩ；V2 的反向电阻 R_{V2} 为 4MΩ，求每只管子的反向电压各是多少？这样用法有没有问题？

解：根据分压公式

加在二极管 V1 上的电压

$$U_{V1}=U\frac{R_{V1}}{R_{V1}+R_{V2}}=300\times\frac{1}{1+4}=60\text{（V）}$$

加在二极管 V2 上的电压

$$U_{V2}=U\frac{R_{V2}}{R_{V1}+R_{V2}}=300\times\frac{4}{1+4}=240\text{（V）}$$

答：通过计算可见，V2 最高反向电压为 200V，小于 240V，所以 V2 将被击穿。V2 被击穿后，V1 将承受 300V 的反向电压，也被击穿。

Lb2D3029 一个负荷为星形连接的对称三相电路，电源线电压为 380V，每相负荷阻抗为 Z=8+j6Ω，求负荷的相电压 U_{ph}、相电流 I_{ph} 及线电流 I_L 各是多少？

解：负荷的相电压

$$U_{ph}=\frac{U_L}{\sqrt{3}}=\frac{380}{\sqrt{3}}=220\text{（V）}$$

负荷每相阻抗

$$|Z|=\sqrt{8^2+6^2}=10\text{（Ω）}$$

负荷的相电流

$$I_{ph}=\frac{U_{ph}}{|Z|}=\frac{220}{10}=22\text{（A）}$$

负荷的线电流

$$I_L=I_{ph}=22\text{（A）}$$

答：负荷的相电压为 220V，相电流为 22A，线电流为 22A。

Lb2D3030 某站直流系统额定电压 U_N 为 220V，应保证直流母线电压 U_m 在事故放电终止和充电末期维持在比用电设备高 5%的水平上。已知：事故放电末期每个电池电压 U_{fm}=

1.95V，充电末期每个电池电压 U_{cm}=2.7V。试选择铅酸蓄总电池数 n、基本电池数 n_J 和端电池数 n_d。

解： 蓄电池总数 $n=\frac{U_m}{U_{fm}}=\frac{220\times105\%}{1.95}=118.5$，取 118（只）

基本电池数 $n_J=\frac{U_m}{U_{cm}}=\frac{220\times105\%}{2.7}=85.5$，取 88（只）

端电池数 $n_d=n-n_J=118-88=30$（只）

答： 蓄电池总数为 118 只，基本电池为 88 只，端电池为 30 只。

Lb2D4031 电容器储能直流系统，若考虑发生事故情况下两台断路器同时跳闸，试计算所需电容器的容量 C。已知：断路器跳闸线圈电阻 R_1 为 86Ω，固有跳闸时间 t_1 取 0.08s；时间继电器电阻 R_2 为 21.5kΩ，时间 t_2 为 1.5s，直流母线电压为 220V。

解： 断路器分闸所需能量为

$$A_1=K_1^2U_NI_{N1}t_1=K_1^2\times\frac{U_N^2}{R_1}\times t_1$$

式中 K_1=0.7（断路器分闸所需最低动作电压，取 70%U_N）。

故 $$A_1=0.7^2\times\frac{220^2}{86}\times0.08=22.06\text{（J）}$$

时间继电器所消耗能量为

$$A_2=U_N^2I_{N2}^2t_2=\frac{U_N^2}{R^2}\times t_2=\frac{220^2}{21.5\times10^3}\times1.5=3.38\text{（J）}$$

两台断路器同时跳闸所消耗的总能量为

$$A=K_2A_1+A_2=2\times22.06+3.38=47.5\text{（J）}$$

根据公式 $$A_c=\frac{1}{2}CU_c^2\times10^{-6}\text{（J）}$$

得 $$C=\frac{2A_c}{U_c^2}\times10^6\text{（μF）}$$

取 $$C\geqslant K_3\times\frac{2A_c}{U_c^2}\times10^6\text{（μF）}$$

式中 K_3 为电容器有效系数，取 K_3=1.5

代入得：$C=1.5\times\frac{2\times47.5}{220^2}\times10^6=2944$（μF）

取 C=3000（μF）

答：所需电容器的容量为3000μF。

Lb3D5032 如图 D-15 所示，变压器二次侧的线电压 U_{2L} 为 17.32V，二极管导通时的压降忽略不计，R_L=1000Ω，求流过每个二极管的电流 I_V 及每个二极管上的最大电压 U_m。

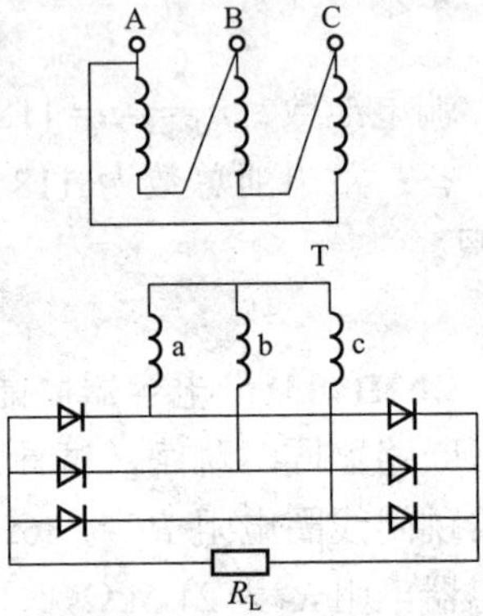

图 D-15

解：$U_L=2.34U_{2ph}=2.34\times\frac{17.32}{\sqrt{3}}=23.4$（V）

$$I_L=\frac{U_L}{R_L}=\frac{23.4}{1000}=23.4\text{（mA）}$$

$$U_m=2.45U_{2L}=2.45\times\frac{17.32}{\sqrt{3}}=24.5\text{（V）}$$

$$I_V=\frac{1}{3}I_L=\frac{1}{3}\times23.4=7.8\text{（mA）}$$

答：流过每个二极管上的电流为7.8mA，每个二极管上的最大电压为24.5V。

Lb3D5033 有一只蓄电池负极板数量 n 为 9 片，每片极板容量 Q_0 为 50A·h，试求该蓄电池的总容量 Q 是多少？

解：因为蓄电池总容量是以正极板容量计算的，已知负极板为 9 片，负极板比正极板多 1 片，所以

$$Q=Q_0(n-1)=50\times(9-1)=400\text{（A·h）}$$

答：蓄电池的总容量为400A·h。

Lb2D3034 有一电池，当外电路电阻 R_1 为1Ω时，电流 I_1 为1A，当外电路电阻 R_2 为2.5Ω时，电流 I_2 为0.5A。求电池的电动势 E 和内电阻 r。

解：电池的电动势和内电阻可认为不变，根据全电路欧姆定律可知

$$I_1=\frac{E}{R_1+r},\quad I_2=\frac{E}{R_2+r}$$

得 $I_1(R_1+r)=I_2(R_2+r)$

$$r=\frac{I_2R_2-I_1R_1}{I_1-I_2}=\frac{0.5\times2.5-1\times1}{1-0.5}=0.5\ (\Omega)$$

$$E=I_1(R_1+r)=1\times(1+0.5)=1.5\ (\text{V})$$

答：电池的电动势为1.5V，内电阻为0.5Ω。

Lb2D3035 有一组铅酸蓄电池，额定容量 Q_N 为720A·h，每片极板容量 Q_0 为72A·h，求该组蓄电池总极板数 n？

解：正极板数 $n_+=\dfrac{Q_N}{Q_0}=\dfrac{720}{72}=10$（片）

负极板数 $n_-=n_++1=10+1=11$（片）

此组蓄电池极板总数 $n=10+11=21$（片）

答：该组蓄电池总极板数为21片。

Lb2D3036 已知碱性镉镍蓄电池运行参数为：

（1）直流母线正常电压 $U_n=230$V。

（2）直流母线最低运行电压 $U_{min}=195\sim198$V。

（3）蓄电池浮充电压 $U_f=1.45$V。

试选择基本电池数 n_J，总电池数 n 和端电池数 n_d。

解：（1）按浮充电运行计算基本电池数。

$$n_J=U_n/U_f=230/1.45=159\ (\text{个})$$

（2）按直流母线最低运行电压要求计算总电池数。每个电池允许最低电压取 1.10V，则

$$n=198/1.10=180（个）$$

（3）端电池数为 $n_d=n-n_J=180-159=21$（个）

答：总电池为 180 个，基本电池为 159 个，端电池为 21 个。

Lb2D3037 某充足电的蓄电池，以 I_1=36A 的平均电流放电 T_1=10h，平均电压为 1.95V，后用 I_2=40A 的电流进行充电 T_2=10h，恢复原状充电时的平均电压是 2.3V，求电池的安·时效率 η_{Ah} 和瓦·时效率 η_{Wh}。

解：

$$\eta_{Ah}=\frac{Q_1}{Q_2}\times100\%=\frac{I_1T_1}{I_2T_2}\times100\%$$

$$=\frac{36\times10}{40\times10}\times100\%=90\%$$

$$\eta_{Wh}=\frac{W_1}{W_2}\times100\%=\frac{U_1I_1T_1}{U_2I_2T_2}\times100\%$$

$$=\frac{36\times10\times1.95}{40\times10\times2.3}\times100\%=76.5\%$$

答：蓄电池的安·时效率为 90%，瓦·时效率为 76.5%。

Lb2D3038 在给 C=100μF 的电容器充电时，电容器上电压 U_1 从 0 开始增加到 50V，电源需供给电容器多少电能 W_1？若该电容器接着放电，电容器上电压 U_2 从 50V 降至 30V，求此时电容器中还储存多少电场能量 W_2？释放了多少电场能量 W？

解：根据公式

$$W=\frac{1}{2}CU^2$$

电源需供给电容器的电能

$$W_1=\frac{1}{2}CU_1^2=\frac{1}{2}\times100\times10^{-6}\times50^2=0.125（J）$$

电容器放电后，电容器上还储存的电能为

$$W_2=\frac{1}{2}CU_2^2=\frac{1}{2}\times100\times10^{-6}\times30^2=0.045\text{（J）}$$

电容器放电所释放出的电场能量

$$W=W_1-W_2=0.125-0.045=0.08\text{（J）}$$

答：电容器还储存 0.045J 电能，释放了 0.08J 电能。

Lb1D4039 已知三相四线制电路，如图 D-16 所示，电源电压为 380V，$R=X_L=X_C=10\Omega$，能否说负荷是对称的？求出各相电流 $\dot{I}_A$、$\dot{I}_B$、$\dot{I}_C$ 和中性线电流 $\dot{I}_N$。

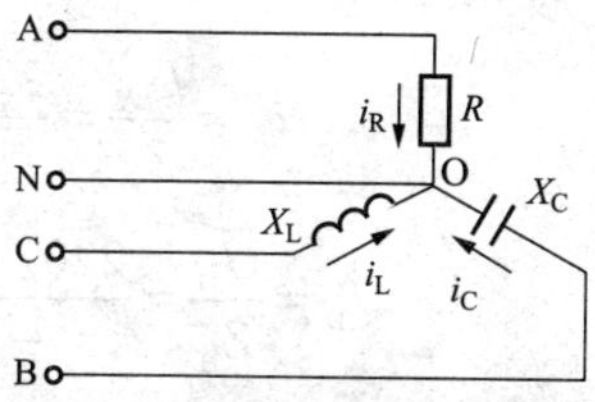

图 D-16

解法 1：虽然负荷阻抗值相等，但负荷性质不同，阻抗角不同，故不能说三相负荷对称。

以 A 相电压为参考相

$$U_{AB}=380\text{V}$$

$$\dot{U}_{A0}=\frac{U_{AB}}{\sqrt{3}}e^{j0^\circ}=220e^{j0^\circ}\text{（V）}$$

$$\dot{I}_A=\frac{\dot{U}_{A0}}{R}=\frac{220e^{j0^\circ}}{10}=22e^{j0^\circ}\text{（A）}$$

$$\dot{U}_{B0}=220e^{-j120^\circ}\text{（V）}$$

$$\dot{U}_{C0}=220e^{j120^\circ}\text{（V）}$$

$$\dot{I}_B=\frac{\dot{U}_{B0}}{-jX_C}=\frac{220e^{-j120^\circ}}{10e^{-j90^\circ}}=22e^{-j30^\circ}\text{（A）}$$

$$\dot{I}_C=\frac{\dot{U}_{C0}}{jX_L}=\frac{220e^{j120^\circ}}{10e^{j90^\circ}}=22e^{j30^\circ}\text{（A）}$$

中性线中电流为

$$\dot{I}_N=\dot{I}_A+\dot{I}_B+\dot{I}_C=22e^{j0^\circ}+22e^{-j30^\circ}+22e^{j30^\circ}$$

$=22+19-j11+19+j11=60$（A）

答：负荷是不对称的；A 相电流为 $22e^{j0^\circ}$ A、B 相电流为 $22e^{-j30^\circ}$ A、C 相电流为 $22e^{j30^\circ}$ A，中性线电流为 60A。

解法 2：设 $\dot{U}_A=\frac{380}{\sqrt{3}}\angle 0^\circ=220\angle 0^\circ$（V）

则 $\dot{U}_B=220\angle -120^\circ$（V），$\dot{U}_C=220\angle 120^\circ$（V）

各相电流分别为

$$\dot{I}_A=\frac{\dot{U}_A}{Z_A}=\frac{220\angle 0^\circ}{10}=22\angle 0^\circ\text{（A）}$$

$$\dot{I}_B=\frac{\dot{U}_B}{Z_B}=\frac{220\angle -120^\circ}{-j10}=22\angle -30^\circ\text{（A）}$$

$$\dot{I}_C=\frac{\dot{U}_C}{Z_C}=\frac{220\angle -120^\circ}{j10}=22\angle -30^\circ\text{（A）}$$

中性线中电流为

$$\dot{I}_N=\dot{I}_A+\dot{I}_B+\dot{I}_C=22\angle 0^\circ+22\angle -30^\circ+22\angle 30^\circ=60\text{（A）}$$

答：略。

Lb1D5040 图 D-17 为触发器的简化电路，当 V1 饱和导通，V2 截止时，计算 V2 管基极电位 U_{b2} 是多少？

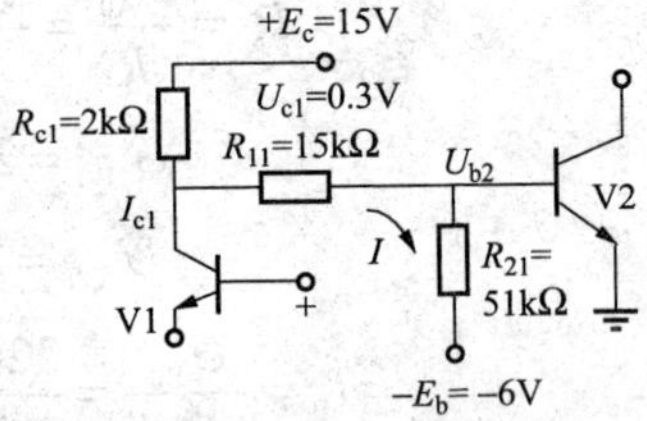

图 D-17

解：因为 $U_{b2}=U_{c1}-IR_{11}$

$I=[U_{c1}-(-E_b)]/(R_{11}+R_{21})$

则

$$U_{b2}=U_{c1}-(U_{c1}+E_b)R_{11}/(R_{11}+R_{21})$$
$$=0.3-(0.3+6)\times 15\times 10^3/[(15+51)\times 10^3]$$
$$=-1.13\text{（V）}$$

答：V2 管基极电位为–1.13V。

Lb2D5041 如图 D-18 所示，一单相桥式整流电容滤波电路，要求输出直流电压 U_L 为 20V，负荷电流 I_L 为 600mA，请确定变压器二次电压 U_2、二极管承受的最大反向电压 U_{RM} 及滤波电容的电容量 C（取电容滤波的桥式整流电路 $U_L=1.2U_2$）。

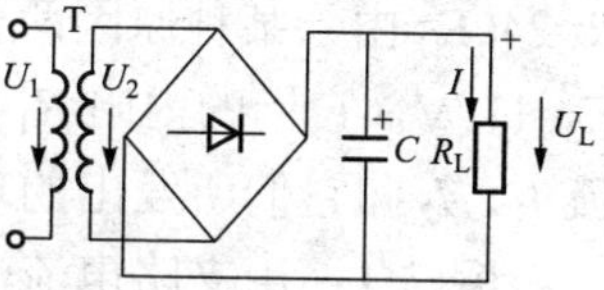

图 D-18

解：变压器二次电压

$$U_2=U_L/1.2=20/1.2=16.7\text{（V）}$$

二极管承受的最大反向电压

$$U_{RM}=\sqrt{2}\,U_2=1.41\times16.7=23.5\text{（V）}$$

负荷电阻

$$R_L=\frac{U_L}{I_L}=\frac{20}{600\times10^{-3}}\approx33\text{（Ω）}$$

据公式 $R_LC=(2\sim5)\dfrac{T}{2}$，取 $R_LC=3\times\dfrac{T}{2}=3\times0.01$（s）

$$C=\frac{3\times0.01}{R_L}=\frac{0.03}{33}=900\times10^{-6}(\text{F})=900\text{（μF）}$$

答：变压器二次电压为 16.7V，二极管承受的最大反向电压为 23.5V，电容器的电容量为 900μF。

Lc5D1042 已知一台三相 35/0.4kV 的站内变压器，其容量为 50kVA，试求一、二次额定电流 I_{1N}、I_{2N}。

解：一次侧额定电流 $I_{1N}=\dfrac{50}{\sqrt{3}\times35}=0.82$（A）

二次侧额定电流 $I_{2N}=\dfrac{50}{\sqrt{3}\times0.4}=72$（A）

答：一次侧额定电流为0.82A，二次额定电流为72A。

Lc2D4043 两台发电机并联运行供电给负荷。负荷电阻 R=24Ω。由于某种原因两台发电机的电势发生差异，E_1=130V，E_2=117V，它们的内阻 R_1=1Ω，R_2=0.6Ω。求每台发电机中的电流 I_1、I_2 和它们所发出的功率 P_1、P_2。

解法1：用支路电流法。

节点数 n=2，根据基尔霍夫电流定律列出一个电流方程

$$I=I_1+I_2$$

根据基尔霍夫电压定律列出两个方程

回路1

$$R_1I_1-R_2I_2=E_1-E_2$$

回路2

$$R_2I_2+RI=E_2$$

代入得

$$\begin{cases} I = I_1 + I_2 \\ I_1 - 0.6I_2 = 13 \\ 0.6I_2 + 24I = 117 \end{cases}$$

解方程组得

$$I_1=10\text{（A）},\ I_2=-5\text{（A）},\ I=5\text{（A）}$$

负荷两端的电压 $U=RI=24\times5=120$（V）

发电机1发出的功率

$$P_1=UI_1=120\times10=1200\text{（W）}$$

发电机2发出的功率

$$P_2=UI_2=120\times(-5)=-600\text{（W）}$$

答：一台发电机发出的功率为1200W，另一台发电机吸收的功率为600W。

解法2：用回路电流法。

设回路1的电流为 I_1，回路2的电流为 I_0

$$(R_1+R_2)I_1-R_2I_0=E_1-E_2$$
$$(R_1+R_2)I_0-R_2I_1=E_2$$

代入数值，得

$$\begin{cases}1.6I_1-0.6I_0=13\\24.6I_0-0.6I_1=117\end{cases}$$

解得

$$I_1=10\text{（A）},\ I_0=5\text{（A）}$$

所以

$$I_1=I_1=10\text{（A）}$$
$$I_2=I_0-I_1=5-10=-5\text{（A）}$$
$$I=I_0=5\text{（A）}$$

发电机 1 发出的功率

$$P_1=E_1I_1-I_1^2R_1=130\times10-10^2=1200\text{（W）}$$

发电机 2 发出的功率

$$P_2=E_2I_2-I_2^2R_2=117\times(-5)-(-5)^2\times0.6=-600\text{（W）}$$

答：略。

解法 3：用节点电压法。

$$U_{10}=\frac{\dfrac{E_1}{R_1}+\dfrac{E_2}{R_2}}{\dfrac{1}{R_1}+\dfrac{1}{R_2}+\dfrac{1}{R_3}}=\frac{\dfrac{130}{1}+\dfrac{117}{0.6}}{1+\dfrac{1}{0.6}+\dfrac{1}{24}}=120\text{（V）}$$

$$I_1=\frac{E_1-U_{10}}{R_1}=\frac{130-120}{1}=10\text{（A）}$$

$$I_2=\frac{E_2-U_{10}}{R_2}=\frac{117-120}{0.6}=-5\text{（A）}$$

$$I=\frac{U_{10}}{R}=\frac{120}{24}=5\text{（A）}$$

发电机 1 发出的功率

$$P_1=U_{10}I_1=120\times10=1200\text{（W）}$$

发电机 2 发出的功率

$$P_2=U_{10}I_2=120\times(-5)=-600\text{（W）}$$

答：略。

解法 4：用等效电源定理（戴维南定理）。

将原电路化为图 D-19 所示等效电路

$$R_0=R_1 /\!/ R_2=\frac{1\times0.6}{1+0.6}=0.375\text{（Ω）}$$

$$E=\frac{E_1-E_2}{R_1+R_2}R_2+E_2=\frac{130-117}{1+0.6}\times0.6+117=121.875\text{（V）}$$

$$I=\frac{E}{R_0+R}=\frac{121.875}{0.375+24}=5\text{（A）}$$

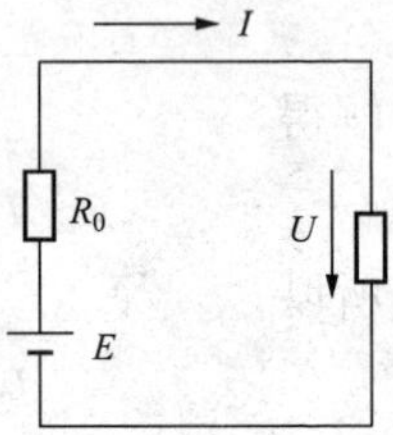

图 D-19

$$U=IR=5\times24=120\text{（V）}$$

$$I_1=\frac{E_1-U}{R_1}=\frac{130-120}{1}=10\text{（A）}$$

$$I_2=\frac{E_2-U}{R_2}=\frac{117-120}{0.6}=-5\text{（A）}$$

发电机 1 发出的功率

$$P_1=UI_1=120\times10=1200\text{（W）}$$

发电机 2 发出的功率

$$P_2=UI_2=120\times(-5)=-600\text{（W）}$$

答：略。

解法 5：用叠加原理法。

当 E_1、E_2 单独作用时，如图 D-20、图 D-21 所示。

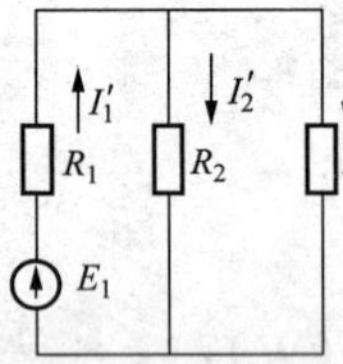

图 D-20

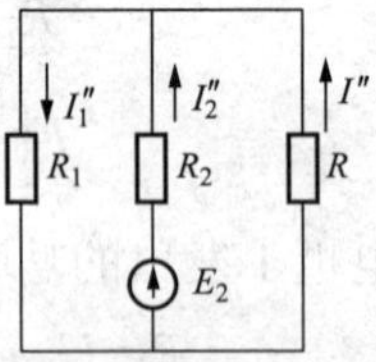

图 D-21

$$I_1'=\frac{E_1}{R_1+R_2//R}=\frac{130}{1+\dfrac{0.6\times 24}{0.6+24}}=82\text{（A）}$$

$$I_2'=\frac{R}{R_2+R}I_1'=\frac{24}{0.6+24}\times 82=80\text{（A）}$$

$$I'=I_1'-I_2'=82-80=2\text{（A）}$$

$$I_2''=\frac{E_2}{R_2+R_1//R}=\frac{117}{0.6+\dfrac{1\times 24}{1+24}}=75\text{（A）}$$

$$I_1''=\frac{R}{R_1+R}I_2''=\frac{24}{1+24}\times 75=72\text{（A）}$$

$$I''=I_2''-I_1''=75-72=3\text{（A）}$$

则 $$I_1=I_1'-I_1''=82-72=10\text{（A）}$$

$$I_2=I_2''-I_2'=75-80=-5\text{（A）}$$

$$I=I'+I''=2+3=5\text{（A）}$$

R 两端电压　$U=IR=5\times 24=120$（V）

发电机 1 发出的功率

$$P_1=UI_1=120\times 10=1200\text{（W）}$$

发电机 2 发出的功率

$$P_2=UI_2=120\times(-5)=-600\text{（W）}$$

答：略。

解法 6：用电压源与电流源等效变换法。

将原电路进行变换，见图 D-22。

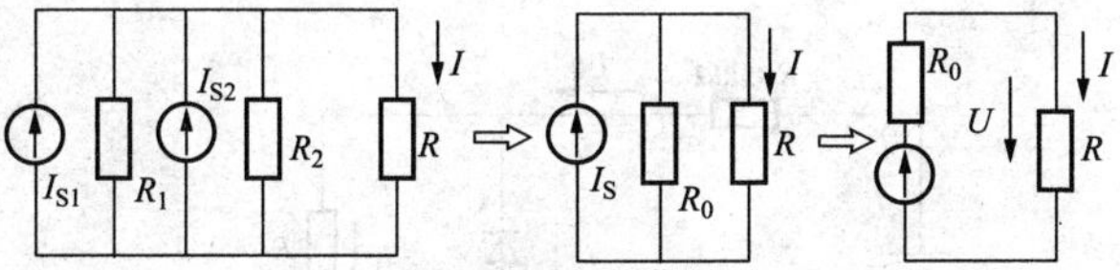

图 D-22

$$I_{S1}=\frac{E_1}{R_1}=\frac{130}{1}=130\text{（A）}$$

$$I_{S2}=\frac{E_2}{R_2}=\frac{117}{0.6}=195\text{（A）}$$

$$I_S=I_{S1}+I_{S2}=130+195=325\text{（A）}$$

$$R_0=\frac{R_1R_2}{R_1+R_2}=\frac{1\times0.6}{1+0.6}=0.375\text{（}\Omega\text{）}$$

$$E=I_SR_0=325\times0.375=121.875\text{（V）}$$

$$I=\frac{E}{R_0+R}=\frac{121.875}{0.375+24}=5\text{（A）}$$

$$U=IR=5\times24=120\text{（V）}$$

回到原电路

$$I_1=\frac{E_1-U}{R_1}=\frac{130-120}{1}=10\text{（A）}$$

$$I_2=\frac{E_2-U}{R_2}=\frac{117-120}{0.6}=-5\text{（A）}$$

发电机 1 发出的功率

$$P_1=UI_1=120\times10=1200\text{（W）}$$

发电机 2 发出的功率

$$P_2=UI_2=120\times(-5)=-600\text{（W）}$$

答：略。

Lc3D5044 如图 D-23 所示，电路中的稳压管的稳压值 U 为 4V，求电流 I_L 和 I_z。

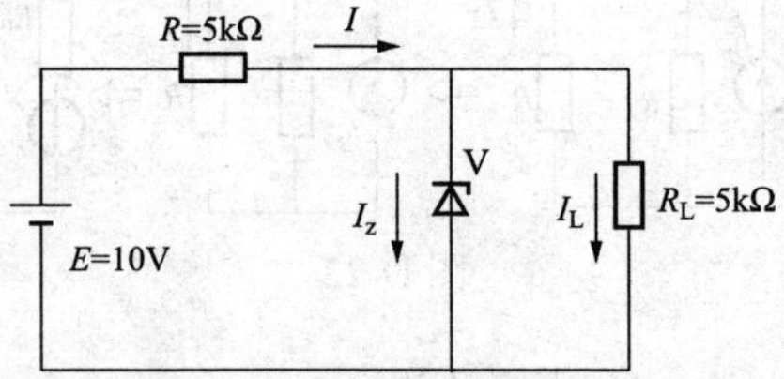

图 D-23

解：若断开V支路，负荷电阻R_L上的电压为

$$U_L=\frac{E}{R+R_L}R_L=\frac{10}{5+5}\times 5=5\text{（V）}$$

由于V跨接在R_L两端，其稳压值为4V，因此被击穿。

所以 $$I_L=\frac{U_z}{R_L}=\frac{4}{5\times 10^3}=0.8\text{（mA）}$$

总电流 $$I=\frac{E-U_z}{R}=\frac{6}{5\times 10^3}=1.2\text{（mA）}$$

$$I_z=I-I_L=1.2-0.8=0.4\text{（mA）}$$

答：负荷电流I_L=0.8mA，通过稳压管的电流I_z=0.4mA。

Lc1D4045 在图D-24单结晶体管振荡电路中，C=0.2μF，单结晶体管分压比η=0.6，要获得f=800Hz的振荡频率，R应为多少？

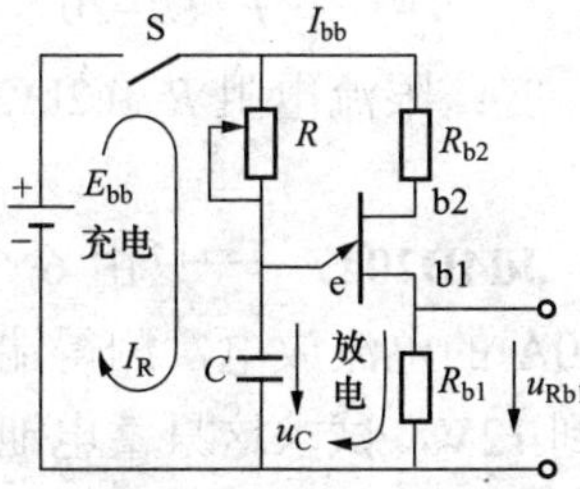

图D-24

解：$T=\frac{1}{f}=\frac{1}{800}=0.001\ 25=1.25\times 10^{-3}$（s）

根据公式 $T=RC\ln\frac{1}{1-\eta}$

$$R=\frac{T}{C\ln\frac{1}{1-\eta}}=\frac{1.25\times 10^{-3}}{0.2\times 10^{-6}\ln\frac{1}{1-0.6}}=\frac{1.25\times 10^{3}}{0.2\times 0.916}=0.83\text{（k}\Omega\text{）}$$

答：R=0.83kΩ时，可获得800Hz的振荡频率。

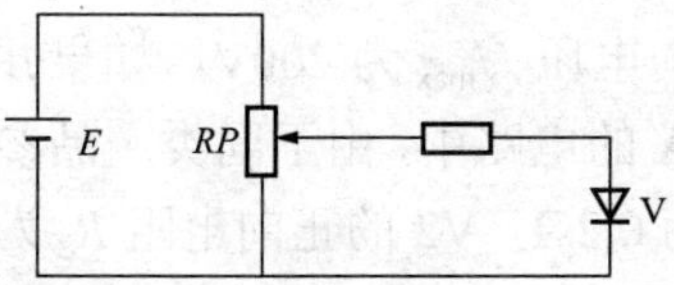

图D-25

Jd5D4046 测试二极管正向伏安特性的电路如图D-25所

示，如 E 为 20V，为防止电位器滑到上端时，电流 I 超过额定值 100mA，在忽略二极管正向电阻的情况下，求需在电路中接入限流电阻 R 是多少？其额定功率 P 是多少？

解：根据公式　$P=UI$

当电位器滑动到上端时

$$U=20\text{V}$$

限流电阻为

$$R=\frac{U}{I}=\frac{20}{100\times10^{-3}}=0.2\ (\text{k}\Omega)$$

限流电阻的额定功率为

$$P=UI=20\times100\times10^{-3}=2\ (\text{W})$$

答：限流电阻 R=0.2kΩ，其额定功率为 2W。

Jd4D2047　一只由 6 个单格组成的 E=12V 的蓄电池，用 I=10A 的电流放电，测得端电压 U=11.5V，切断后电压立即回升到 12V，试求这只蓄电池的内阻 r 为多少？

解：由公式

$$r=\frac{E-U}{I}$$

代入数据得

$$r=\frac{12-11.5}{10}=0.05\ (\Omega)$$

答：该蓄电池的内电阻为 0.05Ω。

Jd4D3048　型号为 2CP22 的整流二极管 V1 和 V2，最大整流电流 I_{max} 为 300mA，最高反向电压 U_{max} 为 200V，如果并联使用于最大整流电流 I 为 500mA 的电路中，由于同类产品参数差异，管子 V1 的正向电阻 R_1 为 0.2Ω，V2 的正向电阻 R_2 为 0.8Ω，求并联后通过每只管子的电流 I_1、I_2 分别是多少？这样使用有无问题？

解：根据分流公式，通过二极管 V1 的电流为

$$I_1 = I\frac{R_2}{R_1 + R_2} = 500\times\frac{0.8}{0.2+0.8} = 400\text{（mA）}$$

通过二极管 V2 的电流为

$$I_2 = I - I_1 = 500 - 400 = 100\text{（mA）}$$

可见二极管 V1 允许最大整流电流为 300mA，将被烧毁。V1 烧毁后，V2 将通过 500mA 的电流，也被烧毁。

Jd3D4049　图 D-26 所示为用万用表粗略估计三极管β 值测试电路。已知外接电池电势 E=6V，R_b=100kΩ，测得 I_c=3mA，求三极管β值的估算值。

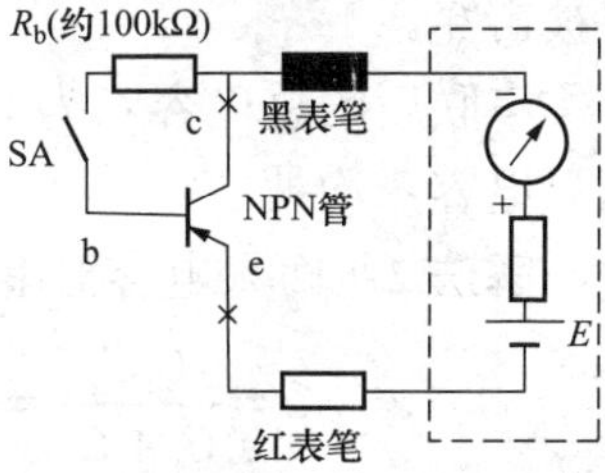

图 D-26

注：图中虚线框表示万用表作为欧姆表使用时内部电路简化图。

解：$I_b = \frac{E}{R_b} = \frac{6}{100\times10^3}$

$=0.06$（mA）

$$\beta = \frac{I_c}{I_b} = \frac{3}{0.06} = 50\text{（倍）}$$

答：三极管的β 值约为 50 倍。

Jd2D3050　现有电容量 C_1 为 200μF、耐压 U_1=500V 和电容量 C_2 为 300μF、耐压 U_2 为 900V 的两只电容器 1、2，求串联后的总电容 C 串联后两端加 U=1000V 的电压，电容器能否被击穿？

解法 1：两只电容器串联后的等效电容为

$$C = \frac{C_1C_2}{C_1+C_2} = \frac{200\times300}{200+300} = 120\text{（μF）}$$

根据电容器串联各电容上电荷量相等并都等于等效电容的电荷量的原则，又据公式 $Q=CU$

得 $Q=CU=C_1U_1=C_2U_2$

列方程组

$$\begin{cases}U_1+U_2=1000\\200U_1=300U_2\end{cases}$$

解得 $U_1=600V$，$U_2=400V$

因电容器 1 的耐压为 500V，小于 600V，所以将被击穿；当电容器 1 被击穿后，电压全加到电容器 2 上，则电容器 2 也将被击穿。

串联后的总电容 C 为 120μF，串联后两端加 1000V 的电压，两只电容器均被击穿。

解法 2：两只电容器串联后的等效电容为

$$C=\frac{C_1C_2}{C_1+C_2}=\frac{200\times300}{200+300}=120\text{（μF）}$$

电容器 1 上电压

$$U_1=\frac{C_2}{C_1+C_2}U=\frac{300}{200+300}\times1000=600\text{（V）}$$

电容器 2 上电压

$$U_2=U-U_1=1000-600=400\text{（V）}$$

答：略。

Jd2D4051 某变电站需要装 120 只为一组 GGM–300A·h 蓄电池组。已知每只电池槽内长 a＝160mm，宽 b=190mm，高 c=400mm，电池内极板占容积的 25%。要配制成密度为 1.215 的电解液（水与硫酸的质量比为 2.28:1），计算需用酸、纯水和电解液各是多少？

解：电池槽容积为

$$V=abc=160\times190\times400=0.012\,16\text{（m}^3\text{）}$$

每只电池所需电解液的质量为

$$0.012\,16\times10^3\times(1-25\%)\times1.215=11.08\text{（kg）}$$

每只电池的用酸量为

$$11.08 \div (1+2.28)=3.38\text{（kg）}$$

每只电池的用水量为

$$11.08-3.38=7.70\text{（kg）}$$

总用酸量为

$$3.38\times 120=405.6\text{（kg）}$$

总用水量为

$$7.70\times 120=924\text{（kg）}$$

电解液总量为

$$11.08\times 120=1329.6\text{（kg）}$$

答：需要硫酸405.6kg，纯水924kg，电解液总量为1329.6kg。

Jd2D5052 如图D-27所示，整流稳压电路滤波后的直流电压最高值 U_{max} 为20V，最低值 U_{min} 为15V，选用的稳压管稳压值 U_W=10V，稳压管的耗散功率 P 为250mW，负荷电阻 R=2kΩ，计算稳压电阻值 R_W（稳压管维持稳压状态最小电流 I_{min} 为2mA）。

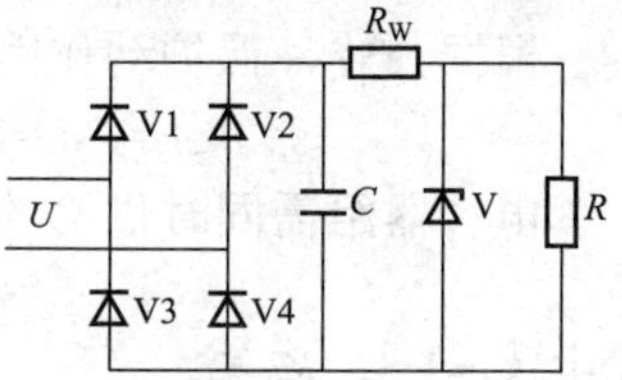

图 D-27

解：稳压管的允许电流

$$I_W=P/U_W=250/10=250\text{（mA）}$$

稳压电阻的最小值

$$R_{min}=\frac{U_{max}-U_W}{I_W}=\frac{20-10}{25}=0.4\text{（k}\Omega\text{）}$$

稳压电阻的最大值

$$R_{max}=\frac{U_{min}-U_W}{I_{min}+\dfrac{U_W}{R}}=\frac{15-10}{2+\dfrac{10}{2}}=0.71\text{（k}\Omega\text{）}$$

$$0.4\text{k}\Omega<R_W<0.71\text{k}\Omega \quad \text{取 } R_W=0.5\text{k}\Omega$$

稳压电阻的额定功率

$$P=\frac{(U_{max}-U_W)^2}{R_W\times10^3}=\frac{(20-10)^2}{0.5\times10^3}=0.2\text{（W）}$$

答：实际上可选取 0.5kΩ，$\frac{1}{2}$W 的稳定电阻。

Jd1D3053 当某变电站主变压器保护动作时，需同时断开断路器的台数 $K_2=3$。假定主变压器过流保护动作时间 $t_J=1.5s$，消耗功率之和 P_J 为 12W，断路器固有跳闸时间 $t_T=0.1s$，直流母线电压 U_N 为 220V，断路器跳闸线圈额定电流 I_N 为 2.5A，求储能电容器所需电容值 C 并校验断路器跳闸终了时电容器组的端电压。

解：据公式跳闸线圈的消耗能量为

$$A_T=0.49U_NI_Nt_T=0.49\times220\times2.5\times0.1=27\text{（J）}$$

根据公式，保护动作消耗的能量为

$$A_J=P_Jt_J=12\times1.5=18\text{（J）}$$

电容器组需同时供给的总能量为

$$A_C=K_1(K_2A_T+A_J)$$

式中 $K_1=1.5$，$K_2=3$

又根据公式 $A_C=\frac{1}{2}CU^2\times10^{-6}$

得 $C\geqslant\frac{2K_1(K_2A_T+A_J)}{U_C^2}=\frac{2\times1.5\times(3\times27+18)}{220^2}\times10^6=6150$（μF），取 9000μF

$$R_J=U^2/P_J=220^2/12=4033\text{（Ω）}$$

$$R_T=220/2.5=88\text{（Ω）}$$

校验断路器跳闸终了时电容器组的端电压

$$U_{C1}=U_N\mathrm{e}\left(-\frac{t_J}{R_J\times C\times10^{-6}}\right)+\left(-\frac{t_T}{R_T/K_2C\times10^{-6}}\right)$$

$$=220\mathrm{e}\left(\frac{-1.5}{4033\times9000\times10^{-6}}\right)+\left(\frac{-0.1}{88/3\times9000\times10^{-6}}\right)$$

$=145$（V）

代入得 $U_{C1}=145V>0.65\times220V=143V$。

（以上为设计计算值，实际应用还应进行现场试验）

答：储能电容器所需电容值大于 6150μF，取 9000μF，断路器跳闸终了时电容器组的端电压为 145V。

Je5D1054 已知蓄电池组以恒定电流 $I_t=72A$ 的电流放电时间 $t_f=10h$，试求该组蓄电池的容量。

解：根据公式 $C=I_t t_f$

蓄电池的容量为

$$C=72\times10=720\ (A\cdot h)$$

答：该组蓄电池的容量为 720A·h。

Je5D2055 某电站新装 GGF-300 型蓄电池 $n=118$ 个，准备投入运行。运行人员在验收时，以 $I=30A$ 的电流放电，测得电压 U_1 为 236V，停止放电后蓄电池组电压立即回升到 $U_2=253.7V$，求蓄电池组总内阻 r 和每个电池的内阻 r'。

解：根据全电路欧姆定律，得

$$r=\frac{U_2-U_1}{I}=\frac{253.7-236}{30}$$
$$=0.59\ (\Omega)$$

$$r'=\frac{r}{n}=\frac{r}{118}=\frac{0.59}{118}=0.005\ (\Omega)$$

答：蓄电池的总内阻为 0.59Ω，每个电池的内阻为 0.005Ω。

Je5D3056 求密度 ρ 为 1.835 的浓硫酸的波美度是多少。

解：据换算公式

$$\text{波美度}=\frac{145\times(\rho-1)}{\rho}$$

代入数据得

$$波美度=\frac{145\times(1.835-1)}{1.835}=66\ (^{\circ}Be^{-})$$

答：密度为 1.835 的浓硫酸的波美度为 66°Be⁻。

Je5D3057 某电站装有一组由 118 只 GGF-300 型蓄电池组成的蓄电池组，每只电池电压 U_d=2.15V，正常负荷电流 I_{fh}=10A，要使母线电压 U 保持在 220V，问应有多少只蓄电池投入运行？若蓄电池的浮充电流 $I_{fc}=0.03\frac{C_N}{36}$A，那么浮充电机输出电流 I_C 应是多少？

解：电池数 $n=\frac{U}{U_d}=\frac{220}{2.15}=102$（只）

$$I_{fc}=0.03\frac{C_N}{36}=0.03\times\frac{300}{36}=0.25\ (A)$$

$$I_C=I_{fc}+I_{fh}=0.25+10=10.25\ (A)$$

答：应有 102 只蓄电池投入运行，浮充机的输出电流为 10.25A。

Je3D3058 有一组容量为 216A·h 的铅酸蓄电池，在平均电解液温度 T=32℃时，用 I=21.6A 的电流放了 t=10h39min，问：换算成标准温度时容量 C_{25} 为多少？

解：t=10h39min=10.65h

根据换算公式

$$C_{25}=\frac{I_f t}{1+\Delta Q(T-25)}$$

$$C_{25}=\frac{It}{1+0.008\times(T-25)}$$

$$=\frac{21.6\times10.65}{1+0.008\times(32-25)}$$

$$=218\ (A\cdot h)$$

答：换算成标准温度时容量为 218A·h。

Je4D4059 已知由 GFM-300 型蓄电池和高频开关电源组成的直流系统，其最大经常性负荷电流 I_j=5A。高频开关选用 20A 电源模块，试计算选用的模块数量。

解：高频开关最大输出电流

$$I_{max}=0.1Q_{10}+I_j=0.1\times300+5=35\text{（A）}$$

$$35\div20=1.75$$

则

$$N=2$$

$$N+1=2+1=3$$

答：选用 3 个电源模块并联即可。

Je4D4060 1kg 电解液，25℃时的密度ρ_1为 1.325，欲将密度ρ_2降到 1.265，需加多少克纯水（查表密度为 1.325 的电解液中硫酸和纯水的质量比为 42.5%:57.5%；密度为 1.265 的电解液中硫酸和纯水的质量比为 35.6%:64.4%）？

解：1kg 密度为 1.325 的电解液中含硫酸

$$1000\times42.5\%=425\text{（g）}$$

含纯水

$$1000-425=575\text{（g）}$$

设欲将密度降低到 1.265 需加纯水为 x 克

据题意列方程 $\dfrac{575+x}{1000+x}=64.4\%$

解得 x=193.8g

答：需加纯水 193.8g。

Je4D4061 1kg 电解液，25℃时密度为 1.235，如欲将密度提高到 1.285，应该加入多少克硫酸（25℃时，密度为 1.285 的电解液含硫酸的质量比为 38%；25℃时，密度为 1.235 的电解液含硫酸质量比为 32%）？

解：质量 1000g，密度为 1.235 的电解液中含硫酸

$$1000\times32\%=320\text{（g）}$$

含纯水

$$1000\times62\%=680\text{（g）}$$

设将密度提高到 1.285 时加硫酸 x g

据题意列方程 $\frac{320+x}{1000+x}=38\%$

得 $x=96.8$（g）

答：应加入硫酸 96.8g。

Je4D1062 调配铅酸蓄电池电解液时，在将浓硫酸徐徐倒入蒸馏水中后，电解液温度急剧上升达 50℃，停止加浓硫酸后测得密度为 1.233，求液温下降到 15℃时的密度ρ_{15}。

解：由公式得

$$\rho_{15}=\rho_t+0.000\,7(t-15)$$
$$=1.233+0.000\,7\times(50-15)$$
$$=1.258$$

答：液温降至 15℃时电解液的密度为 1.258。

Je3D2063 GGF-300 型蓄电池的额定容量 Q_{10} 为 300A·h，现以 42A 电流进行放电，问其放电容量 Q 和放电小时率各为多少（GGF 型蓄电池不同放电小时率的 K 值见表 D-1）？

表 D-1　　GGF 型蓄电池不同放电小时率 *K* 值表

放电小时率（h）	I/I_{10}	K
10	1.00	1.00
9	1.10	1.03
8	1.24	1.07
7	1.40	1.11
6	1.42	1.14

解：$Q_{10}=300\text{A}\cdot\text{h}$

则 $I_{10}=\frac{300}{10}=30$（A）

$I=42\text{A}$

$$I/I_{10}=\frac{42}{30}=1.40$$

查表 D-3 得

$$K=1.11$$

根据公式 $Q_{10}=KQ$

得 $$Q=\frac{Q_{10}}{K}=\frac{300}{1.11}=270\text{（A·h）}$$

查表 D-1 知其放电小时率为 7h。

答：以 42A 电流进行放电时放电容量为 270A·h，放电小时率为 7h。

Je4D2064 1K-5 型蓄电池正极板为 5 片，每片高 h=17.8cm，宽 l=16.9cm，正极板每平方厘米容量 Q_a 为 0.06A·h（以 10h 放电率计算），求蓄电池容量 Q。

解：正极板总面积为 $S=17.8\times16.9\times2\times5\text{（cm}^2\text{）}$

蓄电池容量为

$$Q=17.8\times16.9\times2\times5\times0.06=180\text{（A·h）}$$

答：蓄电池容量为 180A·h。

Je4D2065 20A 的晶闸管元件最高稳定结温 t_1=115℃，散热器温度与结温相差Δt=30℃，当环境温度 t_2=40℃时，求散热器允许温升 t 为多少度？

解：散热器允许最高温度为

$$t_{max}=t_1-\Delta t=115-30=85\text{（℃）}$$

当环境温度为 40℃时，散热器允许温升

$$t=85-40=45\text{（℃）}$$

答：当环境温度为 40℃时，散热器允许温升为 45℃。

Je2D3066 计算铅酸蓄电池 1h 放电率和 10h 放电率终止电压。

解：根据经验公式

$$U_L=1.66+0.0175t$$

式中　1.66 ——经验系数；

0.017 5 ——经验常数；

t ——放电小时率。

代入已知数据得

$$U_{L1}=1.66+0.0175\times1=1.68\text{（V）}$$

$$U_{L10}=1.66+0.0175\times10=1.835\text{（V）}$$

答：铅酸蓄电池 1h 放电率终止电压为 1.68V，10h 放电率终止电压为 1.835V。

Je4D3067　某站装有一组 GGF-300 型铅酸蓄电池电池组，冬季运行液温为 17℃，夏季运行时液温为 32℃，求冬、夏季蓄电池组可分别放出多少容量的电量？

解：

$$Q_{25}=\frac{Q_t}{1+0.008\times(t-25)}$$

当 t=17℃时

$$Q_t=Q_{25}[1+0.008\times(17-25)]=280.8\text{（A·h）}$$

当 t=32℃时

$$Q_t=Q_{25}[1+0.008\times(32-25)]=316.8\text{（A·h）}$$

答：冬季可放出电量 280.8A·h，夏季可放出电量 316.8A·h。

Je3D3068　单相桥式整流电路，输出直流电压 U_d 为 12V，负荷电阻 R_{fZ} 为 100Ω，电网电压 U_1 为 220V，试确定二极管流过的电流 I_V 与承受的反向峰值电压 U_{Vm} 和变压器变比 n。

解：输出直流电流

$$I_d=\frac{U_d}{R_{fZ}}=\frac{12}{100}=0.12\text{（A）}$$

变压器二次电压

$$U_2=\frac{U_d}{0.9}=\frac{12}{0.9}=13.3\text{（V）}$$

每个二极管流过的电流

$$I_V=\frac{1}{2}I_d=\frac{1}{2}\times0.12=0.06\text{（A）}$$

二极管承受的反峰电压

$$U_{Vm}=\sqrt{2}\,U_2=1.414\times13.3=19\text{（V）}$$

变压器变比

$$n=\frac{U_1}{U_2}=\frac{220}{13.3}\approx16.5\quad \text{取 } n=17$$

答： 二极管流的电流为0.06A，承受的反向峰值电压为19V，变压器变比为17。

Je2D4069 有一组GGF-300型蓄电池组，运行人员对它进行核对性充放电，将充电机停用后，以25A的电流放电，放电8h，在放电过程中每小时测一次电压、密度、温度，记录情况见表D-2。请按表D-2中所测得的数据，计算出放电8h后的容量是标准容量的百分之几。

表D-2 蓄电池放电记录表

时间（h）	电压（V）	密度ρ	温度（℃）
2	2.1	1.215	25
4	2.0	1.210	20
6	1.9	1.190	18
8	1.7	1.180	15

解： 因为放电电流恒定，所以每2h的放电容量也是恒定的，即

$$Q_t=Q_2=Q_4=Q_6=Q_8=25\times2=50\text{（A·h）}$$

又因为 $$Q_{25}=\frac{C_t}{1+0.008(t-25)}$$

所以电解液的实际温度 t=25℃时

$$C_{25}=\frac{50}{1+0.008\times(25-25)}=50\ (\text{A}\cdot\text{h})$$

所以 t=20℃时

$$C_{20}=\frac{50}{1+0.008\times(20-25)}=52.08\ (\text{A}\cdot\text{h})$$

t=18℃时

$$C_{18}=\frac{50}{1+0.008\times(18-25)}=52.96\ (\text{A}\cdot\text{h})$$

t=15℃时

$$C_{15}=\frac{50}{1+0.008\times(15-25)}=52.35\ (\text{A}\cdot\text{h})$$

则 $C_{\Sigma 25}$=50+52.08+52.96+52.35=207.4（A·h）

$$\frac{207.4}{300}\times 100\%=69.13\%$$

答：放电 8h 后的容量是标准容量的 69.13%。

Je3D4070 三相桥式整流，直流输出电压 U_2 为 220V，变压器二次侧断一相熔断器时直流输出电压为多少伏？

解：三相桥式整流断一相熔断器后变成了单相桥式整流。

三相桥式整流的整流系数为

$$K_3=\frac{U_2}{U_{03}}=0.74$$

单相桥式整流的整流系数为

$$K_2=\frac{U_2'}{U_{02}}=1.11$$

因为 $U_2=U_2'$

所以 $$\frac{U_{02}}{U_{03}}=\frac{0.74}{1.11}\times100\%=66.6\%$$

$$U_{02}=U_{03}\times66.6\%=220\times66.6\%=146.7\text{（V）}$$

答： 断一相熔断器后直流输出电压为146.7V。

Je4D4071 要配制密度为1.285的电解液100kg，问需密度为1.835的浓硫酸和纯水各为多少千克(密度为1.285的电解液含纯硫酸37.4%，密度为1.835的浓硫酸含纯硫酸93.2%)？

解法1：（1）密度为1.285的电解液100kg含纯硫酸

$$m_1=100\times37.4\%=37.4\text{（kg）}$$

含纯水 $$m_2=100-37.4=62.6\text{（kg）}$$

（2）所需密度为1.835的浓硫酸质量为

$$m_3=37.4/93.2\%=40.12\text{（kg）}$$

所需纯水质量为

$$m_4=100-40.12=59.88\text{（kg）}$$

答： 需密度为1.835的浓硫酸40.12kg，纯水59.88kg。

解法2： 采用交叉相减法计算代入

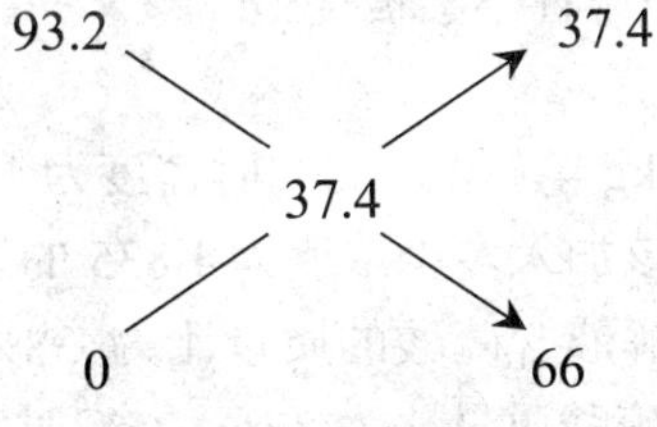

$$\frac{37.4}{37.4+55.8}\times100=40.1\text{（kg）}$$

$$100-40.1=59.9\text{（kg）}$$

答： 略。

Je3D4072 如图D-28所示，硅稳压管V的反向击穿电压U_2=12V，最大耗散功率P_2=0.24W，此时流进硅稳压管V的电

流 I_2=12mA，输入电压 U=30V，R_L=2kΩ。求：

（1）限流电阻 R 上的电流；

（2）电阻 R 的数值；

（3）在此工作状态下硅稳压管会不会烧毁？

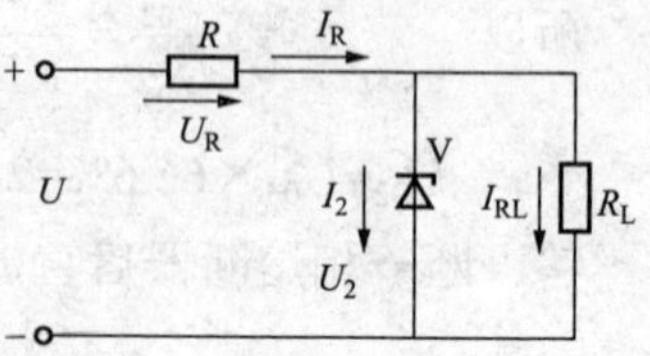

图 D-28

解： $U_{RL}=U_2=12$（V）

$$I_{RL}=\frac{U_L}{R_L}=\frac{12}{2000}=6\text{（mA）}$$

$$U_R=U-U_2=30-12=18\text{（V）}$$

（1）$I_R=I_2+I_{RL}=12+6=18$（mA）

（2）$R=\frac{U_R}{I_R}=\frac{18}{0.018}=1000$（Ω）

（3）$I_{2m}=\frac{P_2}{U_2}=\frac{0.24}{12}=20$（mA）

因为 $I_2<I_{2m}$

所以硅稳压管不会被烧毁。

答： 限流电阻 R 上的电流为 18mA；电阻 R 为 1000Ω；在此工作状态下硅稳压管不会被烧毁。

Je4D5073 1kg 电解液，25℃时密度为 1.235，如欲将密度提高到 1.285，应该加入多少浓度为 1.835 的浓硫酸（25℃时密度为 1.285 的电解液含硫酸的质量比为 38%；25℃时密度为 1.235 的电解液含硫酸质量比为 32%，25℃时密度为 1.835 的电解液含硫酸质量比为 93.2%）？

解法 1： 据已知条件质量 1000g，密度为 1.235 的电解液中含纯硫酸

$$m_1=1000\times 32\%=320\text{（g）}$$

含纯水 $m_2=1000-320=680$（g）

设将密度提高到 1.285 时，需加密度为 1.835 的浓硫酸 xg，则其中含纯硫酸 $93.2\%x$

据题意列方程 $\dfrac{320+93.2\%x}{1000+x}=38\%$

得 $x=108.7$（g）

答： 需加密度为 1.835 的浓硫酸 108.7g。

解法 2： 用交叉相减法计算

代入

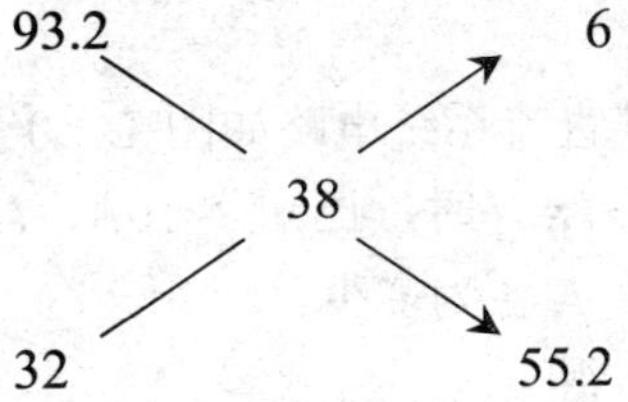

$$\frac{6}{x}=\frac{55.2}{1000}$$

$$x=\frac{6}{55.2}\times1000=108.69\text{（g）}$$

答： 略。

Je3D2074 用交流阻抗法测试电容器电容值，电路如图 D-29 所示。如升压后实测 U=250V，I=44mA，则电容值为多少？

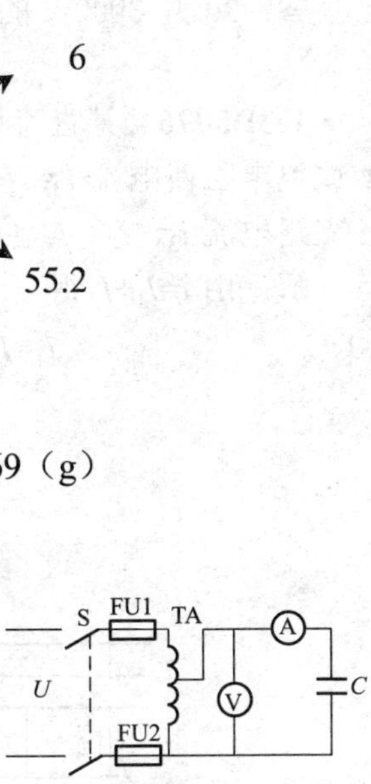

图 D-29

解： $C=\dfrac{I}{\omega U}\times10^3=\dfrac{44}{314\times250}\times10^3=0.539$（μF）

答： 电容器的电容值为 0.539μF。

Je3D3075 已知某电站安装一组 GGF-300 型蓄电池组，共装有 120 只蓄电池，其中端电池 30 只，站内负荷电流为 20A。问：30Ω、3000W 的可调电阻能否作为本站的定充放电电阻？

解： 电池按 10h 放电率放电时，电流为 30A，实际流过放电电阻的电流

$$I=30-20=10\text{（A）}$$

电池组初始放电电压　$U=2.05\times120=246\text{（V）}$

放电电阻　$R=\dfrac{246}{10}=24.6\text{（Ω）}$

放电电阻最大容量　$P=246\times10=2460\text{（W）}$

答：30Ω，3000W 的可调电阻可以作为本站的定充放电电阻。

Je3D3076　某直流系统电路如图 D-30 所示，当调节端电池放电电阻使电流 $I_3=I_1$ 时，已知 $I=10$A，$I_2=1$A，试计算图中各支路电流 I_3、I_4、I_5 各为多少。

解：由 $I=I_1+I_2$ 得

$$I_1=I-I_2=10-1=9\text{（A）}$$

$$I_3=I_1=9\text{（A）}$$

$$I_4=I_2=1\text{（A）}$$

$$I_5=0$$

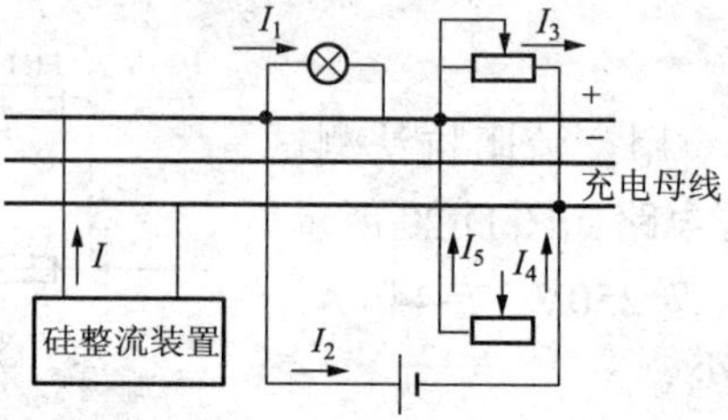

图 D-30

答：$I_3=9$A、$I_4=1$A、$I_5=0$。

Je3D4077　某站新安装 GGM 型蓄电池 $n=120$ 只，每只电池电解液 $m_1=12.2$kg。配制电解液的浓硫酸的密度 ρ_1 为 1.835，蒸馏水的密度 ρ_0 为 1，电解液的密度 ρ_2 为 1.2。电解液一次注完，需用多少浓硫酸 m_2 和蒸馏水 m_3（密度为 1.835 的浓硫酸含纯硫酸 93.2%，密度为 1.2 的硫酸含纯硫酸 27.2%）？

解： 120 只电池共需密度为 1.2 的电解液

$$m=nm_1=12.2\times120=1464\text{（kg）}$$

含纯硫酸

$$M_1=m\times27.2\%=1464\times27.2\%=398.2\text{（kg）}$$

含纯水

$$M_2=1464-398.2=1065.8\text{（kg）}$$

所需浓硫酸

$$m_2=398.2\div93.2\%=427.3\text{（kg）}$$

需纯水

$$m_3=1464-427.3=1036.7\text{（kg）}$$

答： 需浓硫酸 427.3kg，需纯水 1036.7kg。

Je3D4078 单相桥式半控整流电路，其负荷电流额定值 I_N 为 100A，变压器二次电压有效值 U_2 为 220V，试计算选择晶闸管时两个主要参数：额定通态平均电流 I_T 和正反向反峰电压 U_{DRM} 各为多少？

解： 额定通态平均电流

$$I_T\geqslant\frac{k_1I_N}{1.57k_2}=\frac{1.57\times100}{1.57\times2}=50\text{（A）}$$

正反向反峰电压

$$\begin{aligned}U_{DRM}=U_{RRM}&=(1.5\sim2)U_{dmax}\\&=(1.5\sim2)\times\sqrt{2}\times220\\&=466.7\sim622\text{（V）}\end{aligned}$$

答： 额定通态平均电流为 50A，正反向反峰电压为 466.7～622V。

Je3D4079 今有密度 1.14 的稀硫酸 200kg，今用密度为 1.40 的浓硫酸使密度调至 1.20，问需加多少千克此浓度的浓硫酸（密度为 1.4 的电解液含纯硫酸 50%，密度为 1.14 的电解液含纯硫酸 19.6%，密度为 1.20 的电解液含纯硫酸 27.2%）？

解：用交叉相减法代入得

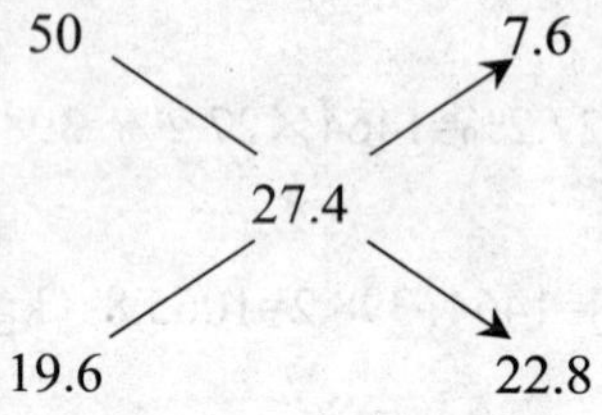

$$200\times\frac{7.6}{22.8}=66.67\text{（kg）}$$

答：应加密度为 1.40 的浓硫酸 66.67kg。

Je3D4080 已知：端电池为 30 个，变电站正常负荷电流为 4～20A，试选择端电池放电电阻 R（充电末期电池电压为 2.7V）。

解：30 个端电池充电末期电压为

$$U=2.7\times30=81\text{（V）}$$

放电电阻最大值为

$$R_{max}=81\div4=20.25\text{（}\Omega\text{）}$$

放电电阻最小值为

$$R_{min}=81\div20=4.05\text{（}\Omega\text{）}$$

所以应选择额定电流为 20A、电阻值为 20Ω的可调电阻作为放电电阻。

放电电阻的额定功率为

$$P=UI=I^2R=20^2\times20=8000\text{（W）}=8\text{（kW）}$$

答：应选择额定功率 8kW，电阻值为 20Ω的可调电阻作为放电电阻。

Je2D5081 有一单相桥式整流电路由 f=50Hz、U=220V 的电源供电，输出的直流电压 U_0=45V，负荷电流 I_L=200mA，试选择整流二极管及滤波电容。

解：

$$I_D=\frac{1}{2}I_L=\frac{1}{2}\times 200=100\text{（mA）}$$

$$U_{RM}=\sqrt{2}U_2=\frac{\sqrt{2}U_0}{0.9}=70.7\text{（V）}$$

可根据 I_D 和 U_{RM} 值选用满足要求且参数最小的二极管

因为 $$R_L=\frac{U_0}{I_L}=\frac{45}{200\times 10^{-3}}=225\text{（Ω）}$$

$$R_L C=4\times\frac{T}{2}$$

所以 $$C=\frac{4\times\frac{T}{2}}{R_L}=\frac{0.04}{225}=180\text{（μF）}$$

答：选取 C 值接近 180μF 的电容器即可。

Je3D5082 有密度 ρ_1 为 1.530 的氢氧化钾溶液，氢氧化钾的含量 d_1=756g/L。要配制密度 ρ_2 为 1.200 和氢氧化钾含量 d_2=269g/L 的电解液，须加纯水 V 多少毫升？

解：已知 ρ_1=1.530，ρ_2=1.200，d_1=756g/L，d_2=269g/L

根据公式 $$V=1000\left(\frac{d_1}{d_2}\rho_2-\rho_1\right)$$

代入 $$V=1000\left(\frac{756}{269}\times 1.200-1.530\right)$$

$$=1840\text{（mL）}$$

答：须加纯水 1840mL。

Je3D5083 用纯水及密度 ρ_2 为 1.835 的浓硫酸配制成密度 ρ 为 1.200 的稀硫酸 V=1500L，问用纯水 V_1 及浓硫酸 V_2 各为多少升（密度为 1.835 的浓硫酸含硫酸质量的百分数为 93.2%，密度为 1.200 的电解液含浓硫酸的质量百分数为 27.2%）？

解：已知原始液 1 为纯水　ρ_1=1，g_1=0

原始液 2 为密度 1.835 的浓硫酸

$$\rho_2=1.835,\ g_2=93.2\%$$

要配制的稀硫酸　ρ=1.200，g=27.2%

所需纯水的体积

$$V_1=V\times\frac{\rho}{\rho_1}\times\frac{g_2-g}{g_2-g_1}$$

$$=1500\times\frac{1.2}{1.0}\times\frac{93.2-27.2}{93.2-0}=1275\text{（L）}$$

所需浓硫酸的体积

$$V_2=V\times\frac{\rho}{\rho_2}\times\frac{g-g_1}{g_2-g_1}$$

$$=1500\times\frac{1.2}{1.835}\times\frac{27.2-0}{93.2-0}=285\text{（L）}$$

答：用纯水 1275L，用浓硫酸 285L。

Je2D2084　在调配铅酸蓄电池电解液的过程中，实测温度 t 为 50℃，密度ρ_{50}为 1.183，这时电解液的密度是否合格？

解：已知ρ_{25}=1.215±0.005；t=50℃，ρ_{50}=1.183

据公式 $\rho_t=\rho_{25}-0.000\,7(t-25)$

$$\rho_{25}=\rho_{50}+0.000\,7\times(50-25)$$

$$=1.183+0.000\,7\times25$$

$$=1.200\,5$$

答：因为合格的密度范围是：1.21～1.22，而求得的密度小于此范围，所以需要继续加酸继续进行调制。

Je1D4085　用双电压表法测试电容器的电容值的试验接线如图 D-31 所示。使用的表计均为 0.5 级、量程 0～300V、内阻 R_V 为 7200Ω的交流电压表。升压后实测 U_1=158V，U_2=203V。试计算电容值 C。

解：据公式

$$C=\frac{10^6}{\omega R_V\sqrt{\left(\frac{U_2}{U_1}\right)^2-1}}$$

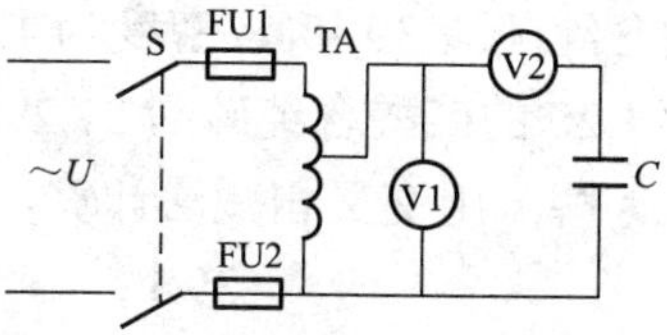

图 D-31

代入

$$C=\frac{10^6}{314\times7200\sqrt{\left(\frac{203}{158}\right)^2-1}}=0.546（\mu F）$$

答：电容值为 0.546μF。

Je2D4086 已知硅整流电容储能直流系统的额定电压 U_N=220V，控制母线 WC 电压 U_1 为 220V，合闸母线 WOM 电压 U_2 为 240V，站内控制回路最大负荷电流 I_{max} 为 5A，试选择母线逆止阀的参数和限流电阻值 R。

解：因为逆止阀的反向电压为正向额定电压的 15%，所以有

限流电阻

$$R=\frac{220\times15\%}{5}=6.6（\Omega）$$

限流电阻功率

$$P=I_{max}^2R=5^2\times6.6=165（W）$$

流过逆止阀的最大平均电流

$$I=\frac{U_2}{R}=\frac{240}{6.6}=36（A）$$

答：选用 50A/400V 的硅元件作为逆止阀，选用 6.6Ω、功率大于 165W 的电阻作为限流电阻。

Je2D4087 有密度 1.30 的硫酸 120kg，如用密度 1.10 的硫酸把其稀释为密度 1.20，应用稀硫酸多少 kg（密度为 1.30 的硫

酸含纯硫酸 39.1%，密度为 1.10 的硫酸含纯硫酸 19.6%，密度为 1.20 的硫酸含纯硫酸 27.2%）？

解：用交叉相减法计算，代入得

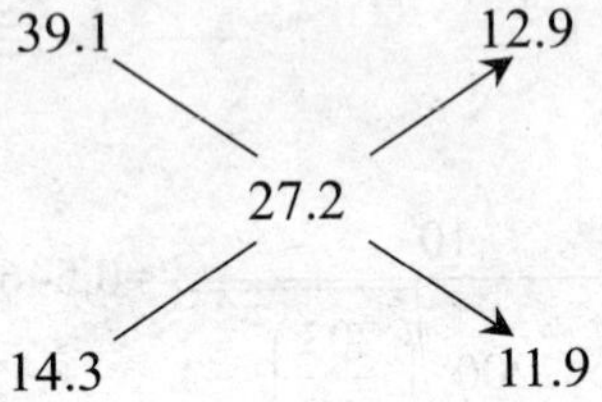

$$120\times\frac{11.9}{12.9}=110\text{（kg）}$$

答：应用密度为 1.10 的稀硫酸 110kg。

Je2D5088 根据厂家说明书要求电解液的需要量，GGF-400 固定型隔酸防爆铅蓄电池 1A·h 额定容量需电解液 V_0=25mL 左右。如蓄电池由 n=118 个电池串联组成。问：需注入蓄电池多少升电解液 V？当规定电解液温度为 15℃，密度 ρ 为 1.20 时需要多少升浓硫酸 V_2？多少升蒸馏水 V_1（已知：密度 ρ_2=1.835 浓硫酸含硫酸的质量百分数 g_2=93.2%，电解液密度为 1.20 时含浓硫酸的质量百分数 g=27.2%）？

解：需注入蓄电池电解液量

$$V=V_0\times n\times C_N=0.025\times400\times118=1180\text{（L）}$$

按体积计算配制电解液，所需蒸馏水和浓硫酸按下式计算

所需蒸馏水体积

$$V_1=V\frac{\rho}{\rho_1}\times\frac{g_2-g}{g_2-g_1}=1180\times\frac{1.2}{1.00}\times\frac{93.2-27.2}{93.2-0}$$

$$=1003\text{（L）}$$

所需浓硫酸体积

$$V_2=V\frac{\rho}{\rho_2}\times\frac{g-g_1}{g_2-g_1}=1180\times\frac{1.2}{1.835}\times\frac{27.2-0}{93.2-0}=225.3\text{（L）}$$

答：需要注入1180L电解液，需要浓硫酸225.3L，需要蒸馏水1003L。

Je3D5089　某站装有一台 KGCH-50/0-36 的晶闸管整流器，其稳流范围是额定容量的20%～100%，直流母线装有一组GGF-300型蓄电池，现准备将晶闸管整流器并于直流母线运行，同时测得经常性负荷电流 I_f 为15A，试问晶闸管整流器能否满足稳流要求？

解：晶闸管输出电流为50A

稳流范围

$$I_W=50\times(20\%\sim100\%)=10\sim50\text{（A）}$$

因为晶闸管输出电流

$$I_C=I_f+I_{fc}$$

蓄电池自放电电流

$$I_{fc}=0.03\times\frac{Q_c}{36}$$

$$I_C=15+0.03\times\frac{300}{36}=15.25\text{（A）}$$

$$10A<15.25A<50A$$

所以晶闸管整流器能满足要求。

答：晶闸管整流器能满足要求。

Jf4D2090　已知电缆长为100m，电阻系数ρ为0.017 5（$\Omega\cdot mm^2$）/m，母线电压 U 为220V，电缆允许压降百分数Δ_u为5%，合闸电流 I 为100A。求：合闸电缆的截面积 S？

解：电缆允许压降为

$$\Delta U=U\cdot\Delta_u=220\times5\%=11\text{（V）}$$

因为直流电缆由两芯构成

所以　$$\Delta U=I(R_1+R_2)$$

$$=I\left(\frac{\rho L}{S}+\frac{\rho L}{S}\right)$$

$$=\frac{2I\rho L}{S}$$

即

$$S=\frac{2L\rho I}{\Delta U}$$

代入数据得

$$S=\frac{2\times100\times0.0175\times100}{11}=32\ (\text{mm}^2)$$

答： 电缆的截面积为 32mm^2。

Jf5D3091 用准确度 K 为 0.5 级，量限 A_m 为 5A 的电流表，在规定的条件下测量某一电流，读数 A 为 2.5A，求测量结果的准确度 γ（测量结果的相对误差）。

解： 可能出现的最大绝对误差为

$$\Delta_m=\pm K\%A_m=(\pm0.005)\times5=\pm0.025\text{A}$$

最大相对误差为

$$\gamma=\Delta_m/A=\pm0.025/2.5=\pm1\%$$

答： 测量结果的准确度为±1%。

Jf4D2092 一台三相桥式合闸硅整流，交流输入 U_0=380V，直流输出 U_1=220V，当一台 CD10 机构合闸时，问交流 380V 侧的线电流是多少（CD10 机构合闸电流按 100A 考虑）？

解： 整流变压器二次电流

$$I_2=100\times0.82=82\ (\text{A})$$

二次电压

$$U_2=220\times0.74=162.8\ (\text{V})$$

变比

$$K=\frac{U_0}{U_2}=380/162.8=2.33$$

交流 380V 侧的线电流

$$I_1=\frac{I_2}{K}=82/2.33=35\text{（A）}$$

答：380V 侧线电流为 35A。

Jf4D3093 已知回路电压 U_1=220V，断路器跳闸线圈电阻 R_1=88Ω，红灯灯泡为 8W/110V，串联电阻 R_2=2.5kΩ。求正常运行情况下红灯回路电流值 I？跳闸线圈的电压值 U？红灯灯泡短路时，跳闸线圈压降值为额定电压的百分数$\Delta U\%$？

解：红灯灯泡电阻

$$R_0=\frac{U_1^2}{P}=\frac{110^2}{8}=1512.5\text{（Ω）}$$

$$I=\frac{U_2}{R_{总}}=\frac{220}{2500+1512.5+88}=0.053\,6\text{（A）}$$

跳闸线圈电压

$$U=0.053\,6\times88=4.72\text{（V）}$$

红灯短路时，跳闸线圈电压

$$U_k=\frac{220}{88+2500}\times88=7.48\text{（V）}$$

$$\Delta U\%=\frac{U_k}{U_1}\times100\%=\frac{7.48}{220}\times100\%=3.4\%$$

答：正常运行时红灯回路电流为 0.053 6A，跳闸线圈的电压为 4.72V；红灯灯泡短路时跳闸线圈上压降为额定电压的 3.4%。

Jf4D3094 有一个磁电式测量机构，其满刻度偏转电流 I_C=500μA，内阻 R_C=200Ω，要将它制成量限 I_l 为 1A 的电流表，应并联多大的分流电阻 R_{fL}？

解：

$$I_l=1\text{A}=10^6\mu\text{A}$$

$$n=\frac{I_1}{I_C}=\frac{10^6}{500}=2000$$

根据公式 $$R_{fL}=\frac{R_C}{n-1}$$

代入数值得

$$R_{fL}=\frac{200}{2000-1}=0.1\ (\Omega)$$

答：应并联一个 0.1Ω的分流电阻。

Jf3D2095 被测电压 U 为 18V，选用上量限 U_{1m} 为 300V 的 0.2 级电压表和上量限 U_{2m} 为 30V 的 0.1 级电压表时，哪个最大误差小？

解：上量限为 300V 的 0.2 级电压表的最大绝对误差

$$\Delta U_{1m}=(\pm 0.2\%)U_{1m}$$
$$=(\pm 0.002)\times 300=\pm 0.6\ (V)$$

上量限为 30V 的 0.1 级电压表的最大绝对误差

$$\Delta U_{2m}=(\pm 0.1\%)U_{2m}$$
$$=(\pm 0.001)\times 30=\pm 0.3\ (V)$$

测量 18V 电压时，其最大相对误差为

0.2 级电压表：$\gamma_1=(\pm 0.6)/18=\pm 3.3\%$

0.1 级电压表：$\gamma_2=(\pm 0.3)/18=\pm 1.7\%$

答：0.1 级表的最大误差比 0.2 级表的最大误差小。

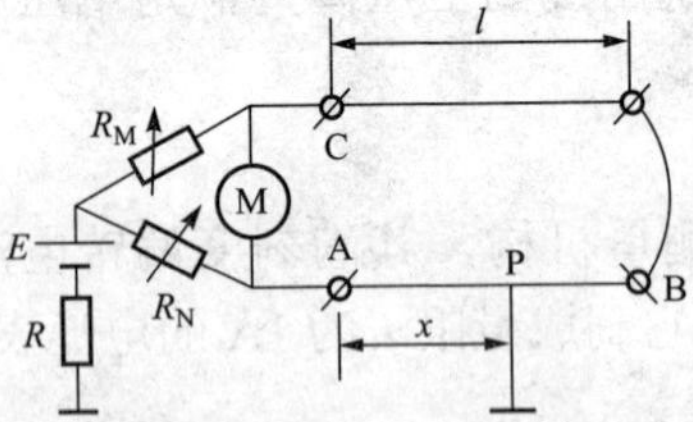

图 D-32

Jf1D3096 如图 D-32 所示为检测电缆的接地故障发生地点的电路，R_M 与 R_N 为调节电阻，当阻值 R_M/R_N=1.5 时电桥平衡，如果 A 处与 B 处之间的距离 L=5km，求故障点 P 与 A 处的距离 x 为多少（测试时，在 B 处将两根电缆线芯人为地短路，短路线的电阻不计）？

解：由于电缆芯线的材料和截面积都是一样的，根据公式 $R=\rho\frac{l}{S}$，则一根芯线的电阻与长度成正比，即 $R_L=KL$（L 为芯线的长度，K 为比例常数）。

设 P 点距 A 点的距离为 x，AP 段的电阻为 $Rx=Kx$；显然，P 点距 C 点的距离为 $2L-x$，PC 段的电阻为 $R_{PC}=RL+RL-Rx$。

则四个电阻 R_M、R_N、R、R_{PC} 组成电桥四个臂，当电桥平衡后则

$$R_MR=R_NR_{PC}=R_N\times(R_L+R_L-Rx)$$

将 $R=Kx$，$R_L=KL$ 代入上式得

$$R_Mx=R_N\times(2L-x)$$

$$x=\frac{R_N(2L-x)}{R_M}=\frac{1}{1.5}\times(2\times5-x)=\frac{10}{1.5}-\frac{x}{1.5}$$

$$x=4\text{（km）}$$

答：接地故障点距 A 处 4km。

Jf2D3097 一个满刻度偏转电流 $I_C=500\mu A$，内阻 $R_C=200\Omega$ 的磁电系测量机构，要制成 $U=30V$ 量程的电压表，应串联多大的附加电阻 R_f？

解：测量机构满刻度偏转时，两端电压为

$$U_C=R_CI_C=200\times500\times10^{-6}=0.1\text{（V）}$$

扩大倍数为

$$m=\frac{U}{U_C}=30/0.1=300$$

根据公式 $R_f=(m-1)R_C$

$$R_f=(m-1)R_C=(300-1)\times200=59\ 800\text{（}\Omega\text{）}$$

答：应串联一个 59 800Ω的附加电阻。

Jf2D3098 用量限为 150V、0.5 级的电压表测量 125V 和 25V 的电压，测量结果可能出现最大误差，试说明测量误差不仅与仪表的准确度有关，而且与量限的使用有密切关系。

解： 最大绝对误差

$$\Delta_m=(\pm 0.005)\times 150=\pm 0.75\text{（V）}$$

测量 125V 时的最大相对误差

$$\gamma_1=(\pm 0.75)/125=\pm 0.6\%$$

测量 25V 时的最大相对误差

$$\gamma_2=(\pm 0.75)/25=\pm 3.0\%$$

答： 测量 25V 时相对误差为测 125V 时相对误差的 5 倍，因此测量误差不仅与准确度有关，而且与仪表的量限使用有关。在实际应用上，应尽量避免使用仪表标尺的前 1/4 段。

Jf2D4099 如图 D-33 所示，一单相桥式可控整流电路，在变压器输入端及直流输出端分别接入快速熔断器。已知输出直流电流 I_d=15A，晶闸管导通角为 60°，分别选择快速熔断器 FU1 和 FU2（查表可知晶闸管导通角为 60°时，输出电流的有效值和平均值之比为 1.97）。

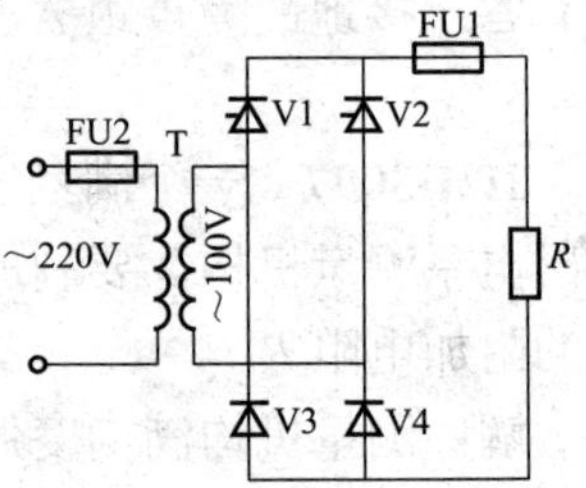

图 D-33

解：（1）当晶闸管导通角为 60°时，输出电流有效值和平均值之比 I/I_d=1.97。

$$I=1.97\times I_d=1.97\times 15=29.55\text{（A）}$$

考虑有一定裕度，选 FU1 的额定电流为 40A。

（2）由图 D-33 可知，变压器的变比为

$$K=220/110=2$$

因变压器次级电流的有效值为 29.55A，所以初级电流为

$$I_1=29.55/K=29.55/2=14.78\text{（A）}$$

可选 FU2 的额定电流为 15A。

答：FU1 选用额定电流为 40A 的，FU2 选用额定电流为 15A 的。

Jf1D5100 如图 D-34 所示，是整流器输出电容滤波电路的等效电路，FU 为保护整流元件的快速熔断器。若电源电压 E=100V，等效电阻 r=5Ω，滤波电容 C=5000μF，FU 的额定熔断电流 i_1=2A。如果电路电流大于 FU 的额定电流的 6 倍，并持续时间超过 20ms，则熔断器将熔断。问整流器在开机时（QK 合上）熔断器是否能熔断？

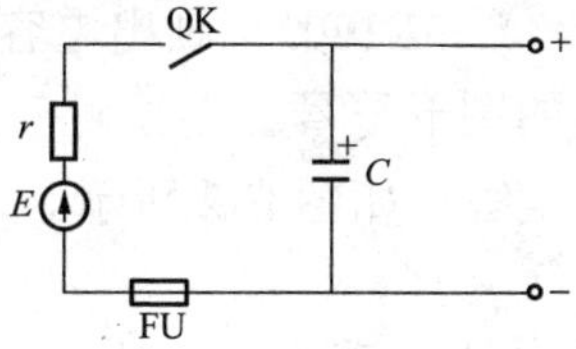

图 D-34

解：开关 QK 合上时，电容器被充电，电流变化规律为

$$i_C = \frac{E}{r}e^{-\frac{t}{rC}} = I_0 e^{-\frac{t}{rC}}$$

FU 最大熔断电流（即负荷电流）i_1=2A

根据基尔霍夫电流定律可得电路总电流为

$$i=i_C+i_1=\frac{100}{5}e^{-\frac{t}{rC}}+2=20e^{-\frac{t}{rC}}+2\text{（A）}$$

根据题意 i=6×2=12A 时，所对应的时间若大于 20ms，则 FU 会熔断；小于 20ms，则不会熔断。将 i=12A 代入上式得

$$12=20e^{-\frac{t}{rC}}+2$$

则

$$t=rC\ln\frac{20}{12-2}=rC\ln 2=0.693rC$$

将 C=5000μF，r=5Ω代入得

$$t=0.693\times5\times5000\times10^{-6}=17.3\text{（ms）}$$

由于 17.3ms 小于 20ms，故熔断器不会熔断。

答：熔断器不会熔断。

4.1.5 绘图题

La5E1001 画出纯电感交流电路的相量图。

答：如图 E-1 所示。

La5E1002 画出电容 C、电感线圈 L_1、有磁铁的电感线圈 L_2 的图形符号。

答：如图 E-2 所示。

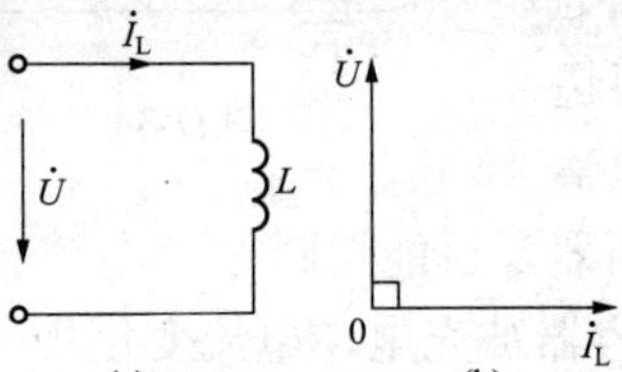

(a) (b)

图 E-1

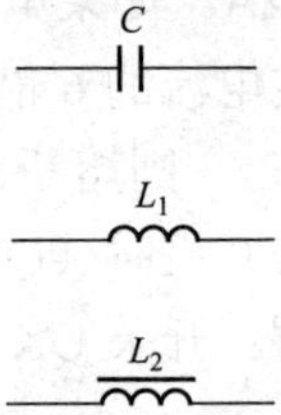

图 E-2

La5E2003 画出 $i=I_m\sin(\omega t+\varphi)$的波形图。

答：如图 E-3 所示。

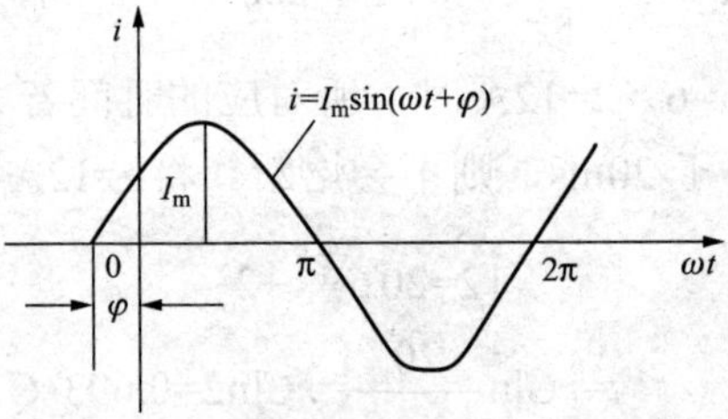

图 E-3

La5E2004 根据图 E-4 所示电路，画出电压 U 和电流 I 的相量图。

答：相量图如图 E-5 所示。

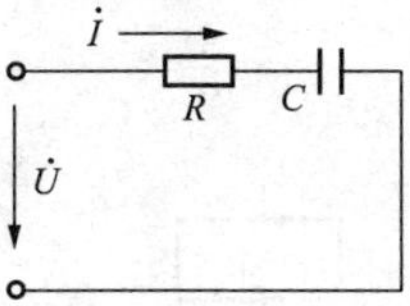

图 E-4

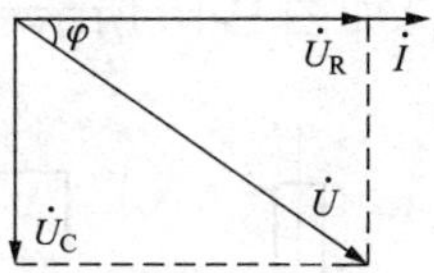

图 E-5

La5E2005 根据图 E-6 所示电路，画出电压和电流的相量图。

答：相量图如图 E-7 所示。

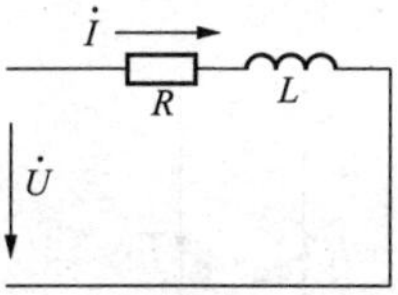

图 E-6

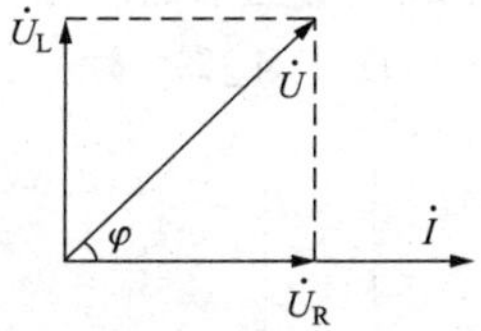

图 E-7

La5E2006 画出继电器延时断开和延时闭合的动合触点图形符号。

答：如图 E-8 所示。

La5E2007 画出继电器动合触点和动断触点。

答：如图 E-9 所示。

延时闭合的动合触点　　延时断开的动合触点

图 E-8

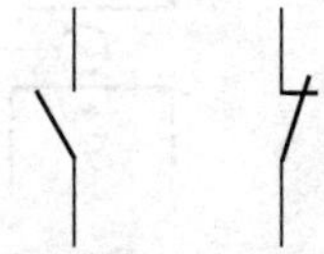

动合触点　　动断触点

图 E-9

La5E3008 画出熔断器、交流继电器线圈、热继电器驱动元件代表符号。

答：如图 E-10 所示。

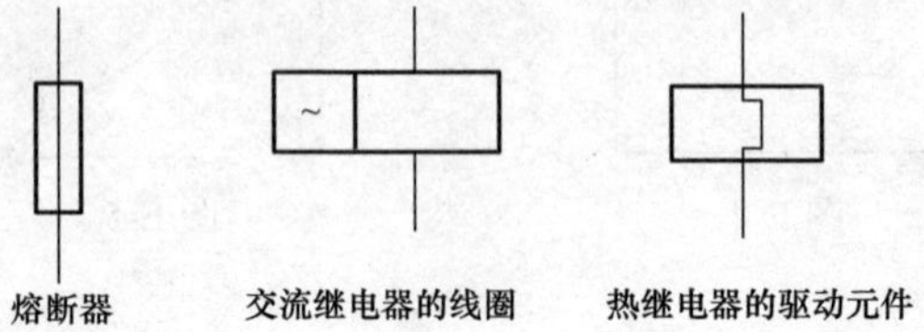

图 E-10

La5E3009 两导线中电流方向如图 E-11 所示，在图中标出通电导线间相互作用力的方向。

答：见图 E-12。

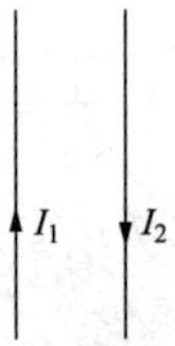

图 E-11

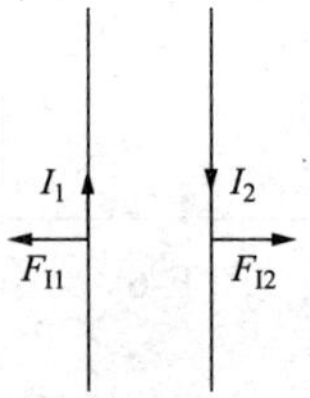

图 E-12

La5E3010 根据图 E-13 中电流方向及导线在磁场中受力方向，标出 N、S 极。

答：N、S 极如图 E-14 所示。

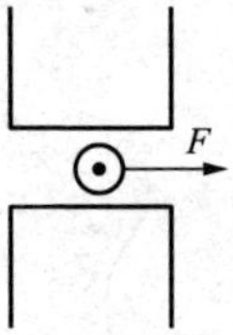

图 E-13

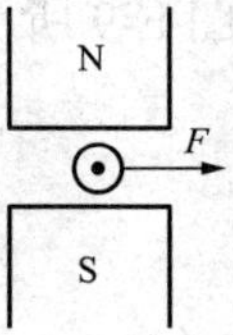

图 E-14

La5E4011 图 E-15 中电流 I 的方向是磁铁 B 插入线圈时产生的电流方向，试标出磁铁 B 的 N、S 极。

答：如图 E-16 所示。

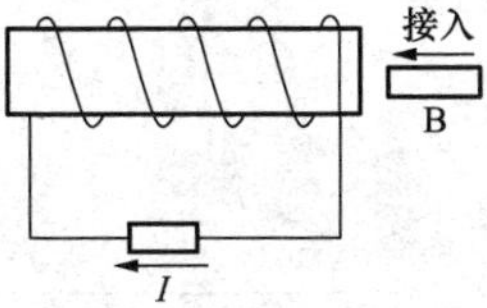

图 E-15

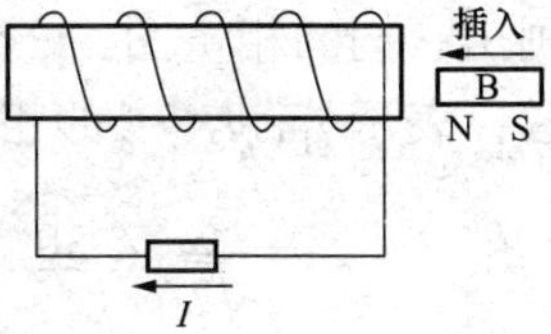

图 E-16

La5E3012 画出三极管基本放大电路图。

答：如图 E-17 所示。

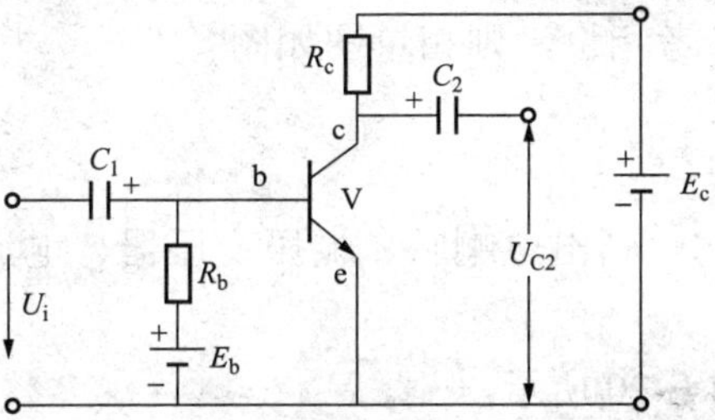

图 E-17

La4E1013 画出两级直接耦合的晶体管直流放大器电路图。

答：如图 E-18 所示。

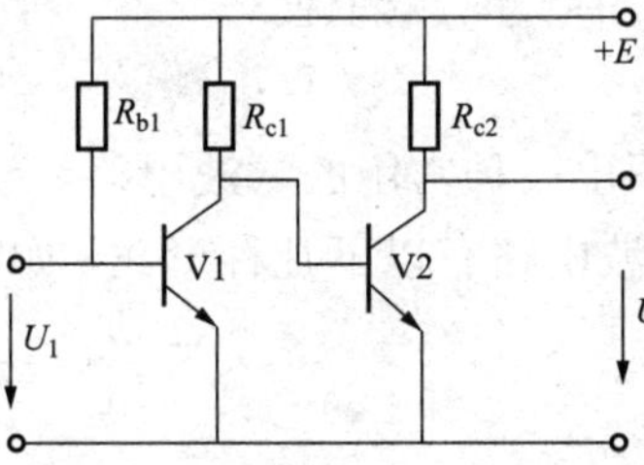

图 E-18

La4E2014 已知三个电流的瞬时值分别为：

$$i_1=5\sin(\omega t+30^\circ)$$

$$i_2=10\sin(\omega t-60^\circ)$$

$$i_3=15\sin\omega t$$

画出它们的相量图。

答：表示 i_1、i_2、i_3 的相量分别为：

$$\dot{I}_1=\frac{5}{\sqrt{2}}\angle -30°$$

$$\dot{I}_2=\frac{10}{\sqrt{2}}\angle 60°$$

$$\dot{I}_3=\frac{15}{\sqrt{2}}\angle 0°$$

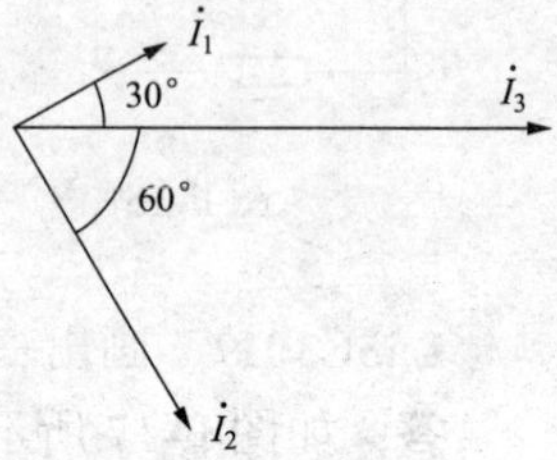

图 E-19

以 $\dot{I}_3$ 为参考相量，则相量图如图 E-19 所示。

La4E2015 画出电喇叭、调压变压器、电流互感器图形符号。

答：如图 E-20 所示。

图 E-20

La4E2016 画出三种常用的滤波电路。

答：常用的滤波电路有以下几种形式，如图 E-21 所示。任选三图。

La4E2017 画出双绕组变压器、三绕组变压器、自耦变压器常用图形符号。

答：如图 E-22 所示。

La4E3018 画出阻波器、结合电容器、线路常用代表符号。

答：如图 E-23 所示。

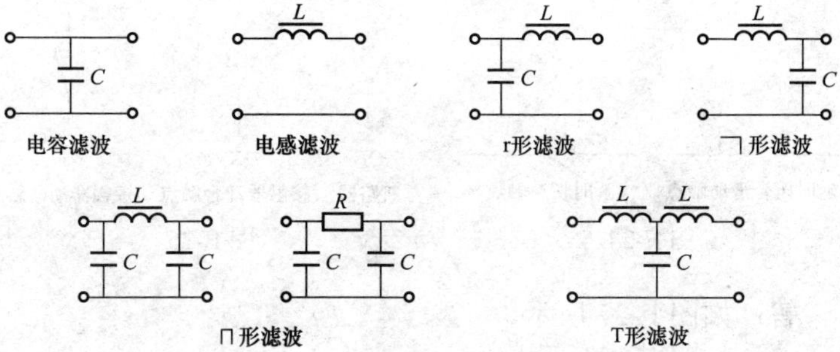

图 E-21

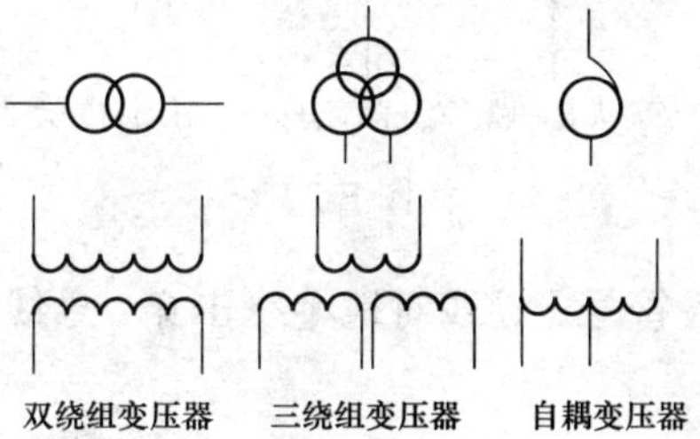

图 E-22

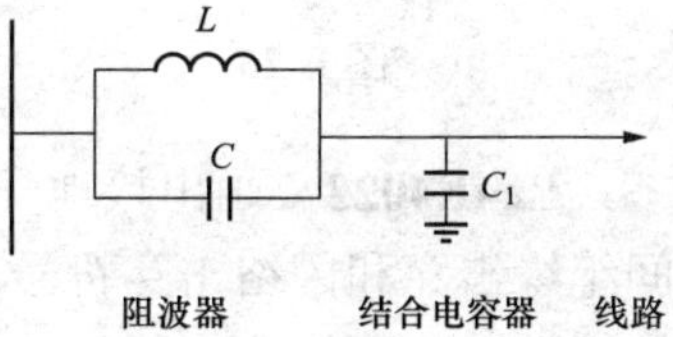

图 E-23

La4E3019　画出继电器延时闭合滑动触点和瞬时切换触点图形符号。

答：如图 E-24 所示。

La4E3020　画出高压断路器接触器动合、动断触点图形文字符号。

答：如图 E-25 所示。

La4E3021　画出避雷器、电抗器、跌开式熔断器代表符号。

答：如图 E-26 所示。

La4E3022　画出火花间隙、高压隔离开关、高压负荷开关代表符号。

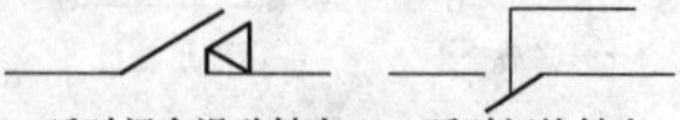

图 E-24

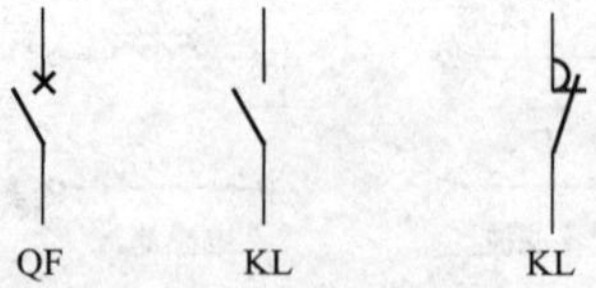

图 E-25

答：如图 E-27 所示。

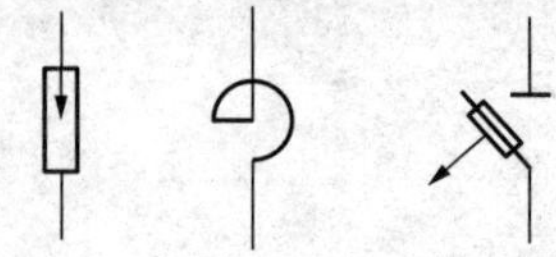

图 E-26

图 E-27

La4E4023 画出接地一般符号、导线对地绝缘击穿、导线间绝缘击穿和闪络击穿符号。

答：如图 E-28 所示。

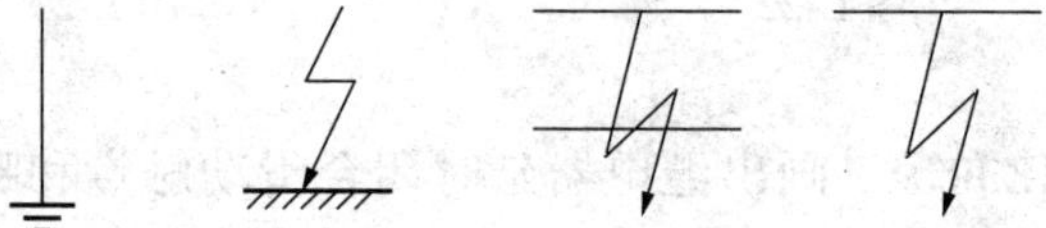

图 E-28

La3E3024 画出放大器的并联负反馈方框图。

答：如图 E-29 所示。

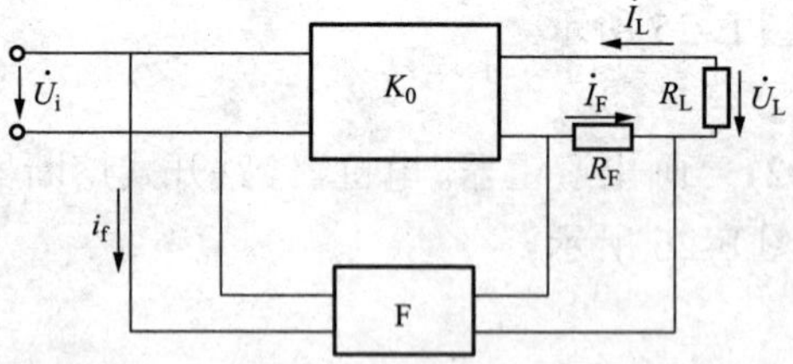

图 E-29

La3E4025 画出 GVA 型硅整流充电装置采用的熔断器报警电路图。

答：如图 E-30 所示。

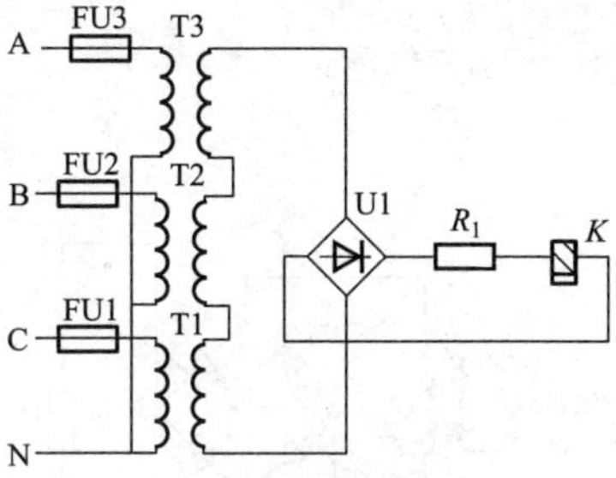

图 E-30

La2E4026 画出 Yd1 接线组的变压器原理接线图和相量图。

答：如图 E-31 所示。

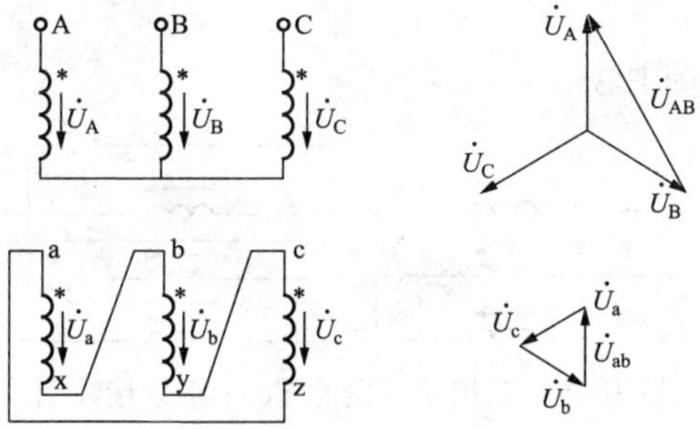

图 E-31

Lb5E1027 绘制固定式铅酸蓄电池温度与容量的关系曲线。

答：如图 E-32 所示。

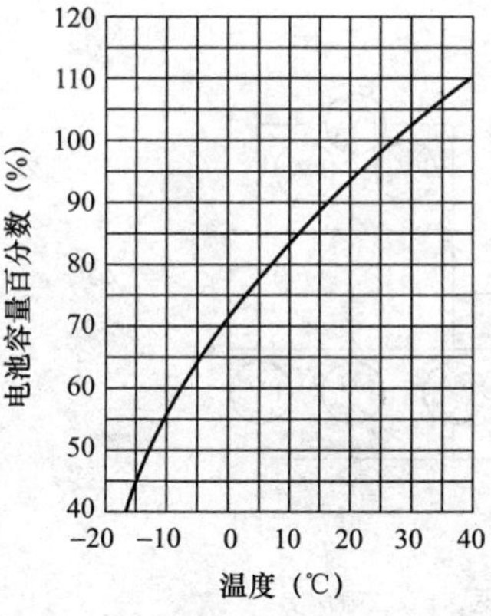

图 E-32

Lb4E3028 画出单相桥式整流电路图及整流波形图（标明极性和导通管）。

答：整流电路图如图 E-33 所示，波形图如图 E-34 所示。

Lb4E4029 画出三相变压器的 Yd11 组别接线图，并标出绕组极性。

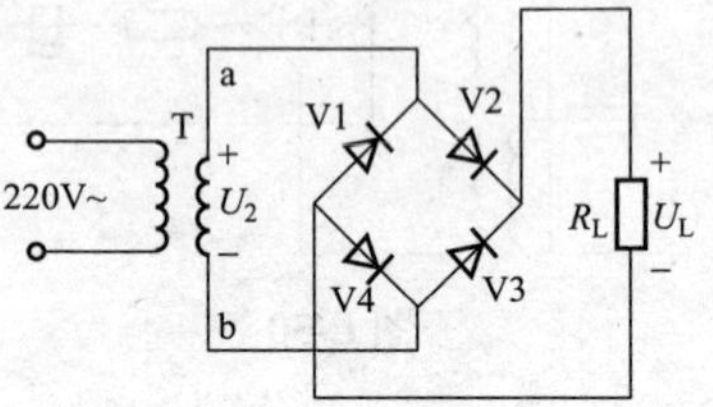

图 E-33

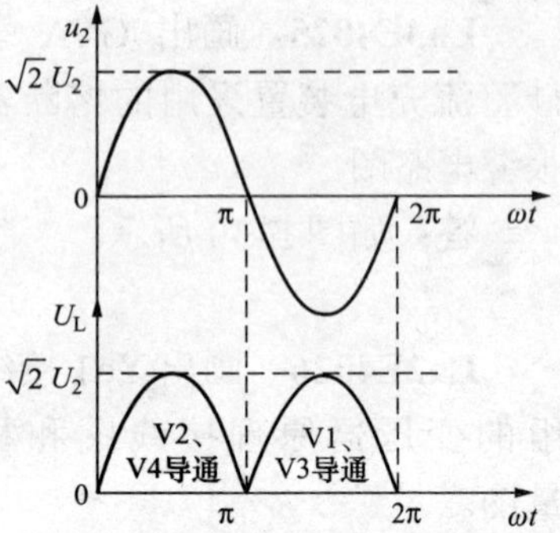

图 E-34

答：如图 E-35 所示。

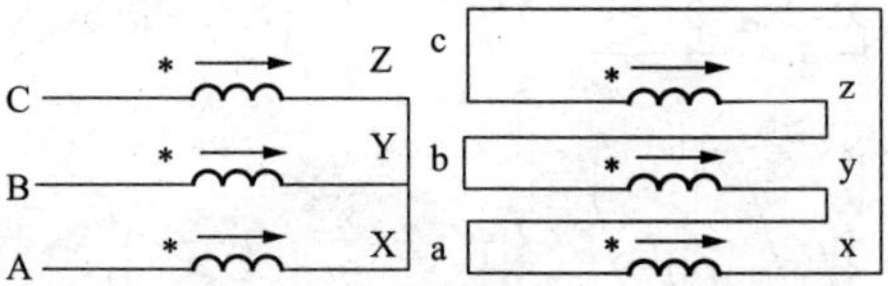

图 E-35　三相变压器的 Yd11 组别接线图

Lb4E5030　画出电压互感器二次侧电压表的连接图。

答：如图 E-36 所示。

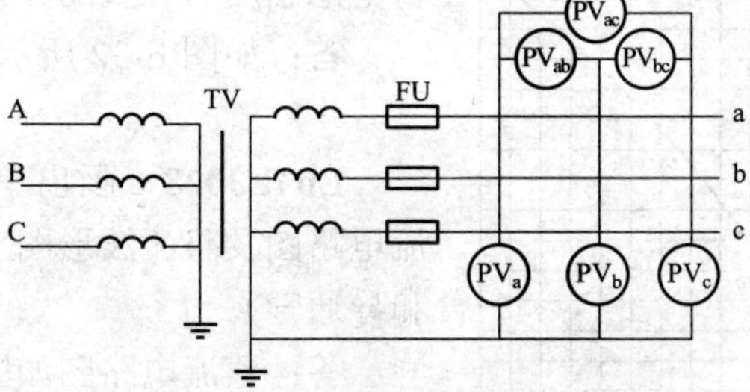

图 E-36

TV—电压互感器；FU—熔断器；PV—电压表

Lb5E2031　试画出二极管、稳压管、单向晶闸管和 NPN、

PNP 型的三极管图形符号。

答：如图 E-37 所示。

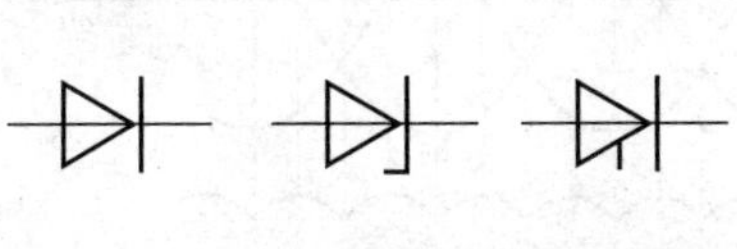

图 E-37

Lb5E4032 画出三极管输出特性曲线并指出放大区、饱和区和截止区。

答：如图 E-38 所示。

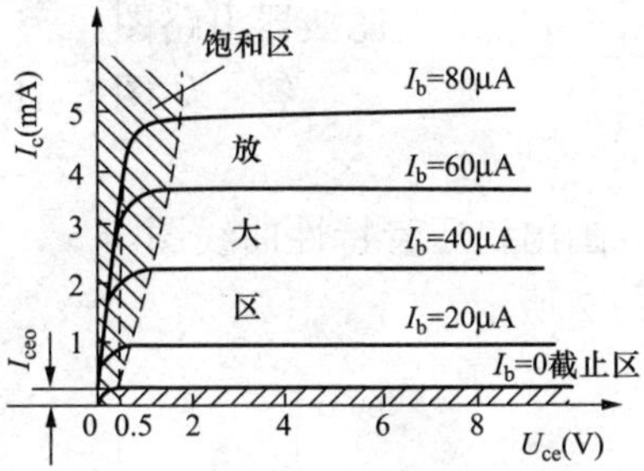

图 E-38

Lb4E4033 画出三相桥式整流电路图和波形图（标明极性）。

答：整流电路图如图 E-39 所示，波形图如图 E-40 所示。

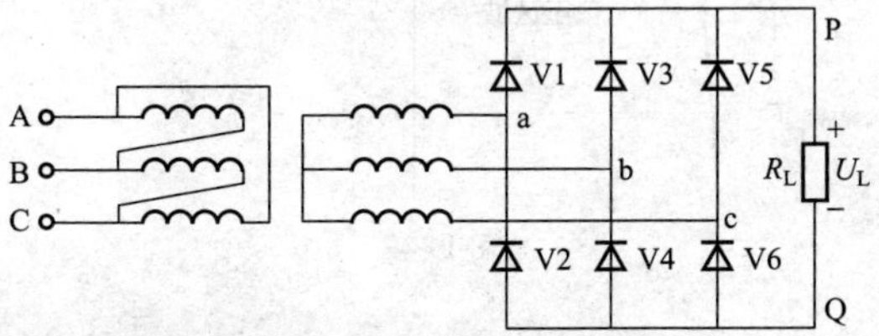

图 E-39

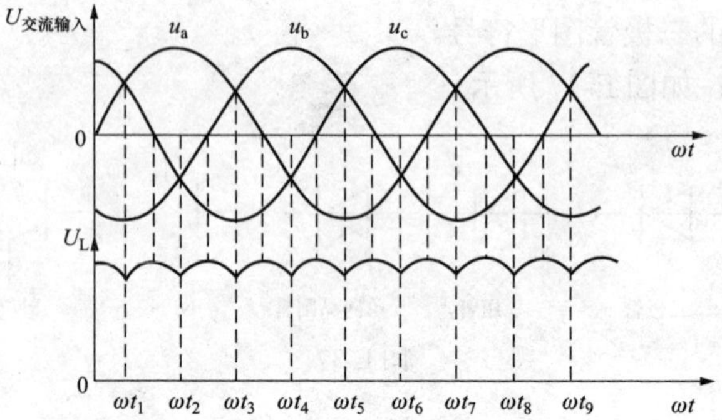

图 E-40

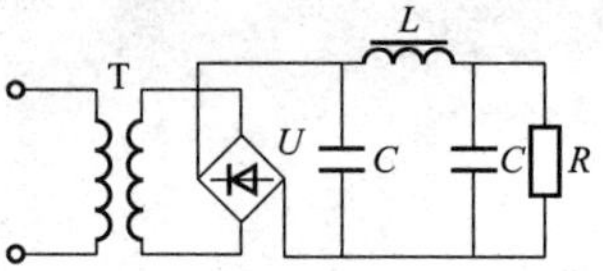

图 E-41

Lb4E1034 画出 LCπ式复式滤波器电路图。

答：如图 E-41 所示。

Lb4E3035 画出稳压管特性曲线图。

答：如图 E-42 所示。

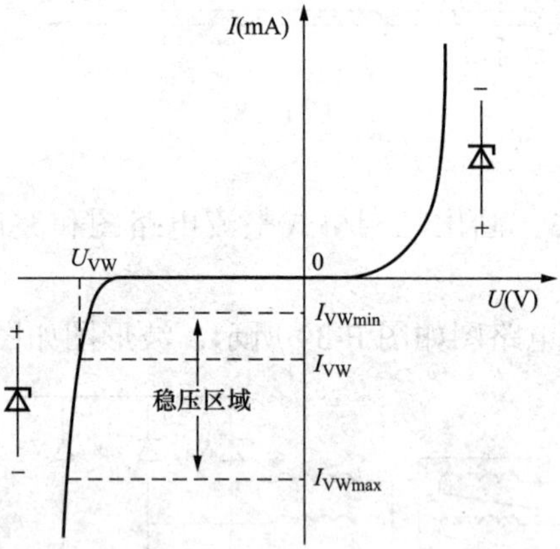

图 E-42

Lb4E3036 画出由闪光继电器构成的闪光装置接线图。

答：如图 E-43 所示。

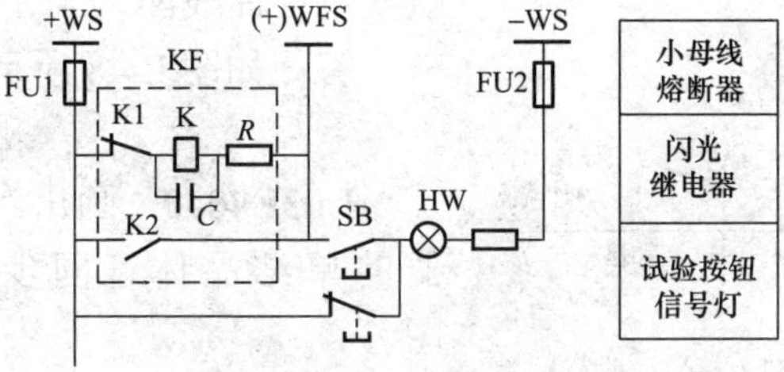

图 E-43

Lb4E5037 画出单相桥式整流电容滤波电路及其波形图。

答：电路图如图 E-44 所示，波形图如图 E-45 所示。

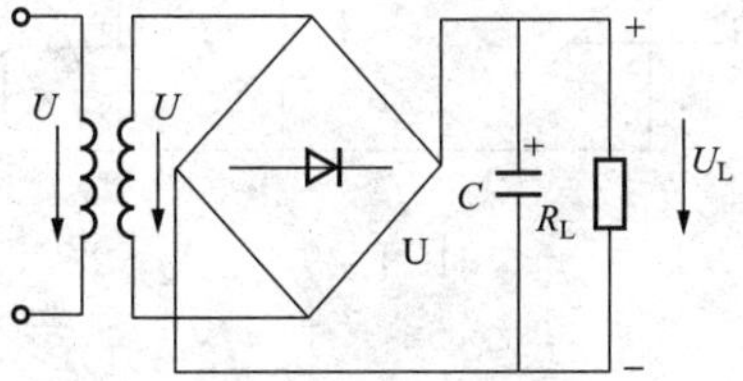

图 E-44

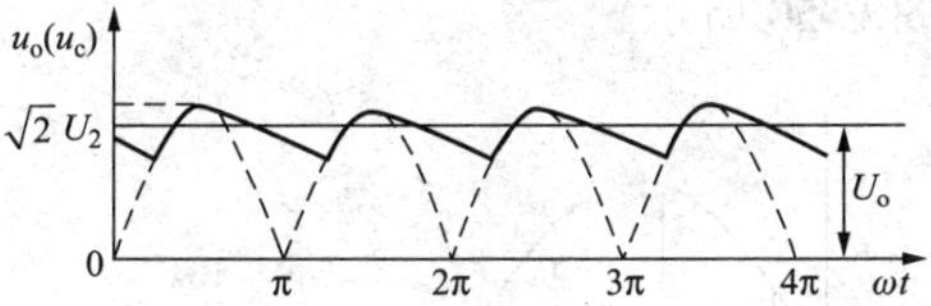

图 E-45

Lb3E2038 画出单相桥式整流电感滤波电路图及波形图。

答：电路图如图 E-46 所示，波形图如图 E-47 所示。

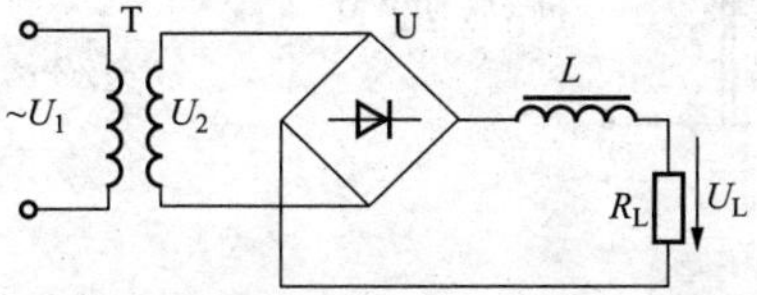

图 E-46

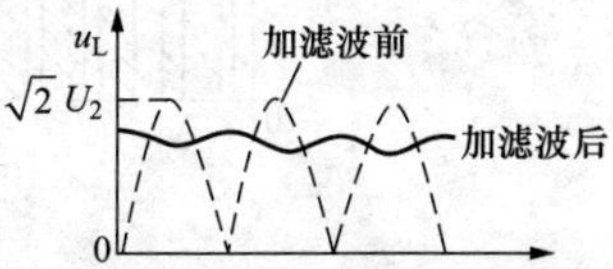

图 E-47

Lb3E3039 画出单结晶体管伏安特性曲线图。

答：如图 E-48 所示。

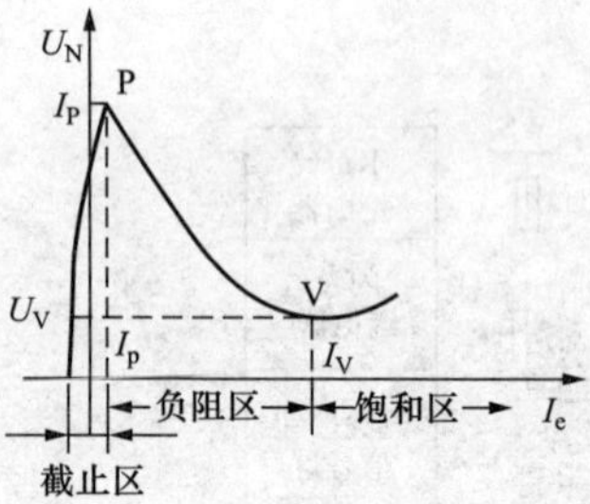

图 E-48

Lb3E4040 画出有同步变压器的单结晶体管同步触发电路图。

答：如图 E-49 所示。

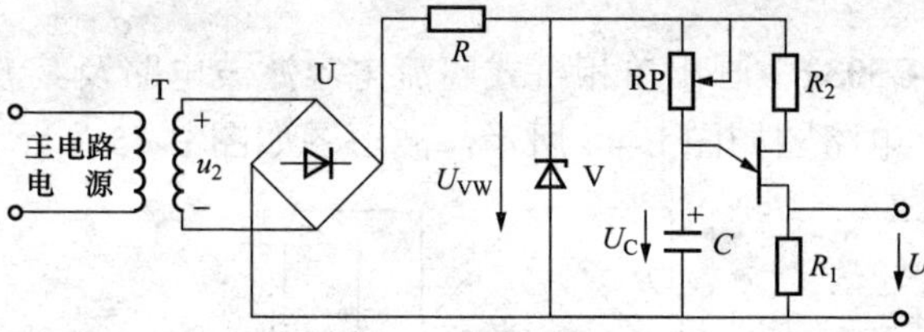

图 E-49

Lb3E4041 画出用 PWM 波代替正弦半波的图形。

答：如图 E-50 所示。

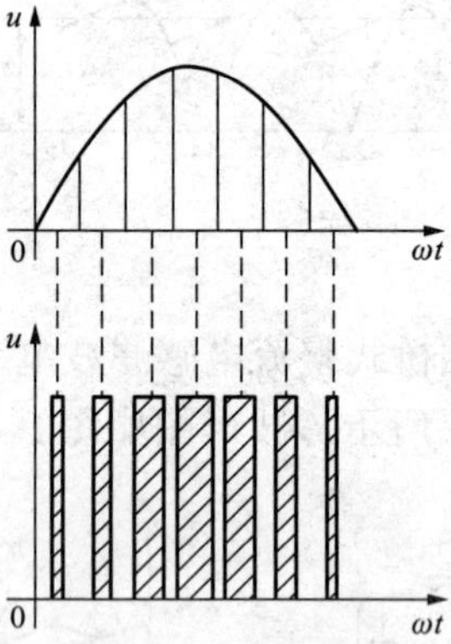

图 E-50

Lb2E3042 画出差分放大电路的基本电路图。

答：如图 E-51 所示。

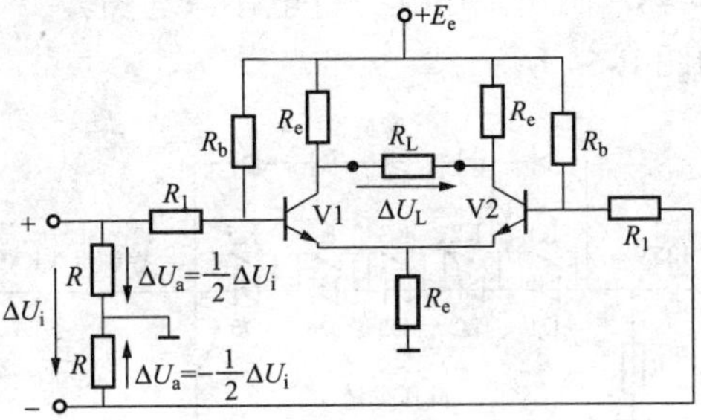

图 E-51

Lb2E3043 画出主合闸整流器交流互投电源装置的接线图。

答：如图 E-52 所示。

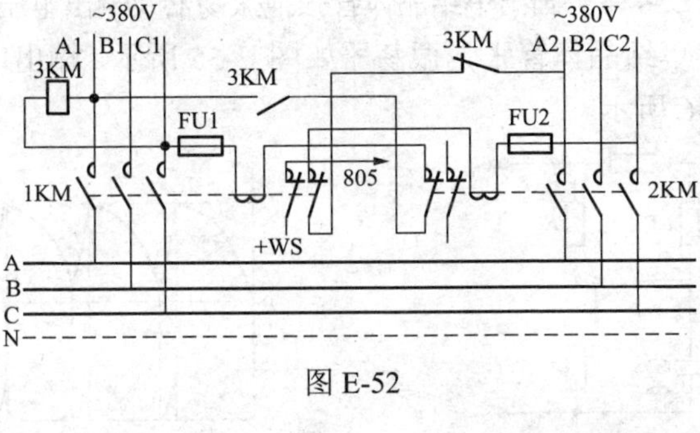

图 E-52

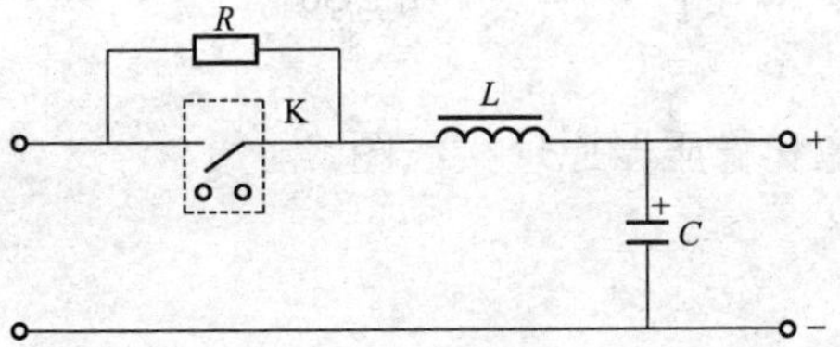

图 E-53

Lb2E3044 画出高频开关电源输入软启动电路原理图。

答：如图 E-53 所示，继电器 K 为动合触点，R 为限流电阻，当电容充满后，控制继电器 K 闭合，避免大电流对电容的冲击。

Lb2E3045 画出降压硅旁链电路原理图。

答：如图 E-54 所示。

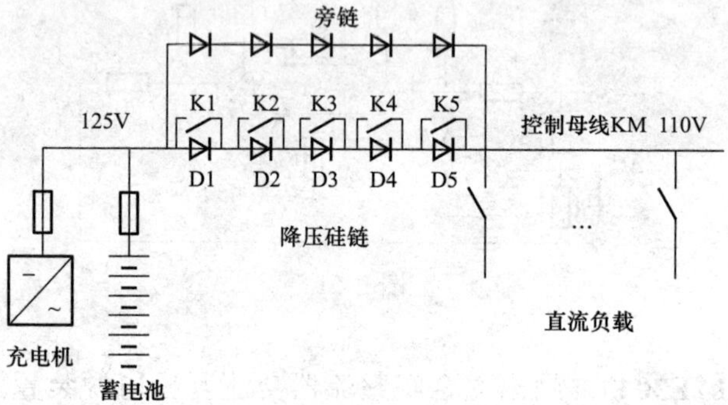

图 E-54

Lb2E3046 画出单结晶体管张弛振荡器及输出电压波形图。

答：单结晶体管张弛振荡器如图 E-55 所示，输出电压波形如图 E-56 所示。

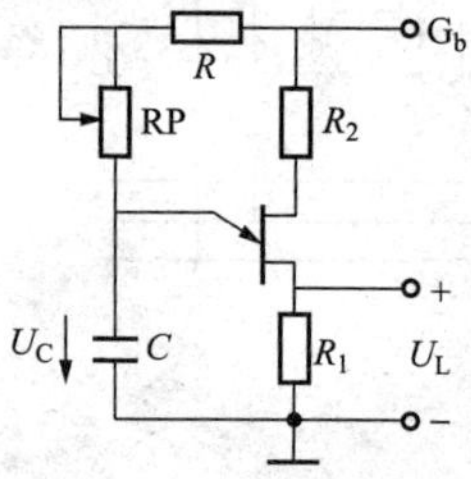

图 E-55

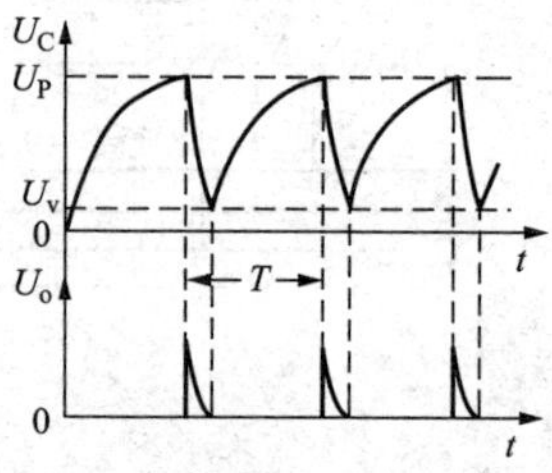

图 E-56

Lb2E4047 画出磁饱和稳压器原理接线图。

答：如图 E-57 所示。

Lb2E4048 按结构图格式要求，填写图 E-58 所示镉镍密封蓄电池单体结构图中指引线所示部件名称。

答：图 E-58（a）中：1—正极板；2—负极板；3—外壳；4—隔膜；5—衬套；6—绝缘套；7—套管；8—绝缘片；9—防爆盖；10—外帽。

图 E-58（b）中：1—垫栅；2—正极；3—正极镍网；4—壳体；5—维尼龙纸隔膜；6—卡普伦布隔膜；7—密封网；8—负极；9—负极镍网；10—盖子；11—弹簧片。

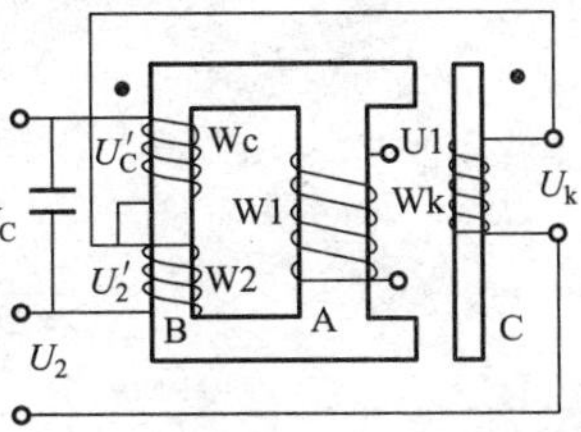

图 E-57

W1—一次绕组；Wc—电容器绕组；W2—二次绕组；Wk—补偿绕组

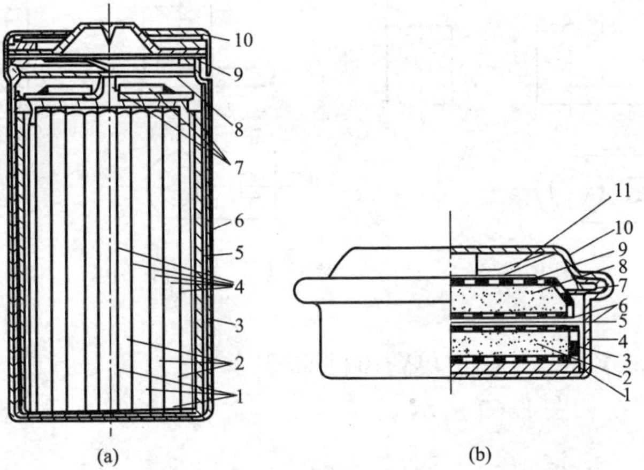

图 E-58

Lb2E5049 按格式要求画出晶闸管伏安特性曲线图，并标注图中符号的文字说明。

答：如图 E-59 所示。

Lc5E1050 补全图 E-60 视图中的缺线。

答：如图 E-61 所示。

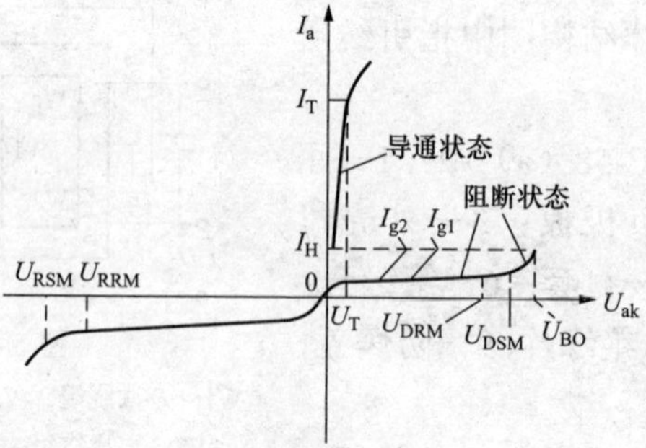

图 E-59

I_a—触发电流；I_H—维持电流；I_T—通态电流；U_T—通态平均电压；
U_{DRM}—断态重复峰值电压；U_{DSM}—断态不重复峰值电压；U_{BO}—转折电压；
U_{RRM}—反向重复峰值电压；U_{RSM}—反向不重复峰值电压

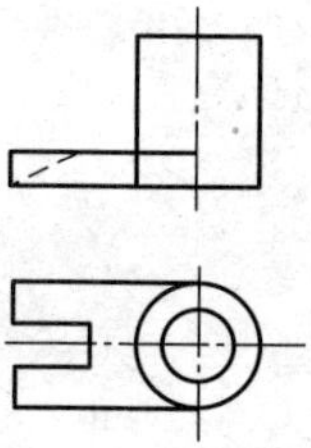

图 E-60

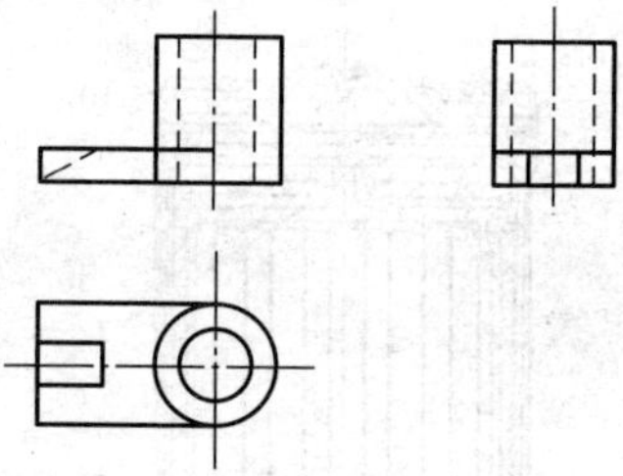

图 E-61

Lc5E1051 画出单臂电桥原理图。

答：如图 E-62 所示。

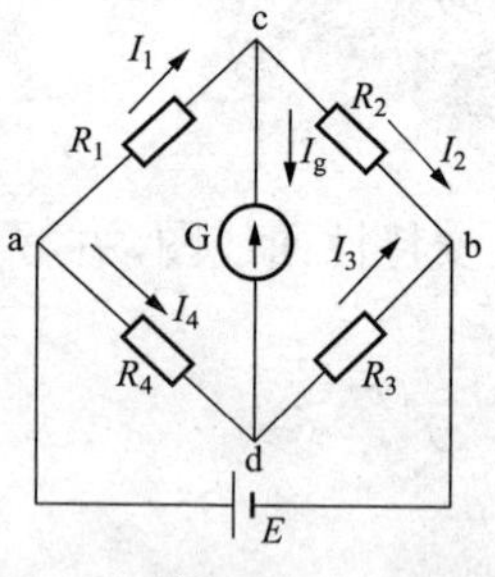

图 E-62

Lc4E2052 补画如图 E-63 所示图形的第三视图。

答：如图 E-64 所示。

Lc4E2053 电流互感器二次侧是星形接线，其中 B 相极性相反，画出其电流的相量图。

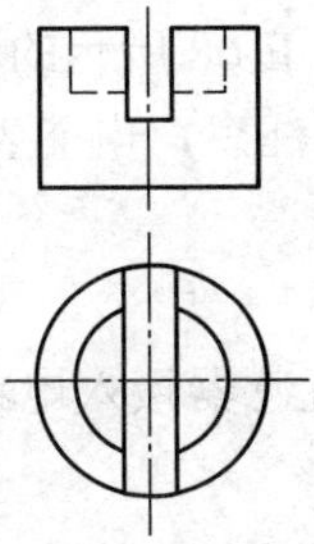

图 E-63

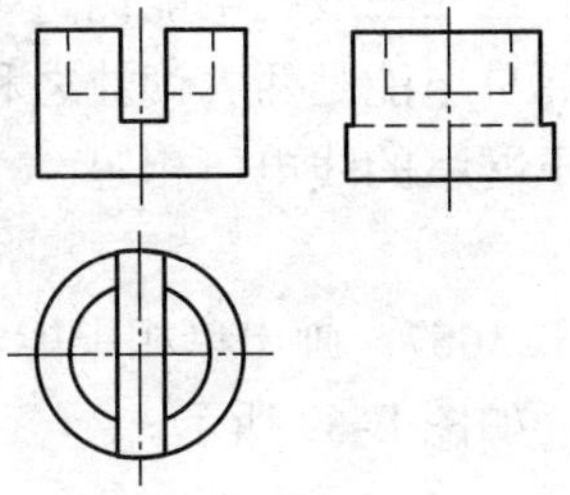

图 E-64

答：如图 E-65 所示。

Lc4E3054 画出用功率表测量单相交流电电功率的电路图。

答：电路如图 E-66 所示。图中 L1 是表的电流线圈，L2 是电压线圈，R_f 是电压线圈的附加电阻，R_Z 是负载。

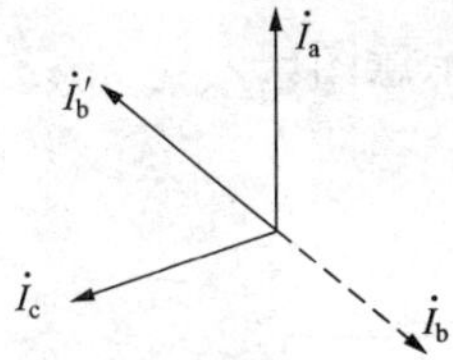

图 E-65

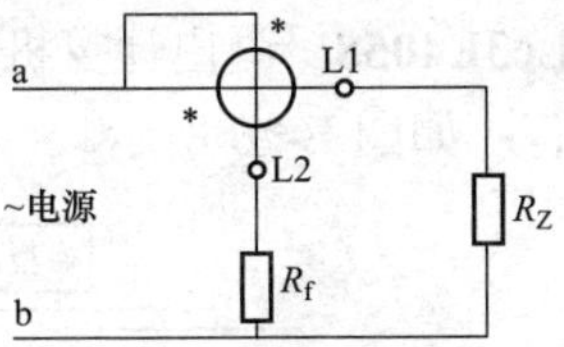

图 E-66

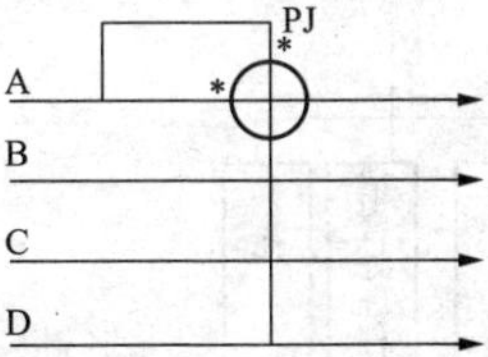

图 E-67

Lc4E5055 画出用单相电能表测量完全对称三相四线制三相有功电能的电路图。

答：如图 E-67 所示。

完全对称的三相四线制电路可采用上图所示的测量方法，此时，三相总电能消耗为电能表测得数据的 3 倍。

Lc4E5056 画出用单相电能表测量三相三线制电路中三相有功电能的电路图。

答：三相三线制电能测量可采用如图 E-68 所示的两表法。三相消耗总电能是两表读数之和。此法应注意，电能表额定电压与供电网络的线电压相等。

Lc3E3057 画出单相电能表经电流互感器接入电路图。

答：如图 E-69 所示。

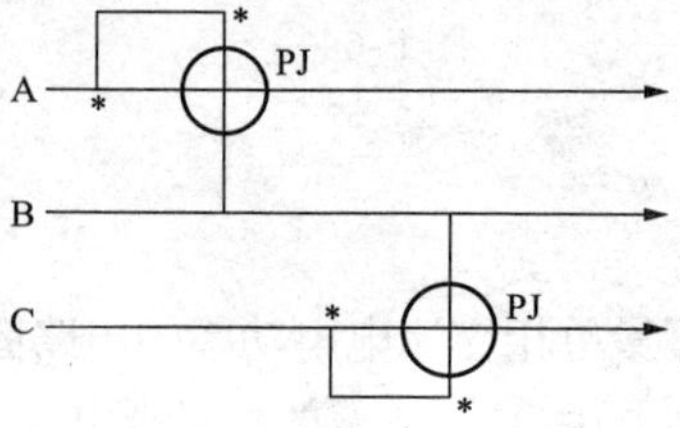

图 E-68

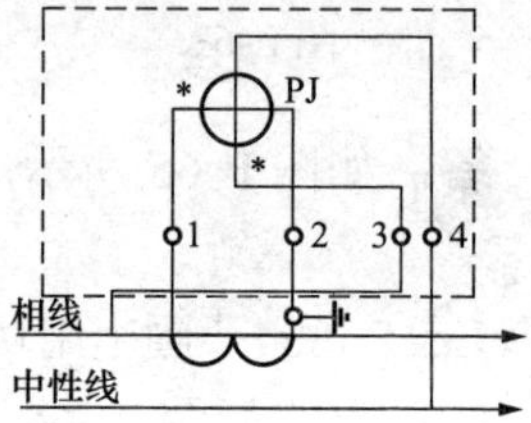

图 E-69

Lc3E4058 画出计算机系统组成示意图。

答：如图 E-70 所示。

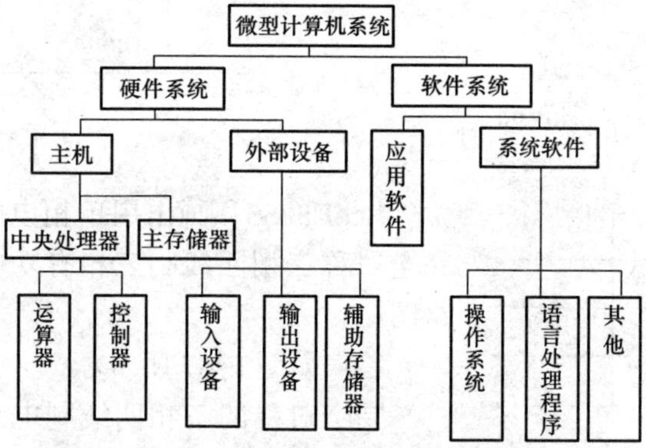

图 E-70

Lc3E4059 画出双臂电桥原理电路图。

答：如图 E-71 所示。

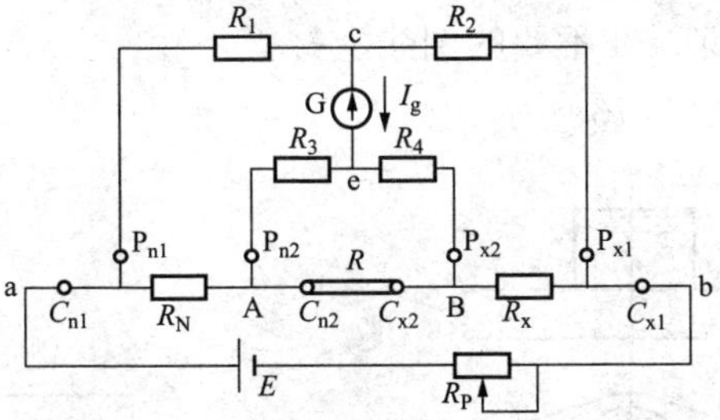

图 E-71

Lc3E4060 补画如图 E-72 所示视图与剖视图中的缺线。

答：如图 E-73 所示。

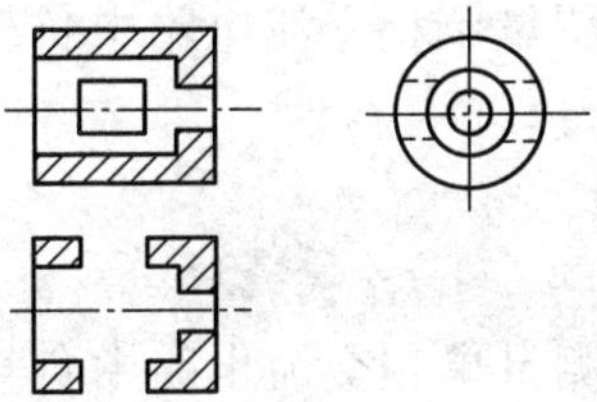

图 E-72

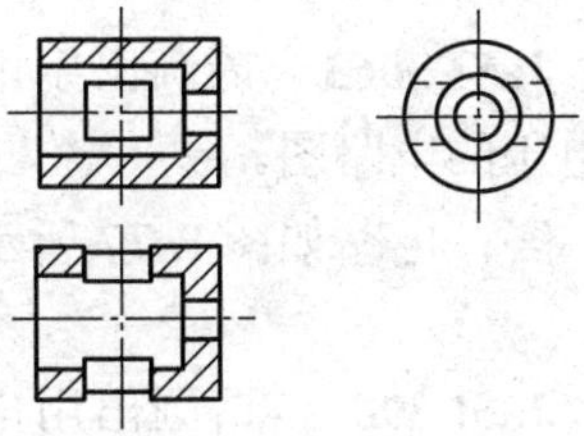

图 E-73

Lc3E4061 画出 Yd11 接线组的变压器原理接线图和相量图。

答：如图 E-74 所示。

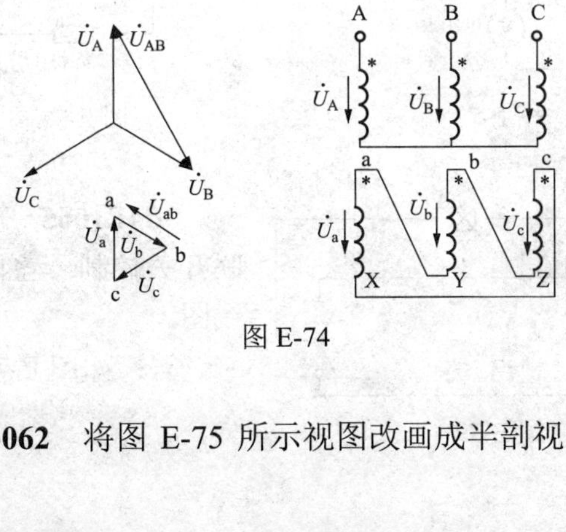

图 E-74

Lc2E3062 将图 E-75 所示视图改画成半剖视图，并将需要的图线加深，在不要的图线上打“×”。

答：如图 E-76 所示。

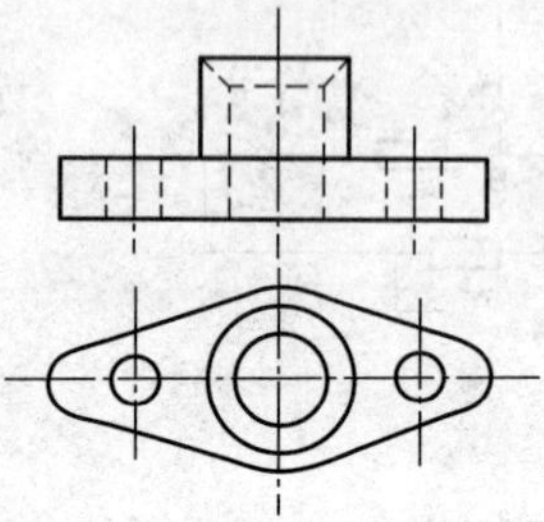

图 E-75

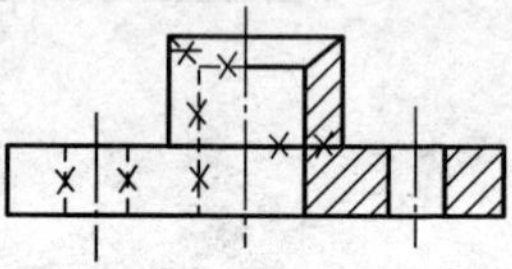

图 E-76

Ja5E3063　请画出用电压表测量单相交流电路中负载两端电压的电路图。

答：电路如图 E-77 所示。

Ja5E3064　请画出用电流表测量单相交流电路中负载电流的电路图。

答：电路如图 E-78 所示。

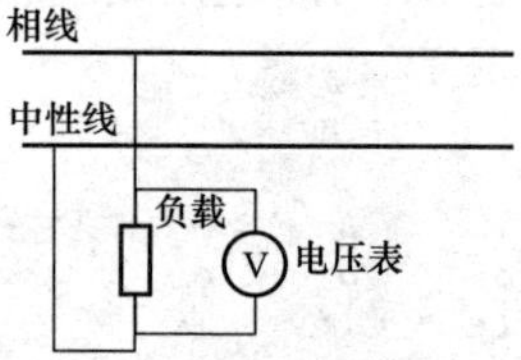

图 E-77

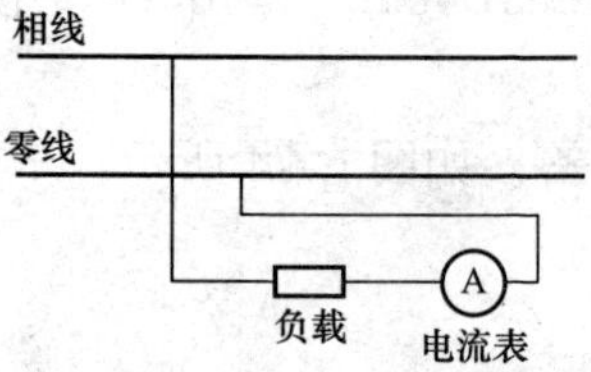

图 E-78

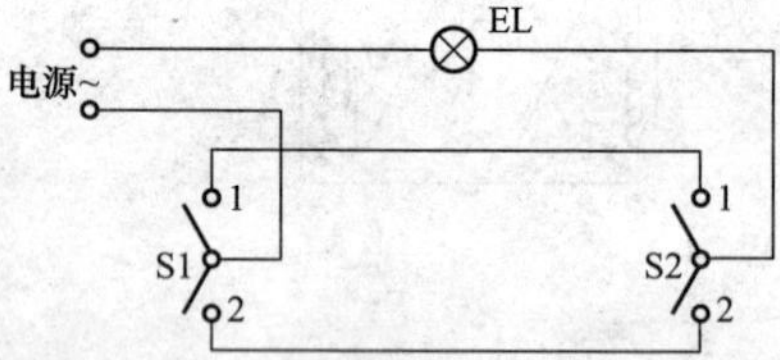

图 E-79

Jd4E1065　画出两个双联开关控制一盏白炽灯的接线图。

答：如图 E-79 所示。

Jd4E2066 画出 BZ-1 型直流屏的直流母线电压监察装置接线图。

答：如图 E-80 所示。

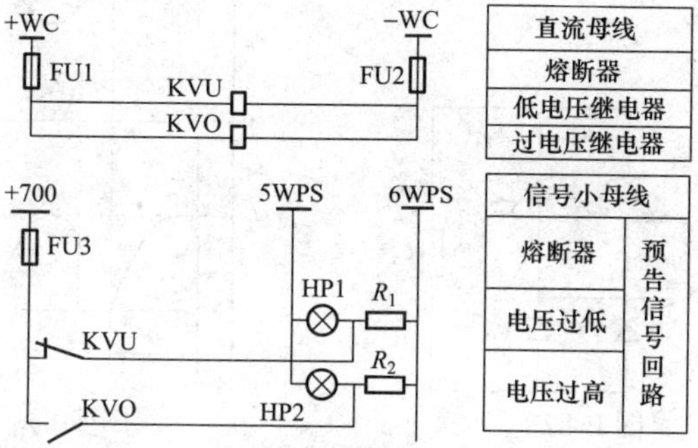

图 E-80

FU1、FU2、FU3—熔断器；KVU—低电压继电器；KVO—过电压继电器；R_1、R_2—电阻；HP1、HP2—光字牌

Jd4E3067 画出单相桥式整流电路常用的三种图形表示形式。

答：如图 E-81（a）、（b）、（c）所示。

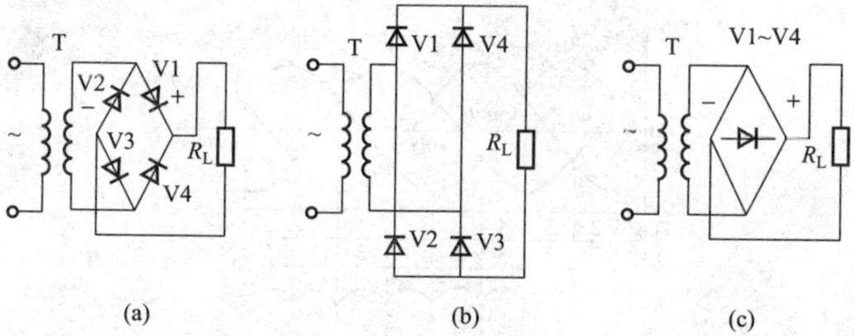

图 E-81

Jd3E3068 画出单相半控桥式整流电路图及波形图（标明极性）。

答：整流电路图如图 E-82 所示，波形图如图 E-83 所示。

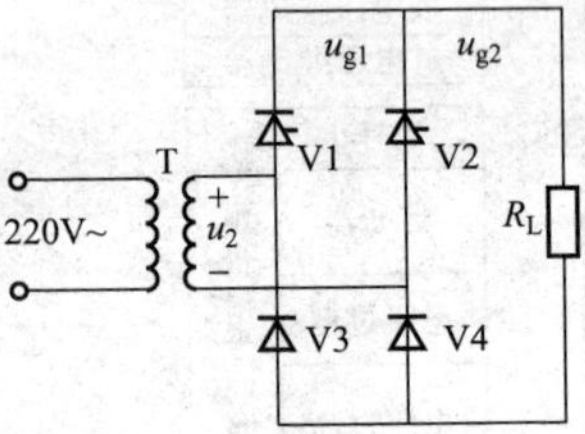

图 E-82

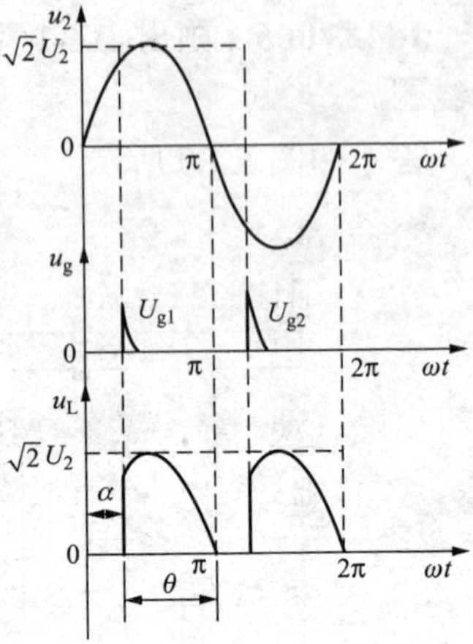

图 E-83

Jd2E3069 画出三相半控桥式整流电路及波形图（α=0），并注明晶闸管导通次序号。

答： 整流电路图如图 E-84 所示，波形图如图 E-85 所示。

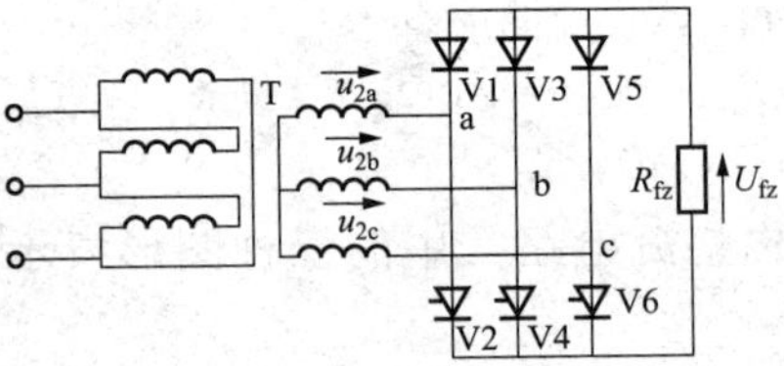

图 E-84

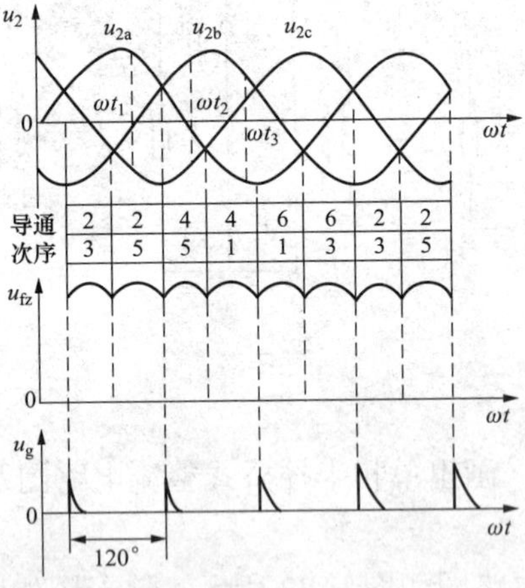

图 E-85

Jd2E3070 画出测量蓄电池充放电小电流回路接线图。

答：如图 E-86 所示。

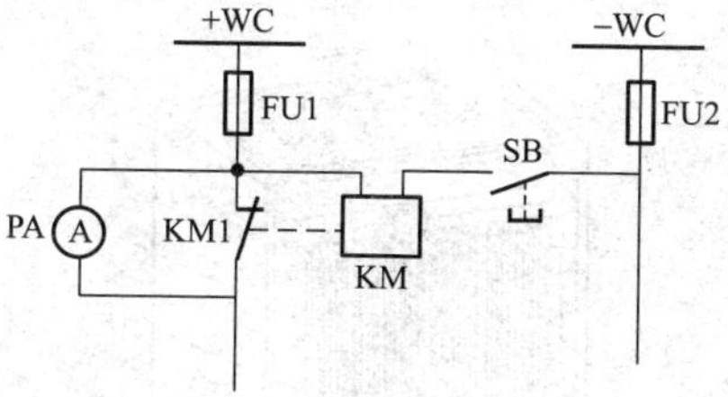

图 E-86

Jd2E3071 画出不间断电源（UPS）由工作电源经整流器供电的电能流程图。

答：如图 E-87 所示。

Je5E1072 画出蓄电池放电电路示意图。

答：如图 E-88 所示。

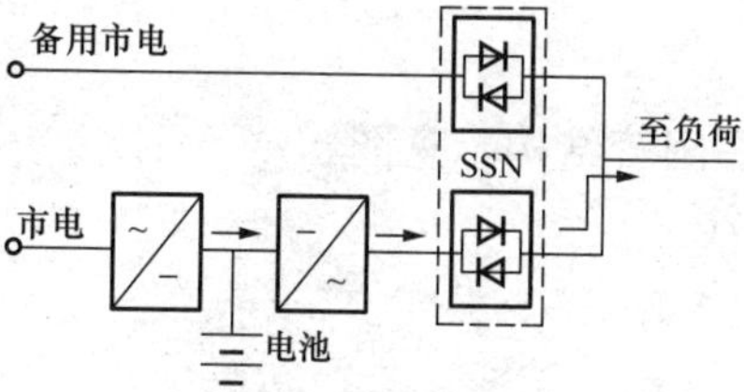

图 E-87

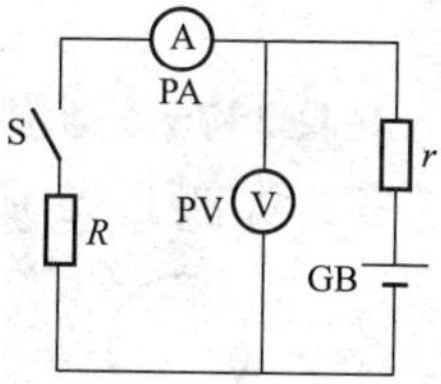

图 E-88

Je5E2073 按结构图制图格式要求补全图 E-89 防酸蓄电池结构示意图中的文字说明。

答：图 E-89 中的文字说明如下：

1—管式正极板；2—隔板；3—负极板；4—槽；5—封口；6—液孔塞；7—接线柱；8—防酸帽；9—温度密度计。

Je5E2074 画出蓄电池充电电路示意图。

答：如图 E-90 所示。

Je5E2075 按结构图制图格式的要求补全图 E-91 所示吸液式密度计结构示意图中的文字说明。

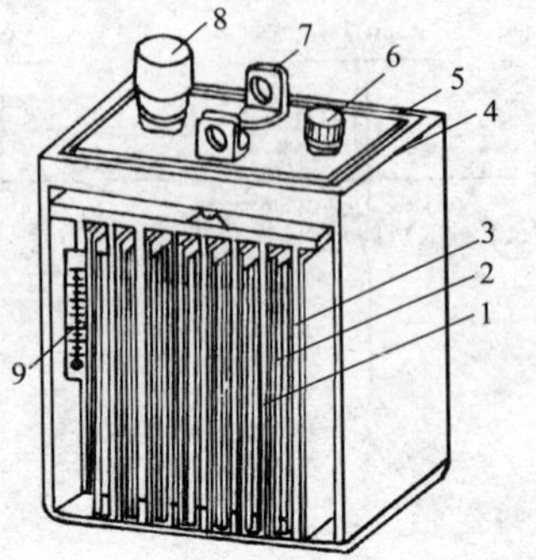

图 E-89

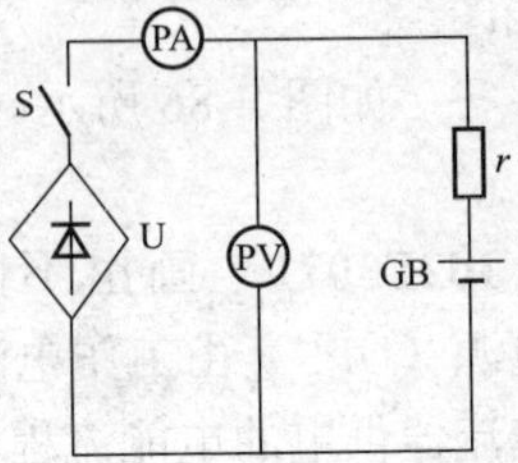

图 E-90

答：图 E-91 中的文字说明如下：

1—玻璃管；2—铅粒；3—玻璃梗；4—玻璃管；5—橡皮球；6—橡皮塞管。

Je4E2076 画出单相晶闸管结构示意图。

答：如图 E-92 所示。

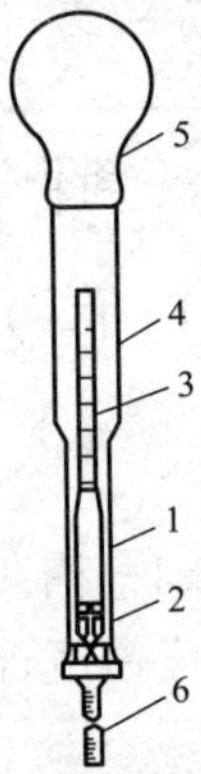

图 E-91

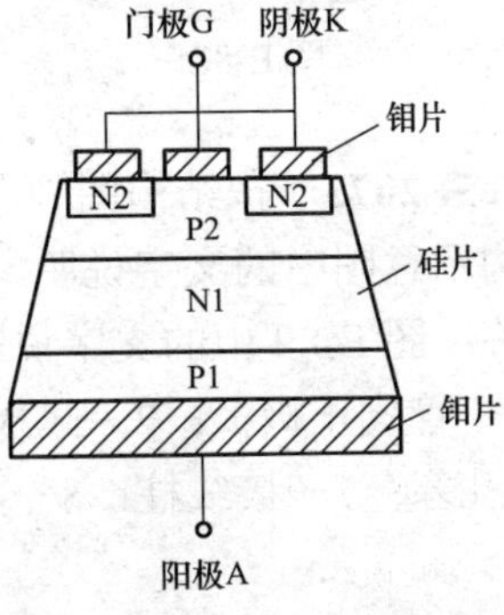

图 E-92

Je4E2077 绘制固定式铅酸蓄电池放电率与容量百分比的关系曲线。

答：如图 E-93 所示。

Je4E3078　按结构图制图格式要求补全图 E-94 所示催化栓结构示意图中的文字说明。

答：图 E-94 中的文字说明如下：

1—垫圈；2—微孔反应器；3—催化剂；4—胶套；5—盖子；6—透气孔；7—盖片；8—容器盖片；9—催化剂容器；10—栓体。

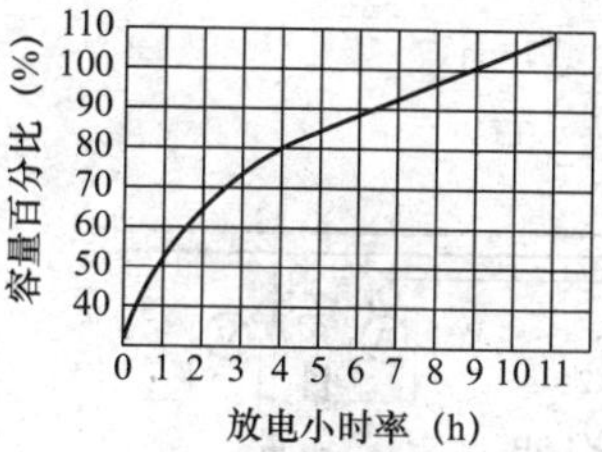

图 E-93

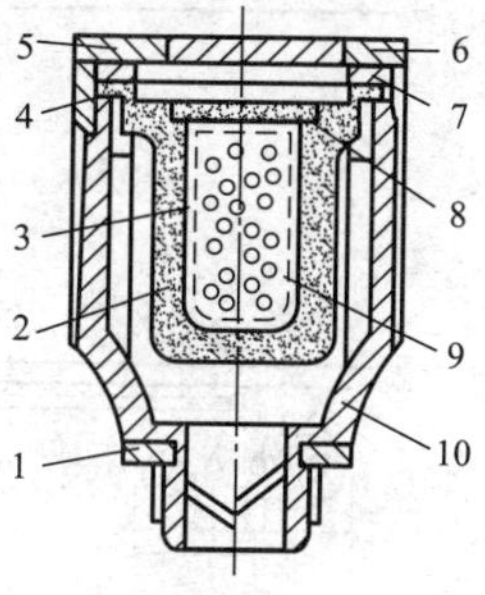

图 E-94

Je1E3079　画出高频开关电源工作原理模块外部接线图（整流模块数量 N+1=3）。

答：如图 E-95 所示。

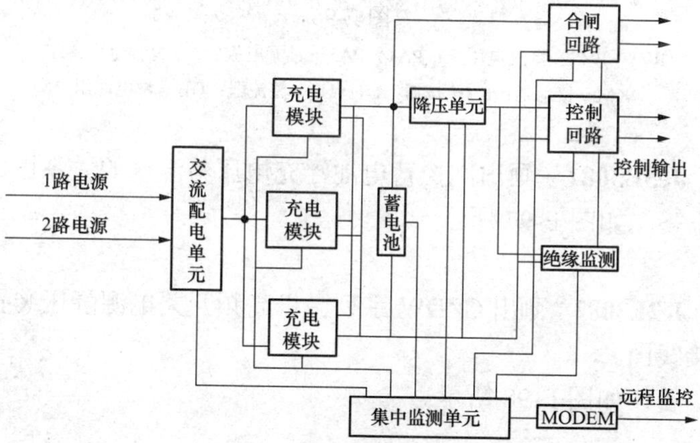

图 E-95

Je1E3080　画出具有两台硅整流和自动调压装置的无端

电池的直流系统接线简图。

答：如图 E-96 所示。

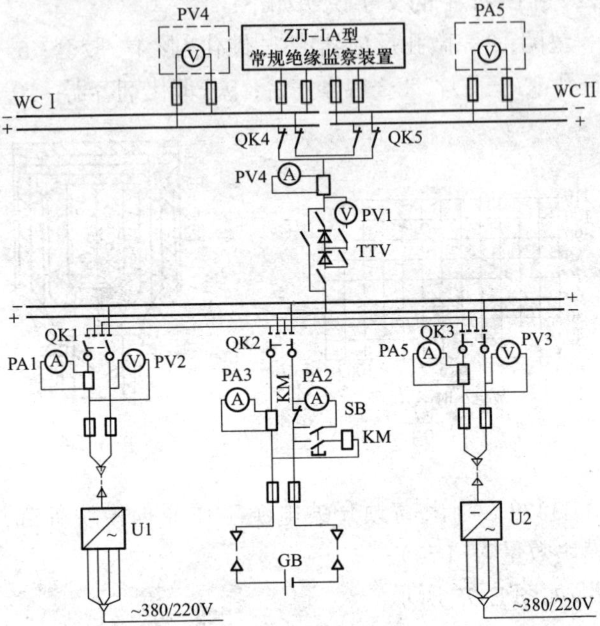

图 E-96

PV1～PV5—直流电压表；PA1～PA5—直流电流表；TTV—调压器；KM—接触器；SB—按钮；U1、U2—整流器；GB—蓄电池组

Je3E3081 画出阀控蓄电池浮充电压与温度的关系图。

答：如图 E-97 所示。

Je2E3082 画出 GZDW 系列微机高频开关电源降压装置原理接线图。

答：如图 E-98 所示。

Je3E4083 画出防酸蓄电池初充电端电压变化曲线图。

答：如图 E-99 所示。

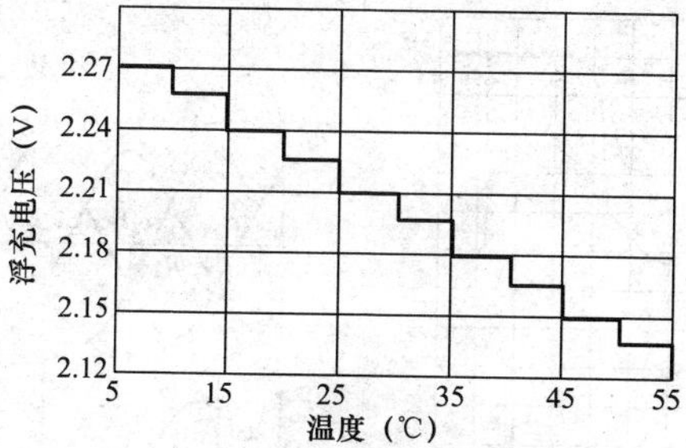

图 E-97

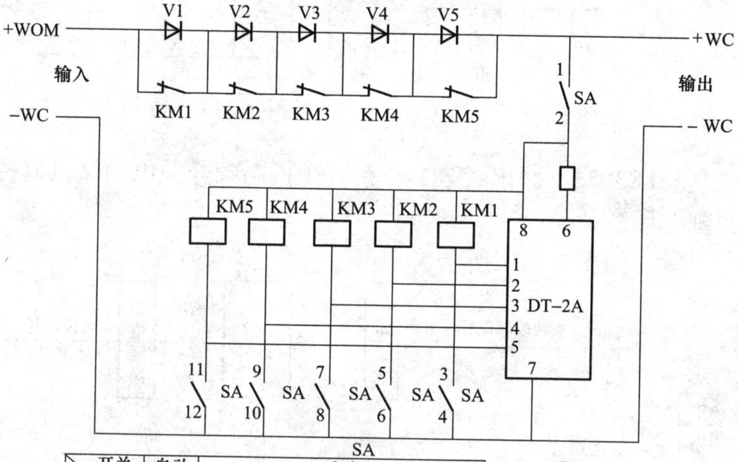

触点位置 \ 开关状态	自动	手动					
	自动	0	1	2	3	4	5
	−45°	0°	45°	90°	135°	180°	225°
1–2	×						
3–4			×	×	×	×	×
5–6				×	×	×	×
7–8					×	×	×
9–10						×	×
11–12							×

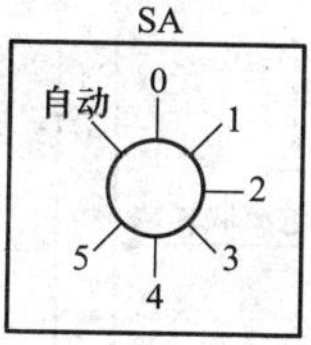

图 E-98

KM—中间继电器；SA—转换开关；V1～V5—降压硅链；
DT−2A—自动电压调节判断装置

Je2E5084 画出控制角α=60° 时，三相桥式全控整流电路的电压波形图。

答：如图 E-100 所示。

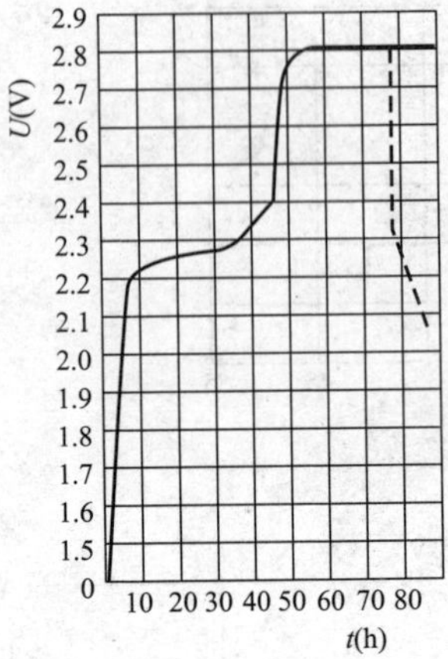

图 E-99

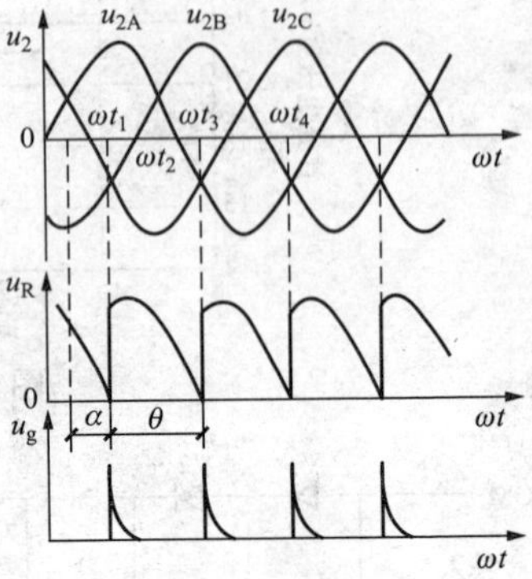

图 E-100

Je1E3085 画出 GZDW 系列微机高频开关电源微机监控原理框图。

答：如图 E-101 所示。

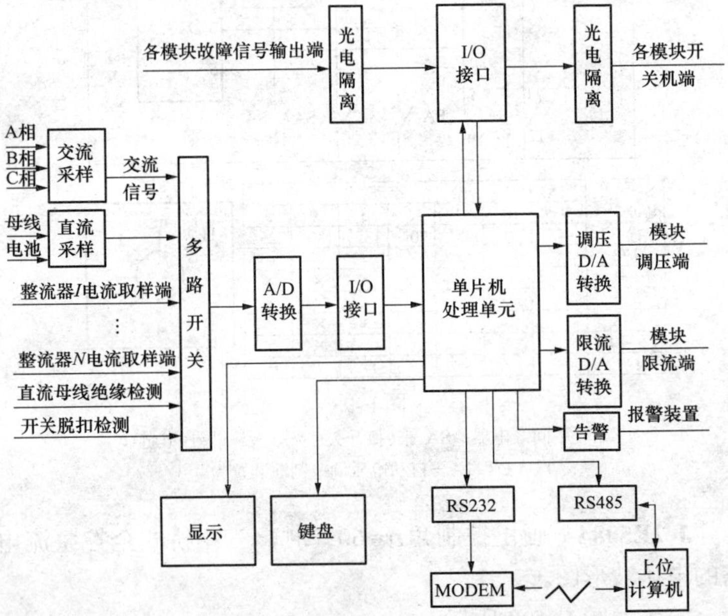

图 E-101

Je2E4086 画出蓄电池充电方式运行接线图，并画出充电（浮充）回路路径。

答：如图 E-102 所示。

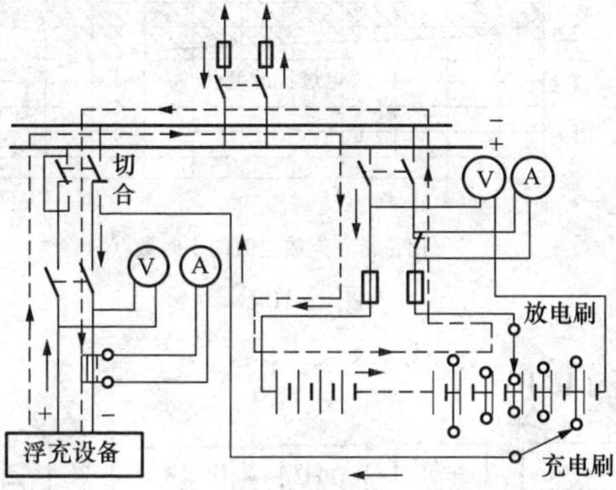

图 E-102

Je2E4087 画一个 GNG 型碱性电池直流成套设备原理接线图。

答：如图 E-103 所示。

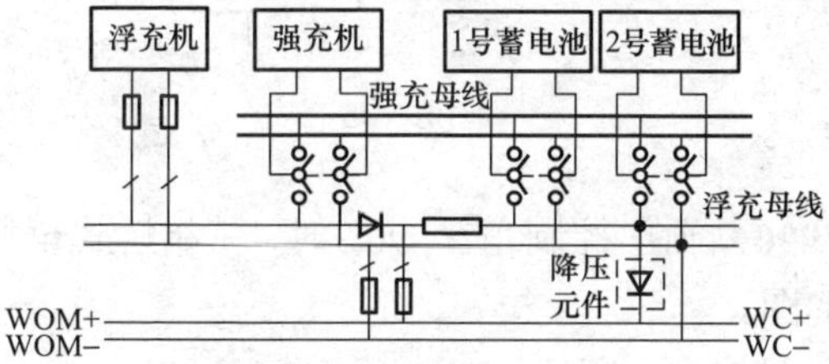

图 E-103

Je1E3088 画出用 $0.1C_{10}$ 电流对防酸蓄电池充放电时的端电压变化曲线。

答：如图 E-104 所示。

Je1E4089 画出 GZDW 系列微机高频开关电源整流模块工作原理框图。

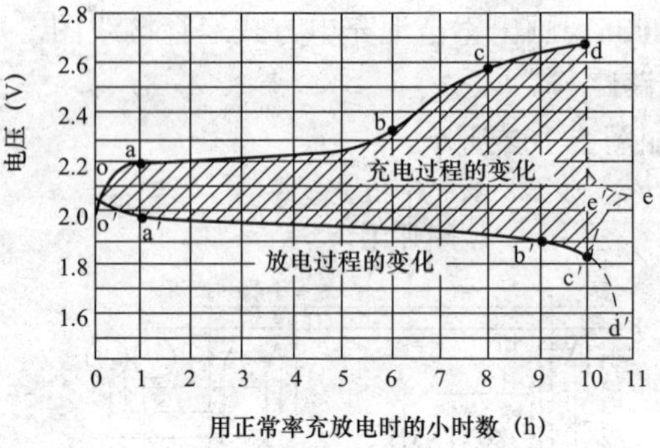

图 E-104

答：如图 E-105 所示。

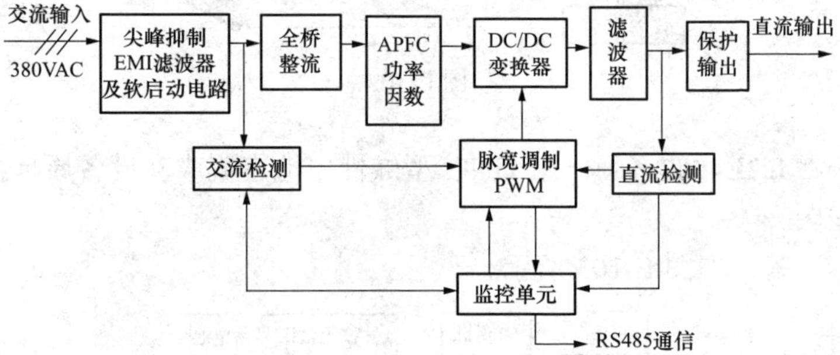

图 E-105

Je2E5090 画出控制角α=90°时，三相桥式全控整流电路的电压波形图。

答：如图 E-106 所示。

Jf5E3091 画出用绝缘电阻表测量电缆绝缘电阻的接线方法示意图。

答：如图 E-107 所示。

Jf1E4092 画出发电厂典型事故照明接线图。

答：如图 E-108 所示。

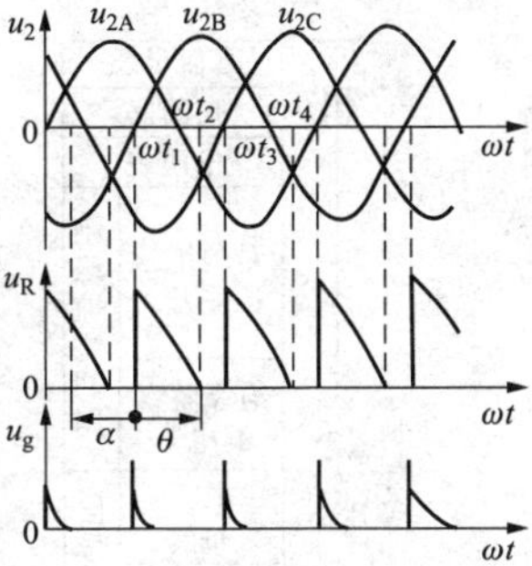

图 E-106

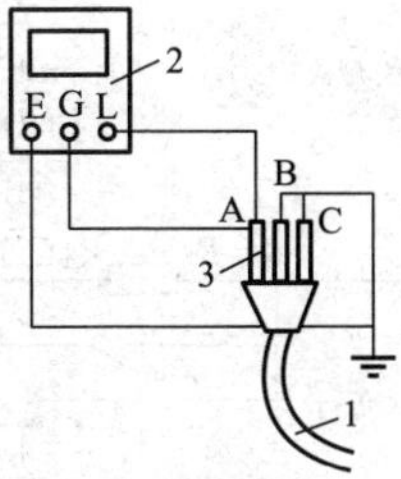

图 E-107

1—电缆；2—绝缘电阻表；3—绝缘层；
L—线路端子；G—屏蔽端子；E—接地端子

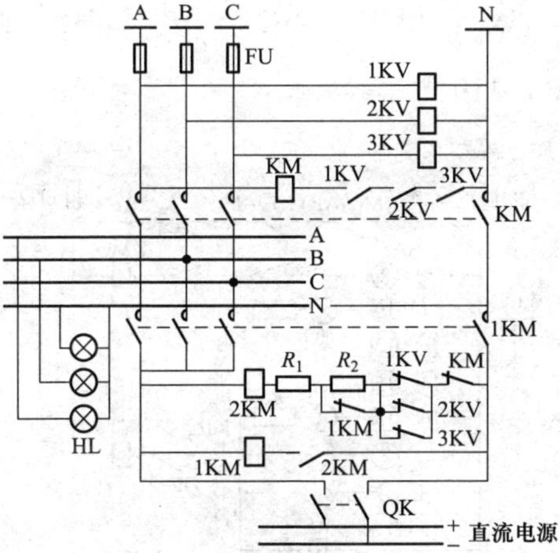

图 E-108

FU—熔断器；KV—电压继电器；KM—交流接触器；
QK—隔离开关；HL—指示灯；1KM—直流接触器

Jf4E4093 画出直流系统简化电磁继电器式绝缘监察装置（取消了典型绝缘监察装置中绝缘电阻测量回路）接线图。

答：如图 E-109 所示。

Jf2E3094 画出具有电气防跳装置的 10kV 断路器（电磁机构）控制回路图。

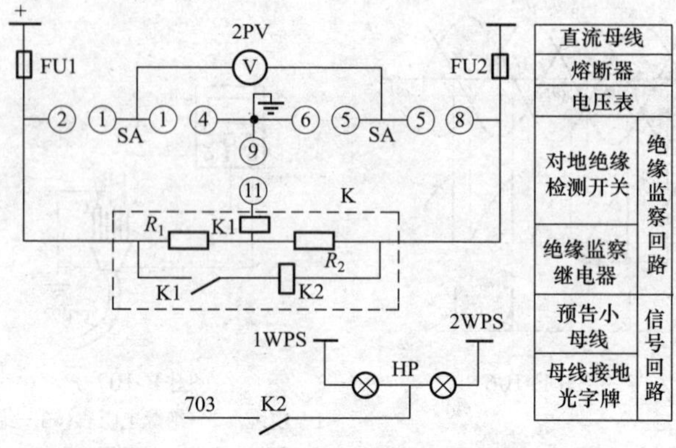

图 E-109

FU—熔断器；SA—选择开关；1、2WPS—预告信号小母线；HP—光字牌

答：如图 E-110 所示。

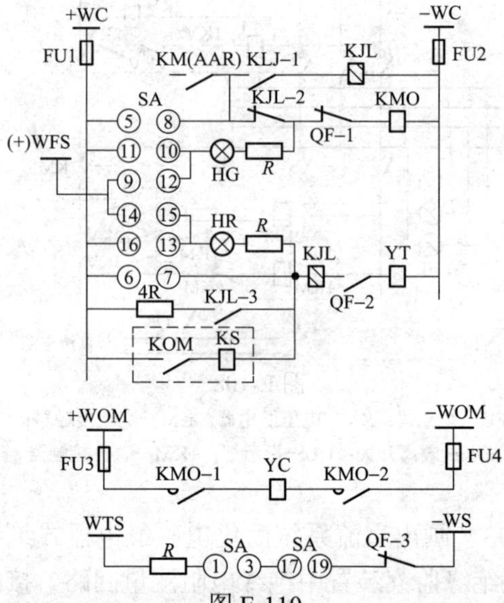

图 E-110

YC—跳闸线圈；WFS—闪光信号小母线；WTS—事故跳闸信号小母线；
FU—熔断器；WC—控制电源小母线；HG—绿灯；SA—选择开关；
KS—信号继电器；KMO—合闸接触器；WOM—合闸电源小母线；
WS—信号电源小母线；QF—断路器转换接点；YT—跳闸线圈；
KOM—出口中间继电器；KJL—防跳中间继电器

Jf3E3095 画出示波器原理框图。

答：如图 E-111 所示。

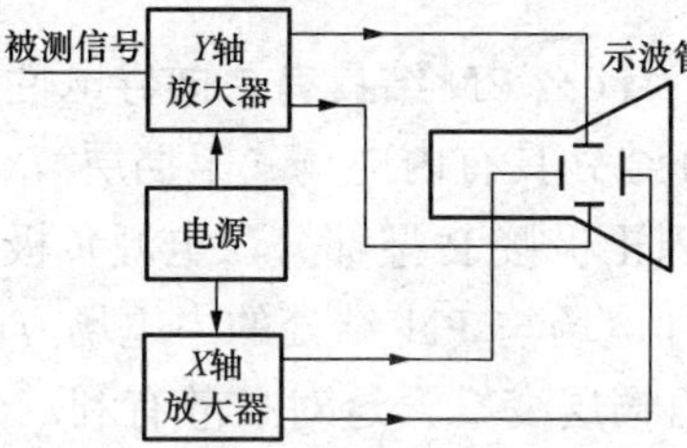

图 E-111

Jf1E2096 画出 SR–8 双踪示波器的电路结构框图。

答：如图 E-112 所示。

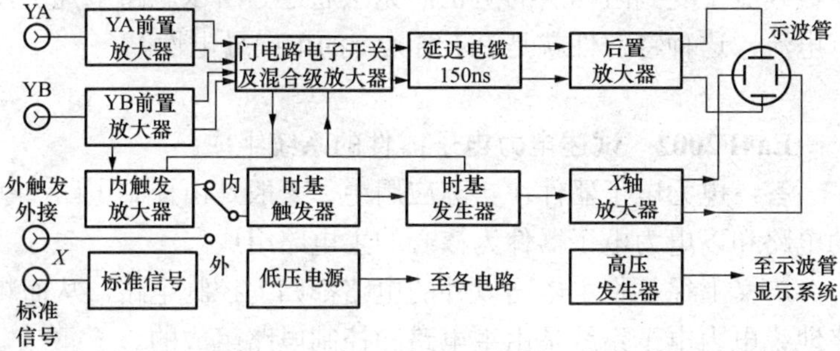

图 E-112

4.1.6 论述题

La5F3001 为什么 PN 结具有单向导电性?

答：因为 PN 结处具有内电场（阻挡层），将 PN 结正向串联在电路中（电源正极接 P 型部分，电源负极接 N 型部分），外加电源产生的外电场与 PN 结处的内电场方向相反，使内电场减弱，PN 结阻挡层变窄，这对扩散有利。于是，多数载流子在外电场的作用于下顺利通过阻挡层，在电路中形成电流（称正向电流）。当 PN 结反向串联在电路中时，外加电源所产生的外电场与 PN 结处内电场方向一致，在外电场的作用下，使内电场加强，因此阻挡层加厚，致使扩散运动无法进行，使绝大多数载流子受到阻挡层的阻止而无法通过。所以电路中几乎没有电流，这种特殊性就是 PN 结具有的单向导电性。

La4F2002 试述电力电子器件的系统组成。

答：电力电子器件在实际应用中，一般是由控制电路、驱动电路和以电力电子器件为核心的主电路组成。

广义上往往将主电路以外的电路都归为控制电路，从而粗略地说电力电子系统是由主电路和控制电路组成的。

La4F3003 电感电容滤波器是由哪些元件组成的？它们是怎样滤掉交流成分的？

答：滤波电路通常由电感元件和电容元件组成。电感 L 与负荷串联，电容 C 与负荷并联。从阻抗的观点来看，感抗 X_L 和容抗 X_C 都是频率 f 的函数，它们对交流与直流的阻抗不同。因感抗 $X_L=2\pi f_L$，故对交流呈现很大的阻抗，而直流电的频率 $f=0$，所以其感抗为零，这样电感 L 就起着阻碍交流通过的作用。电容对直流相当于开路，而交流很容易通过。由于电容与负荷并联，它在脉动电压作用下，处于充放电的交替工作状态。当电容器容量足够大时，电容器的端电压就会起很缓慢的变化，使负荷的电压波动很小，而达到滤波的目的。

La4F3004　硅整流器普遍采用了阻容过电压保护，其原理是什么？

答：电容 C 和电阻 R 串联后，并联在隔离变压器二次回路中，当回路中产生过电压时，由于电容 C 上的电压不能突变，延缓了过电压的上升速度，同时短掉了一部分高次谐波电压分量，使硅元件上出现的过电压不会在短时间内增至很大。串联电阻 R 是限制电容器充放电电流和防止回路中产生电容电感振荡的。

La3F3005　什么叫铅酸蓄电池电解液的层化？层化有何危害？怎样降低层化的程度？

答：电解液层化：铅酸蓄电池在充放电过程中电解液的密度在不断地变化，充电时密度增大，放电时密度降低。对固定式铅酸蓄电池来说，充电时较重的电解液向底部沉降，放电时较轻的电解液浮向顶部。蓄电池在充放电过程中，电解液按密度分层的现象叫做层化。

层化的危害：使极板和不同密度的电解液交界面上形成不同电位，导致自放电增大，温度升高，腐蚀和水损耗加剧，影响蓄电池的寿命。

降低层化的办法：防酸蓄电池利用充电时产生的气泡来搅拌电解液，使其趋于均匀状态。对于阀控蓄电池来说，则要采用特殊技术手段来解决层化问题。用超细玻璃纤维作为隔板的电池，不同密度的电解液沿隔板微孔扩散。在结构上采用水平卧式布置，在采用立式布置时，把同一极板两端高差压缩到最低限度，以避免层化或使层化过程变慢。

La3F3006　简述高频开关电源与相控电源的原理性差别。

答：相对于相控电源其晶闸管、变压器工作于工频，高频开关电源的变压器工作在高频状态（几十 kHz），开关管只有导通与截止两种状态。从而减小了管耗；变压器、电抗器所需铁芯的截面可以设计得很小，在同样输出纹波的条件下滤波电容也可以比相控电源小千倍；由于变压器、电抗器体积大大地减小，变压器、电抗器的铁损及铜损也大大地减小。电源效率从相控电源的 80%以下上升至 90%左右。

La3F3007　试述晶闸管正常工作时的基本特性。

答：（1）当晶闸管承受反向电压时，不论门极是否有触发电流，晶闸管都不会导通。

（2）当晶闸管承受正向电压时，仅在门极有触发电流的情况下晶闸管才能导通。

（3）晶闸管一旦导通，门极就失去控制作用，不论门极触发电流是否还存在，晶闸管都保持导通。

（4）若要使已导通的晶闸管关断，只能利用外加电压和外电路的作用，使流过晶闸管的电流降到接近于零的某一数值以下。

La3F3008　什么是电力电子器件驱动电路？

答：电力电子器件的驱动电路是电力电子主电路与控制电路之间的接口。

驱动电路的基本任务，就是将信息电子电路传来的信号按照其控制目标的要求，转换为加在电力电子器件控制端和公共端之间、可以使其开通或关断的信号。

对半控型器件只需提供开通控制信号，对全控型器件则既要提供开通控制信号，又要提供关断控制信号，以保证器件按要求可靠导通或关断。

另驱动电路还要提供控制电路与主电路之间的电气隔离环节。装置的一些保护措施也往往设在驱动电路中。

La2F3009　电力电子器件同处理信息的电子器件相比有什么不同？

答：(1) 电力电子器件所能处理电功率的大小，也就是其承受电压和电流的能力，小至毫瓦级，大至兆瓦级，一般都远大于处理信息的电子器件。

(2)电力电子器件一般都工作在开关状态。其动态特性(也就是开关特性)和参数，也是电力电子器件特性很重要的方面，有些时候甚至上升为第一位的重要问题。而在模拟电子电路中，电子器件一般都工作在线性放大状态。

(3) 由于电力电子器件所处理的电功率较大，普通的信息电子电路信号不能直接控制电力电子器件的导通或关断，需要一定的中间电路对这些信号进行适当的放大，即需要电力电子器件的驱动电路。

(4) 尽管工作在开关状态，但是电力电子器件自身的功率损耗通常仍远大于信息电子器件，为了保证不至于因损耗散发的热量导致器件温度过高而损坏，在其工作时需要安装散热器。

La2F4010　以单相半控桥式整流电路为例说明单结晶体管触发电路为什么要与晶闸管主回路同步。实现同步的关键是什么？如何实现它们之间的同步？

答：单结晶体管触发电路要求晶闸管承受正向电压时发出触发脉冲，而且对应每个半周期发出的第一个脉冲的相位也应相同。否则输出的直流电压忽高忽低，不合要求。所以触发电路必须与主回路同步。

触发脉冲与主回路电源电压同步的关键在于：当主回路电源电压过零时，触发电路中的电容器 C 必须把电荷放完，并从零开始充电。若满足这一点，则只要充电回路电阻 R 不变，就可以使触发电路在主回路电源电压过零后的相同时刻，发出第一个脉冲。

采用同步变压器法实现同步，即触发脉冲电路的变压器的初级绕组与主回路接在同一电源上。当主回路正弦波电压过零时，触发电路的电压也同时过零，两者是同步的。

Lb5F4011　影响铅酸蓄电池容量的因素有哪些？

答：影响蓄电池容量的因素有：

（1）放电率太高会使极板深层的有效物质不能参加化学反应，而极板表面的有效物质会急剧变化，生成的硫酸铅很容易堵塞极板的小孔，造成内阻增加，电压下降快，使电池不能放出全部容量。

（2）温度越高（不超过35℃），稀硫酸的黏度越低，物质活动力越强，内阻越小，使蓄电池有效电压升高，增加输出容量。

（3）适当地增加电解液的数量和电解液的浓度，可以增加其容量（但必须要允许范围内）。如果电解液液面过低或密度过低，则会使电池容量减少。

（4）多次欠充时，极板深处的硫酸铅不能还原，变成惰性硫酸铅，使极板的有效物质减少，从而使容量减小，甚至损坏极板。

Lb5F4012　试述变电站直流屏运行特点。

答：变电站的直流屏，一经投入运行，就永久工作了，不能像变电站变压器、继电保护等那样的电气设备可以安排停电进行检修。全所所有电气设备中，唯有直流屏的设计、运行为永久性的，直流屏上设备有缺陷需要处理，都是在带电状态下进行的，其操作风险非常大。

Lb4F2013　变电站（发电厂）直流系统接地有哪几种后果？

答：（1）直流系统二点接地产生寄生回路可能造成电源短路。

（2）直流系统二点接地产生寄生回路可能造成继电器误动

或拒动。

（3）当直流系统对地电容增大到一定数值时，一点接地，也有可能致使继电器误动。

Lb4F3014　铅酸蓄电池做定期充放电时为什么不能用小电流放电？

答：用小电流放电时能够深层反应，使极板深层的有效物质变为硫酸铅。放电电流越小，这一反应越深透。当再次用较大电流充电时，化学反应就比较激烈，极板深层的硫酸铅不能还原为二氧化铅和铅绵，这样的极板内部就留有硫酸铅晶块，时间愈久愈不容易还原。如果经常以这种方式充放电，就会使极板深层的硫酸铅晶块逐渐加大，造成极板有效物质脱落。

另外，定期放电还有鉴定电池容量和检查落后电池的作用，用小电流放电达不到这一目的。所以做定期充放电时要用 10h 放电率进行。

Lb3F2015　试述阀控式密封蓄电池分类。

答：阀控式密封蓄电池为了不使电解液流动，采用了两种方法：一是使电解液胶体化，二是使电解液吸收于多孔基中，故阀控式电池分为两类：胶体式和吸液式（亦称贫液式）。

胶体技术是把硫酸与 SiO_2 溶胶混合，然后灌入电池壳内，当胶体失水干涸收缩，产生裂缝后，便产生了氢气的复合通道，进行氢氧循环。胶体电池工作寿命较长， 不易发生热失控。但胶体干涸收缩，易造成胶体脱离电极，电极与电解液的反应接触面减少，造成电极部分过度放电腐蚀、整节电池容量不足。

吸液式技术是选用超细玻璃纤维隔膜吸收电解液，硫酸被吸收在正负极板中间，但不完全吸饱而留有 2%的空隙提供氢气和氧气的复合通道。所以，玻璃纤维隔膜既吸收了电解液又提供氧气循环通道。隔膜与极板紧装配结构使隔膜处于受压状态，给极板的充放电反应提供足够的硫酸根离子。玻璃纤维隔膜的弹性保持其与极板的良好接触，其性能均一性相对胶体电池较好，但散热性较差，工作寿命没有胶体电池长。

Lb3F3016　什么是充电装置的纹波系数？

答：应用整流技术，将交流电整流为直流电。但该直流电压或电流，不是理想的、平稳的直流电。直流电中含有一系列振幅不等、频率成整数倍变化的正弦谐波分量的交流电。

通常用纹波系数来表示负载上直流电的平滑程度与脉动大小，分纹波有效值系数和纹波峰峰值系数，统称为纹波系数。

纹波系数γ（有效值）

$$\gamma=\frac{\text{负载上交流分量的总有效值}}{\text{直流分量}}=\frac{U_{\mathrm{EAC}}}{U_{\mathrm{DC}}}\ (\%)=\frac{I_{\mathrm{EAC}}}{I_{\mathrm{DC}}}\ (\%)$$

式中　U_{EAC}——负载上交流电压分量的总有效值；

I_{EAC}——负载上交流电流的总有效值。

纹波系数δ（峰峰值）

$$\delta=(U_{\mathrm{f}}-U_{\mathrm{q}})/2U_{\mathrm{p}}\ (\%)$$

式中　U_{f}——直流电压脉动峰值；

U_{q}——直流电压脉动谷值；

U_{p}——直流电压平均值。

$\gamma(\delta)$值是表征整流直流电源质量的参数。其对并联在上的电池寿命有着至关重要的影响，$\gamma(\delta)$值是越小越好。一般要求电力系统中的硅整流充电装置的纹波系数$\gamma(\delta)$不大于 1%，高频开关电源的纹波系数$\gamma(\delta)$不大于 0.5%。

Lb3F3017　为什么大功率整流元件必须采取规定的散热措施？

答：在大功率整流电路中，流过整流元件的电流比较大，硅整流二极管都有 1V 左右的正向压降。正向压降和流过二极管的平均电流乘积称为耗散功率，这一部分功率以热的形式从元件内部散发，电流越大产生的热量越多。整流元件热容量较小，耐热能力较差。工作过程中若不将发出的热量通过适当途径向周围空间迅速散发，则元件的结温会很快上升，导致反向漏电流增加，耐压特性下降，严重时会烧毁二极管。所以必须采取散热措施。

Lb3F3018 变电站直流电源配置原则是什么？

答：（1）220kV 及以上变电站应满足两组蓄电池、两台高频开关电源或三台相控充电装置的配置要求。

（2）110（66）kV 变电站应满足一组蓄电池、一台高频开关电源或两台相控充电装置的配置要求；重要的 110kV 变电站可按两组蓄电池、两台高频开关电源或三台相控充电装置配置。

（3）高频开关电源型充电装置的模块应满足 N+1 的配置要求，模块的总数不宜少于 3 块。

对原有运行采用“电容储能”、硅整流器、48V 电池简易直流电源装置或无直流电源的变电站，应安排改造。

Lb3F3019 什么是半桥式逆变电路？

答：半桥逆变器如图 F-1 所示，它有两个桥臂，每个桥臂由一个可控器件和一个反并联二极管组成。两个相同的足够大的电容串联连接在直流输入端，它们的节点“O”具有中间电位，每个电容上的电压为 $U_d/2$，O 点电位基本维持不变。负载及电感连接在“O”点和两个桥臂连接点之间。

开关管 T1、T2 轮流导通。设 T1 导通，负载上电流通过开关管 T1、电感、负载、电容等构成电流回路。当 T1 关断瞬间，由于感性负载上的电流不能立即改变方向，于是 D2 导通续流，一直到负载电流为零。T2 导通后负载电流反向。同样，T2 关断瞬间，D1 导通续流，负载上得到交变的电压、电流。输出电压与电感负载电流波形如图 F-2 所示。

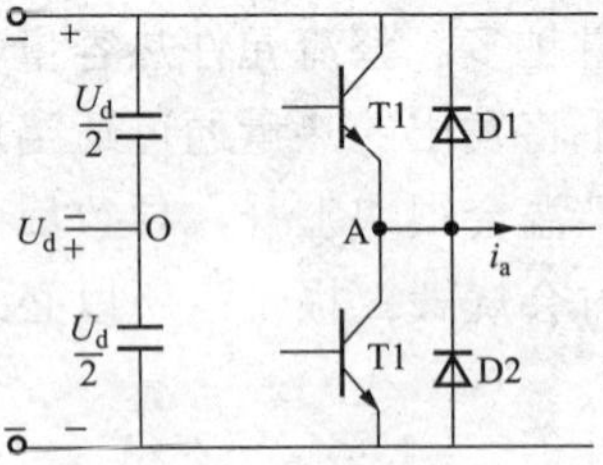

图 F-1 半桥逆变电路

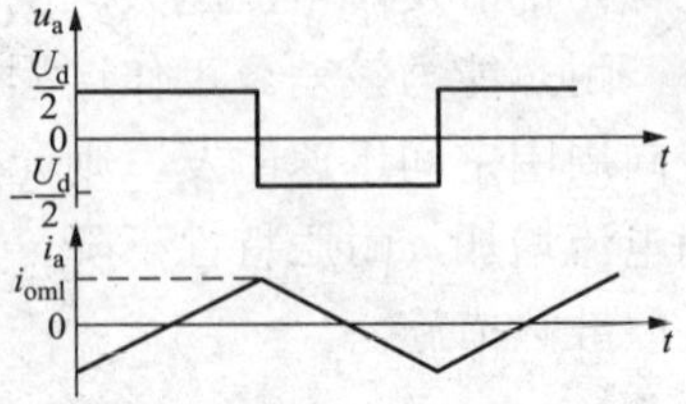

图 F-2 输出电压与电感负载电流波形

Lb3F4020 烧结式镉镍蓄电池的构造、原理和电气性能是什么？

答：烧结式镉镍蓄电池的结构为根据不同结构要求，将不同规格的正、负极板中间隔以尼龙布等隔膜组成极板组，装入塑料电池壳内，加盖封胶，并注入密度为1.200～1.250的氢氧化钾溶液作为电解液，蓄电池正极以红色塑料垫作标记，负极以蓝色塑料垫为标记。

原理：正、负极板活性物质分别为氢氧化亚镍和氢氧化镉，依靠它们电化反应的可逆性，充电时将电能转变为化学能储存起来，放电时将化学能转变为电能而输出。

性能：（1）一般不用于高倍率放电，瞬间放电率最高可达蓄电池额定容量的12倍以上。

（2）蓄电池能作浮充电使用，每只电池浮充电压控制在1.35～1.38V，电流控制在1～2mA/（A·h）（环境温度在20℃±5℃），能承受24h过充电而不变形、不漏液。

（3）自放电小，蓄电池充电后放置28昼夜，每只电池的剩余容量应大于额定容量的75%，仍能满足开关合闸的需要。

（4）新电池启用后，两年内循环200次或合闸4000次，容量仍不低于额定容量的80%。

Lb3F4021 试述阀控蓄电池的工作原理。

答：阀控蓄电池采用了无锑合金，提高了负极板氢过电位，从而抑制了氢气析出。采用特殊安全阀，使电池内保持一定的内压。采用超细玻璃纤维隔板，通过贫液式设计，在正、负极之间、隔板之中预留气体通道，在充电时，当正极板产生氧气时，氧气顺着气道传到负极板，利用阴极吸收复合的电化学原理，充电时正极产生的氧气被负极吸收，而负极不产生氧气。

充电时正极板发生下列化学反应

$$P_bSO_4+2H_2O \longrightarrow P_bO_2+H_2SO_4+2H^++2e^-$$

$$2H_2O \longrightarrow O_2+4H^++4e^-$$

负极板发生下列化学反应

$$P_b+2H^++2e^- \longrightarrow P_b+H_2SO_4$$

$$2H^++2e^- \longrightarrow H_2$$

析出的氧气扩散到负极，在负极析氢之前与绒状铅发生氧化反应

$$2P_b+O_2+2H_2SO_4 \longrightarrow 2P_bSO_4+2H_2O$$

负极因生成 P_bSO_4 而使极化电位降低。同时，氧气在负极上还可能发生还原反应

$$O_2+4H^++4e^- \longrightarrow 2H_2O$$

可见氧气复合为 H_2O 又重新回到系统中去，使氧气在蓄电池内不会积累，而负极总是处于充电不足状态（当正极充足电 100%后，负极尚未充到 90%，90%以上才开始析氢），因此不会产生氢气。当正极上产生氧气的速度与负极上消耗氧气的速度相等时，电池内不会发生气体积累。因此可以将蓄电池密封。为安全起见装有逆止阀，当内部气体压力过高时，安全阀动作释放出内部气体。当压力降低时安全阀关闭，阻止大气中的氧气进入电池内。

Lb3F4022　结合图 F-3 试述蓄电池监测仪原理及功能。

答：如图 F-3 所示，每个蓄电池电压采集盒采集若干个电池电压，共有若干个采集盒。每瓶蓄电池的引线均有熔丝保护元件，防止蓄电池短路；采集盒安装在蓄电池屏架旁，以降低连接线过长可能引起的接地等故障。每组蓄电池均有温度采样点。

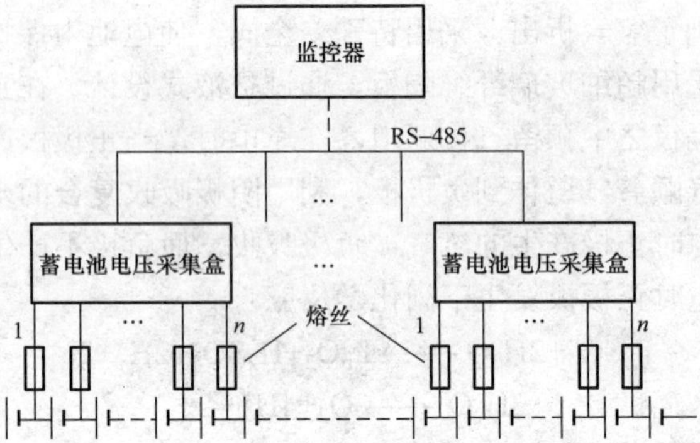

图 F-3

将所有蓄电池的电压、电流，温度都通过通信线传到监控器中。监控器显示每瓶蓄电池运行状况，替代人工测量和判断。

蓄电池监测仪一般有以下功能：

（1）实时显示每组蓄电池端电压、电流和温度；显示每瓶电池的电压、单瓶最高和最低电压值及电池序号。

（2）设定温度告警值；设定蓄电池组及单瓶电池最高、最低电压告警值，超值告警。

（3）可设定检测时间间隔，记录蓄电池电压、电流、温度，并按检测时间列表。能通过优盘等采集。

（4）也有的蓄电池监测仪具有在线测量电池静态内阻、动态内阻、电池容量（计算值）等功能。

Lb2F2023　蓄电池容量选择的根据是什么？

答：（1）应满足全厂（站）事故全停电时间内的放电容量；

（2）应满足事故初期（1min）直流电动机启动电流和其他冲击负荷电流的放电容量；

（3）应满足蓄电池组持续放电时间内随机（5s）冲击负荷电流的放电容量；

（4）应以最严重的事故放电阶段，计算直流母线电压水平。

Lb2F3024　画图说明用硒堆作过电压保护的原理。

答：用硒堆作过电压保护的原理接线图如图 F-4 所示。

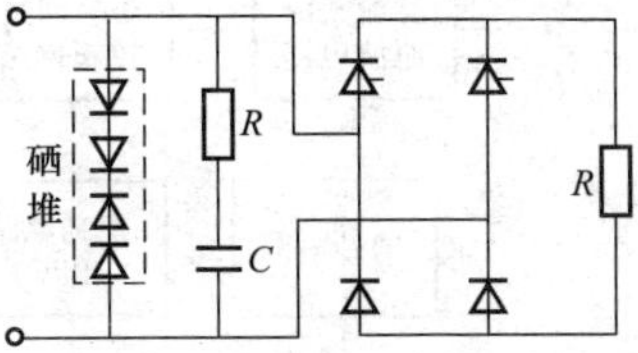

图 F-4

硒堆（硒整流片）是一种非线性电阻元件。它具有较陡的反向伏安特性，即使超过它的工作电压不多，也会出现很大的反向电流，从而把过电压的能量消耗在非线性电阻上。硒堆反向击穿后具有自动恢复特性，这一点与硅稳压管相似。在电路中常用两组硒堆反向串联使用，正常时两组硒堆均不导通。出现瞬间过电压时，由硒堆吸收掉，或硒片被击穿而将熔断器的熔体熔断，使晶闸管得到保护。硒堆可以单独使用，也可以与阻容装置并联使用。

Lb2F3025　试述高频开关电源整流器的基本工作原理（见图 F-5）？

答：高频开关整流器由主电路、调整控制电路和辅助电路三部分组成。

主电路由交流整流滤波、直流—直流变换器（高频变换）等元件组成，其作用是从交流电网取得交流电，将其转换成符合要求的直流电。控制电路采用 PWM 脉宽调制电路，它包括输出采样、信号放大、控制调节、基准比较等单元，其作用是对输出电压进行检测和取样，并与基准定值进行比较，从而控制高频开关功率管的开关时间比例，达到调节输出电压的目的。功率因数校正网络也是高频开关整流器的重要组成部件，其功能是通过控制过程，使输入电流波形跟踪正弦基波电流，且相位与输入电压同相，以保持输出电压稳定和功率因数接近 1.0。辅助电路包括手动调节、稳压电源、保护信号、事故报警以及通信接口等。

Lb2F3026　试述高频开关电源整流模块的基本工作原理。（如图 E-105 所示）

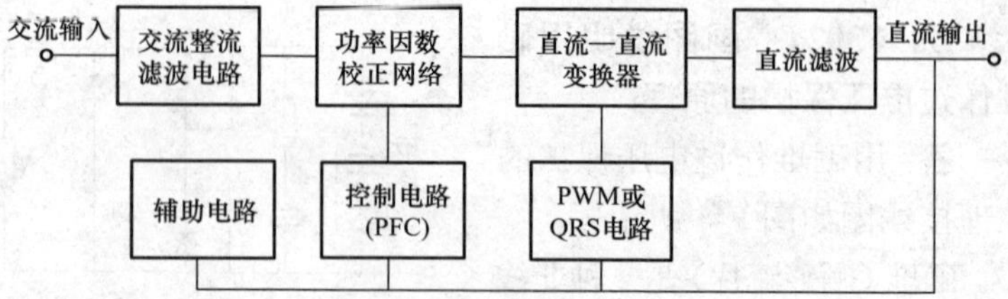

图 F-5

答：三相交流电源输入时，首先进入尖峰抑制及 EMI 滤流电路，之后由全桥整流电路将三相交流电变成直流电，经有源功率因数校正和 DC/DC 高频全桥整流变成高频交流电，再整流为可调脉冲宽度的高频脉冲电压，经滤波，输出非常稳定的直流电压、电流。

模块内的监控单元是智能化整流模块的监控核心，它的功能是测量模块的运行参数并通过RS485接口传送给系统监控模块，且同时接收中央控制器发来的指令。测量整流模块的输出电流，采集模块的开关状态、风机堵转、模块过热、整流故障等告警量。它既可以接受中央控制器的控制，也可独立运行。

由于模块采用了高频开关技术，时钟频率高达 200kHz；又运用了有源功率因数校正，使模块功率因数达 0.95；模块间采用了低差自主均流技术并具有完善的保护和报警功能，即使模块处于长期短路也不损坏。

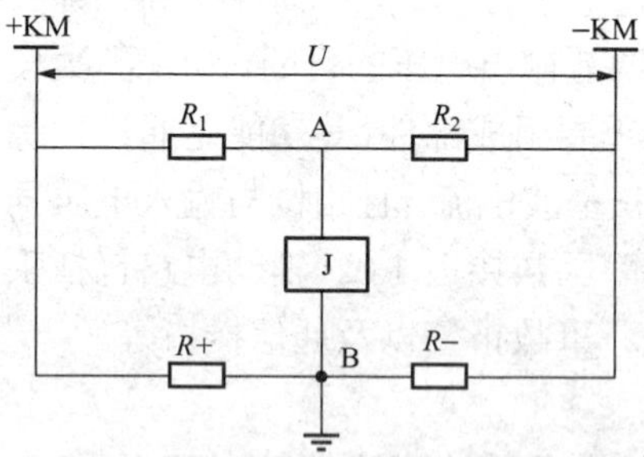

图 F-6　绝缘监测电阻等效图

Lb2F3027　说明平衡桥绝缘监测装置工作原理。

答：平衡桥绝缘监测仪基本原理如图 F-6 所示，电阻 R_1、R_2 和继电器 J 组成绝缘监测的基本元件，通常 R_1 与 R_2 电阻值相等，均为 1kΩ，继电器 J 选用直流小电流继电器，动作电流在 3～15mA，继电器 J 的内阻为 7.5kΩ（110V 直流系统）或 15kΩ（220V 直流系统）。电阻 $R+$和 $R-$分别是直流系统正极和负极的对地电阻。正常运行时直流系统对地绝缘良好，$R+$和 $R-$无穷大，正负二极通过 R_1、R_2 的中心经直流小电流继电器 J 接地，但不构成回路，继电器 J 中没有电流。

当运行中直流系统对地绝缘不良，$R+$或 $R-$的电阻下降时，与 R_1、R_2 构成的电桥桥臂中就有不平衡电流流过，当直流系统正接地或负接地（$R+$或 $R-$小于一定数值时）到一定程度，流过继电器 J 不平衡电流使得继电器 J 动作，则绝缘监测装置告警，报告直流系统接地。

调整继电器动作电流的大小可以设定接地电阻的告警值，动作电流越小，接地告警电阻值越大。

Lb2F3028　试述 WZJ 型微机控制直流系统绝缘监察装置原理。（如图 F-7 所示）

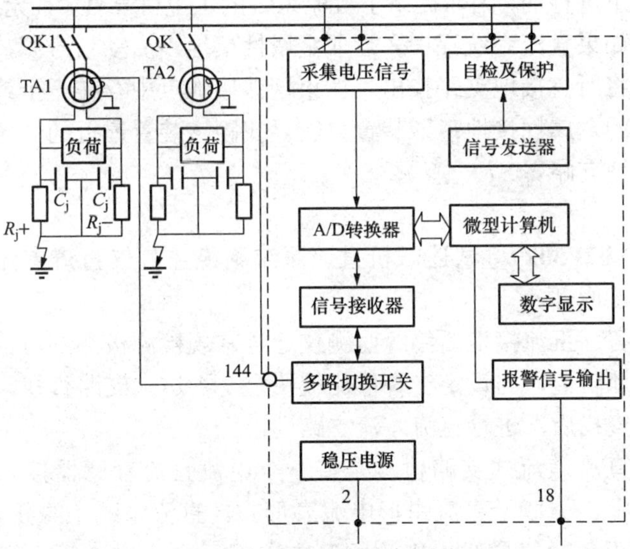

图 F-7

答：WZJ微机直流系统绝缘监测仪，具有绝缘监察、电压监视及报警功能。可在不切断支路电源及直流消失的情况下检查支路绝缘，并可自动循查，数字显示被测参数。

常规监测是通过两个变换的分压器取出正对地电压和负对地电压，送入A/D转换器，经微机处理和数字计算后，数字显示电压值和绝缘电阻值，监测无死区。当电压过高或过低、绝缘电阻过低时发出报警信号，报警整定值可自动选定。

各分支回路的绝缘监测，是用一低频信号源作为发送器，通过两隔直耦合电容向直流系统正、负母线发送交流信号，用一小电流互感器同时套在各回路的正、负出线上。由于通过互感器的直流分量大小相等，方向相反，它产生的磁场相互抵消，而通过发送器发送至正负母线的交流信号电压幅值相等，方向相同。这样，在互感器二次侧就可反应出正、负极对地绝缘电阻和分布电容的泄漏电流向量和，然后取出阻性分量，经A/D转换器微机处理后数字显示。整个绝缘监测是在不切断回路的情况下进行的，因而提高了直流系统的供电可靠性，且无死区。

如果直流系统存在多点非金属性接地，启动信号源，该装置可将所有接地支路找出。如果这些接地点中存在一个或一个以上的金属性接地；该装置只能寻找距该装置最近的一条金属性接地支路。

Lb2F3029　试述微机直流系统绝缘监测仪直流差流式支路巡检原理。

答：直流接地后绝缘监测仪通过常规检测检测到对地电阻的接地阻值，与设定告警值比较决定是否进入支路查找。进入支路查找后，进行直流差流支路巡检。

直流差流式支路检测是将一小电流直流互感器接入馈线支路中，类似于直流钳形电流表形式。直流系统绝缘正常时，由于正负二根导线内电流相等方向相反合成磁通等于零，当发生正或负发生一点接地时将有电流通过接地点，使得在直流互感器中流进和流出的电流不相等产生差流，在其内部产生磁通。如图 F-8 所示。

在支路非金属接地的情况下，直流互感器磁偏电流较小，为提高查找支路的灵敏度和可靠性，在绝缘监测仪正负电源上对地各接一个电阻 R_1、R_2，增加直流互感器在接地时的电流，保证直流互感器能准确地把它检测出来，并通过计算得出支路接地电阻值。

降低内部接地电阻 R_1、R_2，可以提高检测支路电阻的灵敏度，但过低的接地电阻会造成在直流系统一点接地时接地电流使继电器误动的可能。一般根据继电器动作电流选取 R_1、R_2，使得在一点完全接地时的接地电流远小于最高灵敏度继电器动作电流。如图 F-9 所示。

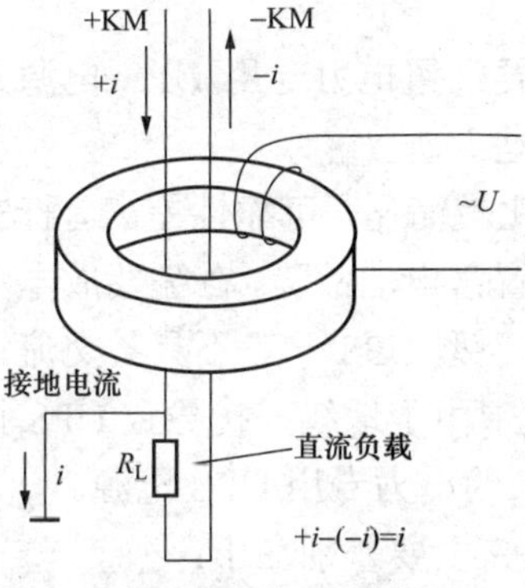

图 F-8　直流互感器示意图

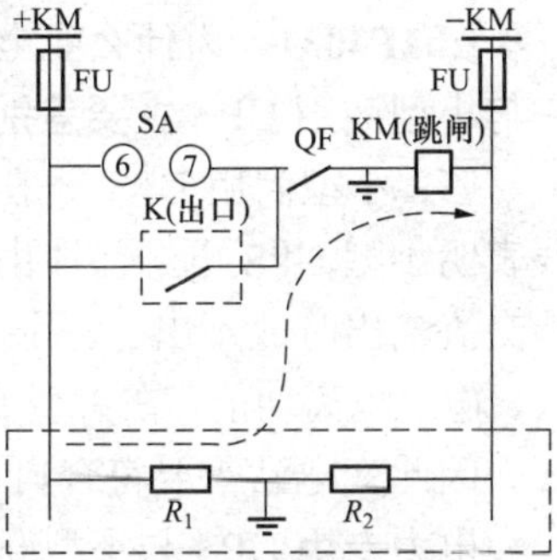

图 F-9　一点接地时的电流回路

直流互感器不使用交流信号，支路电容不管数值多大对直流互感器毫无影响，彻底解决了电容干扰问题，这是直流互感器的最大优点。但如果某一支路正负极同时等值接地时，通过互感器的直流差流将为零，互感器铁芯内将无偏磁产生，也就无法判定该支路是否接地，这是使用这种原理检测支路接地的原理性缺陷，但一般来说直流某一支路正负绝缘同时等值接地的可能性相当小。

Lb2F3030　试述高频开关电源防雷保护电路。

答：雷击分为直击雷和感应雷两种，线路直接遭雷击时，电缆中流过很大电流，同时引起数千伏的过电压，持续时间达若干微秒，直接危害用电设备。感应雷通过雷云之间或雷云对地的放电，在附近的电缆或用电设备上产生感应过电压，危害用电设备的安全。

因此高频开关电源必须要在交流配电单元入口加装防雷器。一般设有C级及D级防雷，C级防雷设在交流配电单元入口，选用的防雷器通流量可为40kA，D级防雷设在充电模块内，通流量可为10kA，动作时间均小于25ns，可以有效地将雷电引入大地，将雷电的危害降至最小。当C级防雷器故障时，其工作状态窗口由绿变红，提醒更换防雷模块。

Lb2F4031　为什么变电站需要配置电力专用UPS电源？它与小型商用UPS主要差别有哪些？

答：小型商用UPS一般配置比较简化，可靠性差。运行实践表明小型UPS电源往往由于内置蓄电池故障，在需要放电支持交流输出时放不出电。另一方面小型UPS一般不具备交流输入、输出隔离功能，在大型变电站中由于地线干扰导致UPS损坏。因此变电站需要符合自己要求的电力专用UPS电源。

电力专用UPS与小型商用UPS主要差别在于：

（1）电力专用UPS使用变电站直流系统，取消商用UPS内置蓄电池及电池管理系统。直流电压在80%～120%变化时电力专用UPS输出交流电技术性能指标不变。

（2）由于电力专用UPS挂靠在直流系统的直流母线上，因此UPS输入特性必须满足电力系统的要求，对变电站直流系统影响仅可能地小。如输入端的反灌杂音要小，加装防反隔离二极管等。

（3）有输入、输出交流隔离变压器，不受外界电气干扰。

（4）UPS有较强的抗短路能力，加大了旁路开关容量，使馈线开关能按级差进行保护。而不是先行关闭UPS保护自己。

Lb2F4032　结合图F-10说明晶闸管相控电源稳压原理。

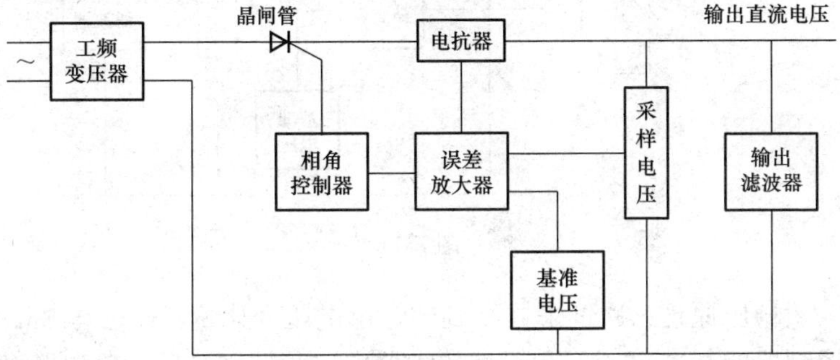

图F-10

答：晶闸管相控电源原理：交流电源经过工频变压器变压隔离，经过晶闸管转换成50Hz脉冲电压，再经过电抗器及输出滤波器滤波，将输入转换成稳定的直流输出电压。

稳压原理是通过采样得到的输出电压变化量，经过与基准电压值在误差放大器中比较放大之后，输出脉冲信号控制晶闸管的导通角，当输出电压下降，晶闸管的导通角增大，晶闸管的导通时间增加，输出电压上升；当输出电压上升，晶闸管的导通角减小，晶闸管的导通时间减小，输出电压下降。

电源变压器工作在工频频率，为了使输出电压纹波较小及减小导通时的电流冲击，要求有较大电感量的电抗器及较大容量的滤波电容。

Lb2F4033　结合图F-11说明开关型稳压电源的稳压原理。

答：交流电源经过整流、滤波变成直流，再经过高频变压器及高频开关管，将直流电转换成高频脉冲输出，高频脉冲信号经过快恢复整流管整流、电抗器及输出滤波器滤波变成稳定的输出直流电压。

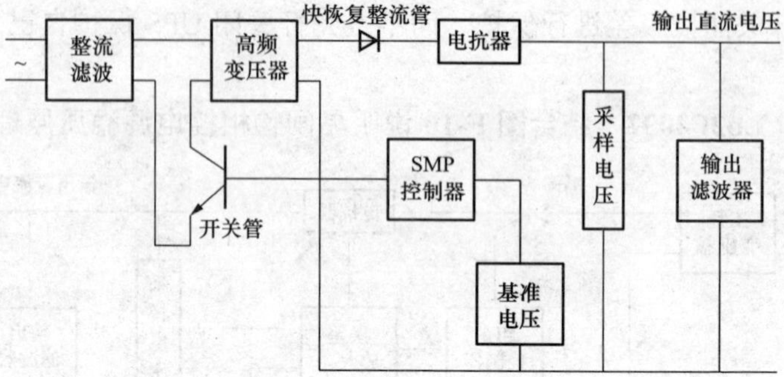

图 F-11

稳压原理：通过采样得到的输出电压变化量，经过与 SMP 控制器的基准电压值在误差放大器中比较放大之后，输出脉宽信号，控制开关管的导通与截止，当输出电压下降，脉宽展宽，开关管的导通时间增加，输出电压上升；当输出电压上升，脉宽减小，开关管的导通时间减小，输出电压下降。

高频变压器工作在高频状态（几十 kHz），变压器、电抗器所需铁芯的截面可以设计得很小，滤波电容也可以比相控电源小千倍。由于体积大大地减小，变压器、电抗器的铁损及铜损也大大地减小，这种形式的电源效率在 80%～94%。

Lb2F4034　试说明 PWM 控制的基本原理。

答： PWM 控制就是对脉冲的宽度进行调制的技术。即通过对一系列脉冲的宽度进行调制来等效地获得所需要波形（含形状和幅值）。

在采样控制理论中有一条重要的结论：冲量相等而形状不同的窄脉冲加在具有惯性的环节上时，其效果基本相同。冲量即窄脉冲的面积，效果基本相同是指环节的输出响应波形基本相同。上述原理称为面积等效原理。

以正弦 PWM 控制为例：把正弦半波分成 N 等份，就可把其看成是 N 个彼此相连的脉冲列所组成的波形。这些脉冲宽度相等，都等于π/n，但幅值不等且脉冲顶部不是水平直线而是曲线，各脉冲幅值按正弦规律变化。如果把上述脉冲列利用相同数量的等幅而不等宽的矩形脉冲代替，使矩形脉冲的中点和相应正弦波部分的中点重合，且使矩形脉冲和相应的正弦波部分面积（冲量）相等，就得到 PWM 波形。各 PWM 脉冲的幅值相等而宽度是按正弦规律变化的。根据面积等效原理，PWM 波形和正弦半波是等效的。对于正弦波的负半周，也可以用同样的方法得到 PWM 波形。可见，所得到的 PWM 波形和期望得到的正弦波等效。

Lb2F5035　根据图 F-12 所示晶闸管充电机原理图，试述其触发电路工作原理。

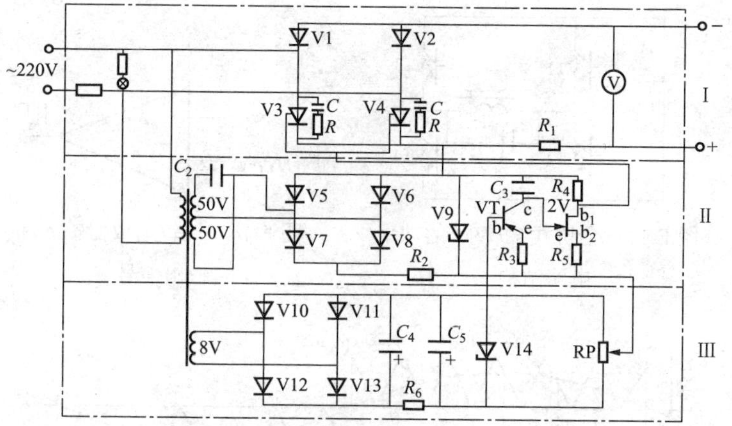

图 F-12

答：触发电路由单结晶体管 V、三极管 VT 及电阻、电容等组成。其工作原理如下：变压器来的交流电压经过二极管 V5～V8 所组成的桥式整流电路变为脉动直流，再经稳压二极管 V9 与电阻 R_2 削峰变为梯形波，供给触发电路。

直流电压经过电阻 R_4、R_5 加到单晶管基极 b_1 和 b_2 上，同时又通过电阻 R_3、三极管 VT 的基极 e、集电极 c 向电容器 C_3

充电，且电流流过 e、b_1。当电容 C_3 两端电压 U_C 逐渐升高时，流过 e、b 的电流慢慢增加。当 U_C 上电压达到单晶管峰点电压值时，单晶管导通，C_3 通过 e、b_1 和 R_4 放电，电流突然增加，在 R_4 上产生电压降，这就是正向脉冲触发信号，将其加到晶闸管的控制极上使之导通。由于电容器 C_3 迅速放电使 U_C 急剧下降，达到单晶管谷点电压时，单晶管截止，R_4 上电压消失。如此反复，输出连续触发信号。

由于触发电路与主电路取自同一个交流电源，这就保证了输出脉冲与主电路同步。

Lb1F3036　结合图 F-13～图 F-15，简述采用全桥式 SPWM 控制技术的 UPS 功率电路原理。

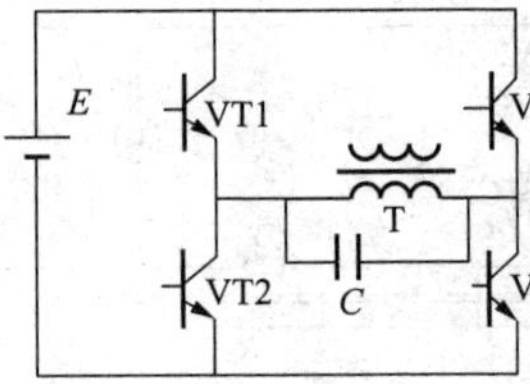

图 F-13　全桥式 SPWM 的功率电路结构

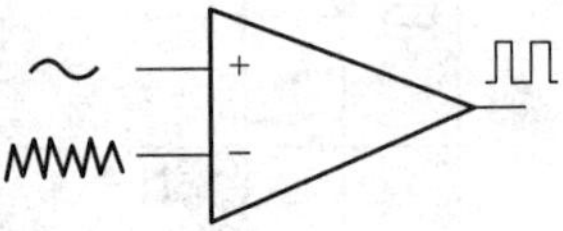

图 F-14　比较运放器输入和输出信号

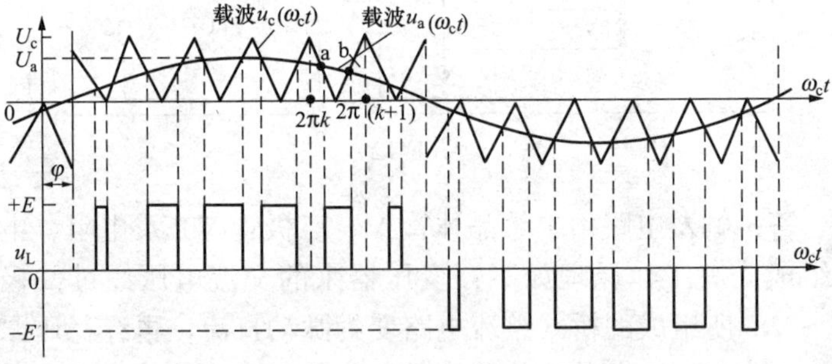

图 F-15　全桥式 SPWM 脉冲形成原理

答：全桥式 SPWM 的功率电路中开关管 VT1、VT4 和 VT2、

VT3 轮流对角导通，B 为工频输出变压器，C 为输出滤波电容，E 为直流电源。控制 VT1、VT4 和 VT2、VT3 开关导通的信号来自比较运放器。

比较运放器的正输入端加入调制信号正弦波，负输入端加入载波信号三角波，经运放比较输出。对调制波的正半周，在正弦波大于三角波的部分控制开关管 VT1 和 VT4 导通，得到正半周 SPWM 波脉冲；对调制波的负半周，在正弦波小于三角波的部分控制开关管 VT2 和 VT3 导通，得到负半周 SPWM 波脉冲。由于输出电压正比脉冲宽度，在一个周期内脉宽连续不断的变化得到起伏的正弦波电压。滤波后经变压器隔离升压输出。

Lb1F4037　如何降低电容电流对微机直流系统绝缘检测仪交流注入式支路巡检的影响？

答： 交流注入式接地检测仪使用交流信号源向直流控制母线（KM）输入交流信号进行支路巡检。其最大的问题是分布电容的泄漏电流引起干扰而影响支路阻性接地电流的测量精度。为此，从两个方面消除对地电容的干扰。

（1）降低交流信号频率。电容电流与频率成正比，频率降低后电容电流自然就小了。但频率降低后相应的检测信号就更困难，对小信号处理要求就提高了，所以目前国内一般最低做到 4Hz。

（2）采用 90° 相位自动锁相技术。其工作原理为：将容性电信号加到锁相放大器的输入端，通过信号放大，相位检波产生出微弱直流信号，将此直流信号放大反馈，推动相位调整电路，改变放大器的相移，使相位检波输出的直流为零。这样既排除电容影响，又使开环放大器因时漂、温漂或元件老化等因素引起的相位移都能自动得到补偿。

Lb1F4038　试述阀控蓄电池失效机理。

答： 阀控蓄电池是一个复杂的电化学体系，电池的性能、寿命取决于制造电极的材料、工艺、活性物质的组成和结构，电池运行状态和条件等。它的失效因素非常之多，基本上可分为三类：

（1）电池设计结构上的因素：

极板的腐蚀；水损失（气体逸出）；枝状结晶生成（结构不妥且长期低放一小电流放电）；负极板硫酸盐化（结构不妥且长期欠充）；热失控。

（2）生产工艺上的因素：

原材料成分不稳定；板极涂膏量不一致；极耳腐蚀断裂；壳盖渗透漏液；阀盖开闭不灵等。

（3）使用环境因素：

过充、过放、欠充；环境温度过高；充电机稳压、限流、纹波性能不好等。

Lb1F5039　高频开关电源微机监控装置调控电源输出有哪几种方式？

答：高频开关电源微机监控装置调控电源手段就是控制电源模块的输出电压，即使是对输出电流的控制，也是通过控制输出电压来实现。

控制模块输出有两种方式：数字通信方式和模拟电压控制方式。

数字通信方式是监控器与电源模块内的计算机建立通信通道，监控器通过发送数据命令调整模块电压。每个高频开关电源模块内部需要有单片机管理系统来接受上位监控器的指令，控制电源模块的工作，同时将模块内部情况通过通信传到监控器。当通信口或监控器发生故障时模块内部单片机管理系统自动锁定默认的浮充电压。

模拟电压控制方式是监控器输出一个统一的基准电压，所有电源模块根据这个基准电压调整自己的直流输出电压。模块内部无需单片机管理系统，结构简单。但这种方式容易在监控器故障时发生基准电压偏移，造成输出电压失控，且此时监控器由于故障造成电压失控的同时监控失效，带来严重的后果。因此在模块内设定了最高和最低输出电压，并使监控器故障时模块工作在自主状态下等技术措施来防止此类事故的发生。

Lb1F5040　试述建立蓄电池失效判断数学模型的判定依据。

答：随着电池使用时间的增加，电池性能不断劣化，电池容量不断下降，而此时电池电压、内阻的离散性也会变得愈来愈大。这不仅有理论依据，且大量的电池运行数据统计表明其有着相关性。找出其中规律，并以一种可用的数学模型表达，即可成为可用的电池测试分析手段。

电池失效数学模型的判定依据有以下几点：

伴随着电池性能的劣化

（1）该电池相对于自身的电池电压离散度将逐步变大。

（2）该电池相对于整组电池的电压离散度将逐步变大。

（3）该电池相对于自身的内阻值将逐步变大。

（4）该电池的充放电曲线电压之差相对于电池组其他电池的值将逐步变大。

在蓄电池失效判断数学模型中，采用模糊数学和人工神经网络的诊断原理，以一种非线性处理方式及某种拓扑结构对各种数据进行关联，并得出判断结论。模型不断自行学习改进，分析精度得到提高，使维护人员能预知蓄电池性能的变化趋势，提前作出维护处理。

Lb1F5041　按图 F-16、图 F-17 简述全桥 DC/DC 变换电路原理。

答：高频开关管 A、D 和 B、C 组成桥的两臂，高频变压器 T 连接在它们中间。通过加在 A、C 和 B、D 两组开关管栅极的对称倒相脉冲实现该两组组开关管依次导通或截至，以实现 DC/DC 的高频变换过程。

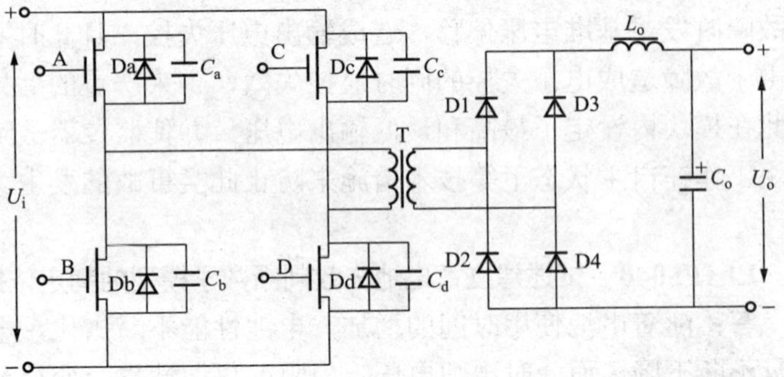

图 F-16

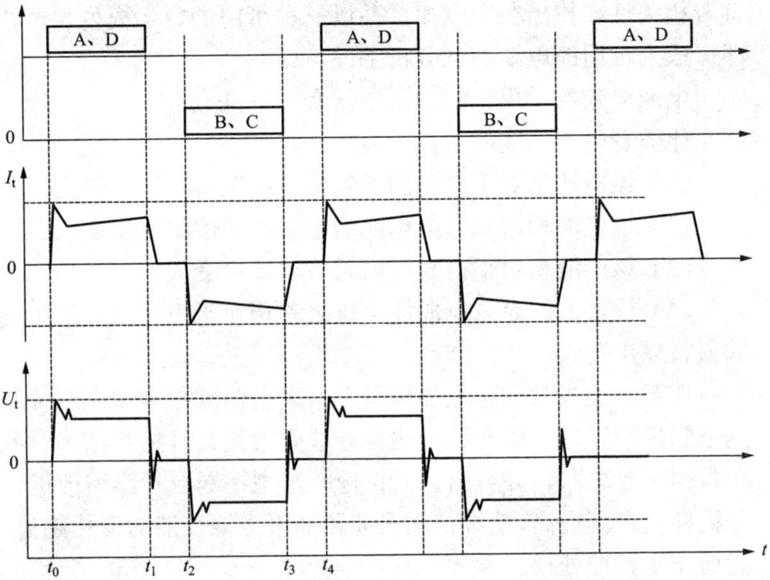

图 F-17

全桥变换 U/I 波形示意图 F-17 描述了工作过程：

$t_0<t<t_1$：$t=t_0$ 时，主回路中 A、D 两管同时导通，B、C 两管处于关断状态，电源电压 U_i 加在变压器两端，通过变压器加在输出电感 L_o 和负载上，主回路的电流 I_t 线性增加，电源向负载输送能量。

$t_1<t<t_2$：在 $t=t_1$ 时，A、D 两管同时关断，主回路的电流 I_t 迅速减小到零，变压器两端的电压 U_t 也迅速减小到零，此时靠输出电感 L_o 及电容 C_o 的续流储能向负载输送能量。

$t_2<t<t_3$：$t=t_2$ 时，主回路中 B、C 两管同时导通，A、D 两管处于关断状态，电源电压加在变压器两端，通过变压器加在输出电感 L_o 和负载上，主回路的电流 I_t 线性增加，电源再次向负载输送能量。但电流方向相反。

$t_3<t<t_4$：在 $t=t_3$ 时，B、C 两管同时关断，主回路的电流 I_t 迅速减小到零，变压器两端的电压 U_t 也迅速减小到零，此时再次靠输出电感 L_o 及电容 C_o 的续流储能向负载输送能量。

以此种方式交替运行，保证向负载输送能量。

Lb1F5042　直流一点接地会不会造成继电保护误动？试分析。

答：直流一点接地在特定情况下会造成保护误动。

一点接地电路图如图 F-18 所示，分析如下：

一点接地时对地电容放电使继电器误动条件是：当直流系统对地电容增大到一定数值（约 30μF）且充有一定电量、直流负母线对地电压高于继电器动作电压时，直流系统的一点接地就有可能致使继电器误动。

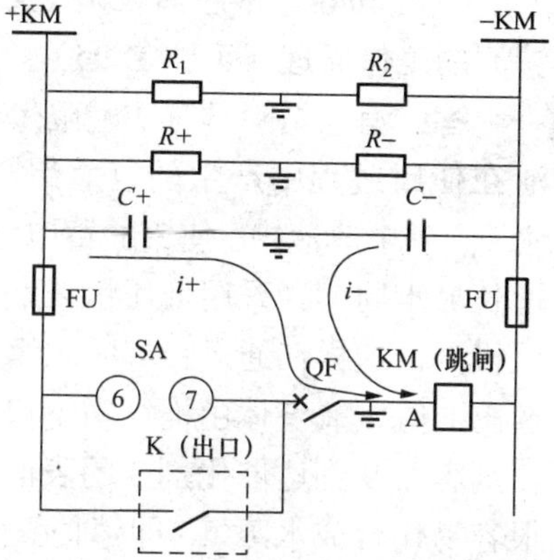

图 F-18

当 A 点接地，对地电容 $C+$ 对继电器充电，对地电容 $C-$ 对继电器放电（等效为 $C+$ 与 $C-$ 并联对继电器放电）。这时继电器内部就有电流流过，当电容器上的电压大于继电器动作电压、且能量足够时继电器就有可能误动。

Lc4F3043　电力变换通常分为哪几类？

答：电力变换分为以下四种。

（1）整流（AC/DC）：将交流电能变为直流电能的变换称为整流。

（2）逆变（DC/AC）：将直流电能变为交流电能的变换称为逆变。

（3）直流变换（DC/DC）：将一种直流电压等级的电能变换为另一种直流电压等级的电能变换称为直流变换。变换前后的直流电能可以在电压、电流、电压极性、电压稳定度等方面不相同。

（4）交流变换（AC/AC）：将一种交流变换为另一种交流电能的变换称为交流变换。变换前后的交流电能可以在电压、电流、频率、相位等方面不相同。

Lc4F4044　试述消氢帽（又称催化栓，为氢氧气再化合装置）的工作原理（见图 E-94）。

答：消氢帽除具有防酸隔爆帽的作用外，还能使铅酸蓄电池在使用过程中产生的氢氧爆鸣气体通过栓内催化剂化合成水，回到电解液中，使铅酸蓄电池在使用过程中水分损失减少，增长加水周期。采用低压恒压法充电时，从蓄电池内逸出的气体极少，这样在通风良好时，蓄电池室内不会爆炸。蓄电池内逸出的氢、氧气体由消氢帽下口进入，通过微孔反应器 2、催化剂容器 9 到达催化剂 3 的表面。氢氧气体在催化剂的作用下，很容易化合成水蒸气（即消掉氢气），水蒸气又经过微孔反应器到达栓体 10 的内壁，冷凝成水滴返回蓄电池内部。按水汽行径，消氢帽分为水汽同路和水汽异路两种。

Lc3F3045　为什么要制定安全距离？

答：安全距离就是在各种工作条件下，带电导体与附近接地物体、地面、不相同带电导体以及工作人员之间所必须保持的最小距离或最小空气间距。这个间距不仅应保证在各种可能的最大工作电压或过电压的作用下，不发生闪络放电，还应保证工作人员在对设备进行维护检查、操作和检修时的绝对安全。

安全距离主要是根据空气间隙的放电特性确定的，但在超高压的电力系统中，还要考虑静电感应和高压电场的影响。实践证明，空气间隙在承受不同形式的电压时，具有不同的电气强度。因此，为确保工作人员和设备的安全，必须确定合理的安全距离和严格遵守已经规定的安全距离。

Lc3F3046　结合图 F-19、图 F-20 说明开关式 DC/DC 变换电路的调压原理。

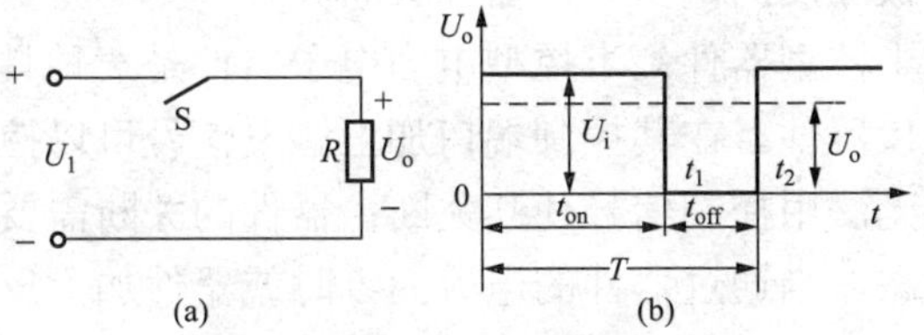

图 F-19　开关式 DC/DC 变换电路

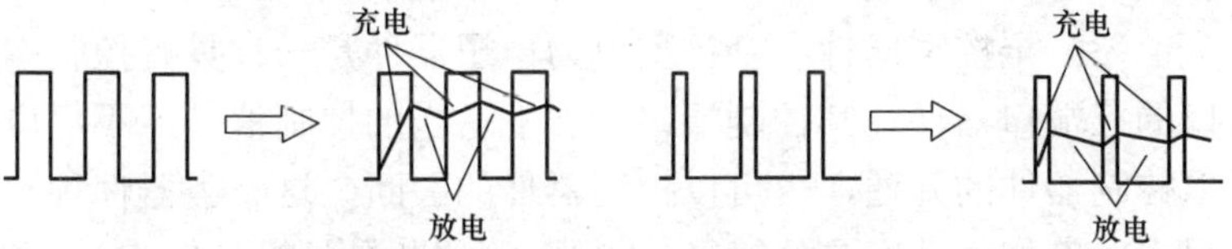

图 F-20　不同脉宽加电容滤波后的输出电压大小及电压波形

答：这是一个 DC/DC 变换电路（又称为斩波器），*R* 为负载电阻，S 为高频开关，U_i 为输入电压，U_o 为输出电压的平均值。当开关 S 合上时，直流输入电压 U_i 加到负载电阻 *R* 上，并持续 t_{on} 时间。当开关 S 切断时，负载上的电压为零，并持续 t_{off} 时间。$T=t_{on}+t_{off}$ 称为斩波器的工作周期。斩波器的输出波形如图 F-20 所示。若定义斩波器占空比为 $D=t_{on}/T$，则由波形图上可获得输出电压平均值为：

$$U_o = \frac{1}{T}\int_0^{t_1} U_i \mathrm{d}t = \frac{t_{on}}{T} U_i = DU_i$$

由上式可知，当占空比 D 从 0 变到 1 时，输出电压平均值 U_o 从 0 变到 U_i。不同脉宽经过电容滤波后变成比较平滑的不同电压幅值的直流电压。通过调整占空比即可实现控制输出功率的目的。

Lc3F4047　电力电子器件按开关控制能力分为哪几类？

答：按电力电子器件的开关控制能力分为三类。

（1）不控型器件：如二极管这一类，其导通和关断取决于外部电路的状态。当阳极和阴极加正向电压时，器件导通；当阳极和阴极加反向电压时，器件关断。

（2）半控型器件：半控型电力电子器件是一种具有控制端口的三端口器件。在其控制端口加上触发信号可以控制器件的导通，但无法用控制信号使其关断；器件的关断需要借助外部电路的状态，当通过器件的电流为零时或器件加上反压时只要没有触发信号器件自然关断。晶闸管（俗称可控硅）及其大部分派生器件属于这一类。

（3）全控型器件；全控型电力电子器件是一种具有控制端口的三端口器件，其控制端口上加上适当的控制信号，不仅可以控制器件的开通，也可以控制器件的关断。这一类器件种类很多。例如大功率晶体管（GTR）、可关断晶闸管（GTO）、场效应功率管（MOSFET）、绝缘栅双极晶体管（IGBT）等。

Jd5F3048　画出单相桥式整流器快速熔断器 FU 的三种装设位置图并说明其保护作用。

答：三种装设位置图如图 F-21（a）、（b）、（c）所示。

三种装设位置的保护作用分别为：

（1）接在交流输入端。如图 F-21（a）所示。它对整流二极管短路或输出短路、过负载都能起保护作用。

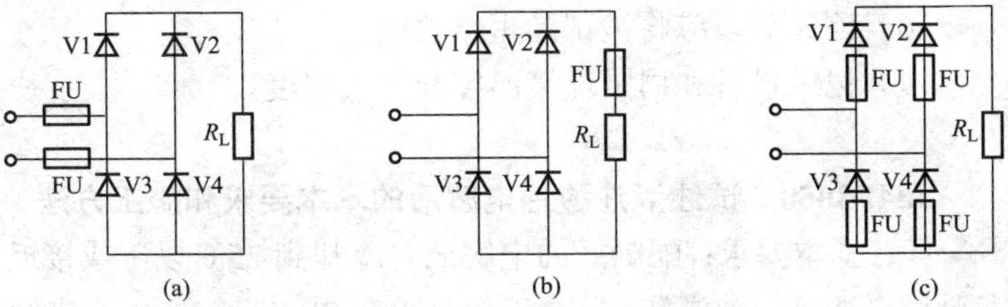

图 F-21

FU—熔断器；V1、V2、V3、V4—晶闸管整流二极管

（2）接在直流输出端。如图 F-21（b）所示。它只对输出短路或负载过重起保护作用。

（3）与整流二极管串联接法。如图 F-21（c）所示。它对直流输出短路和整流二极管本身短路均能起到保护作用。

Jd5F3049　试述用接地摇表测量高压设备绝缘电阻的步骤和注意事项。

答：（1）断开试品电源，将其接地放电。

（2）拆除试品的所有对外连线，用干燥、洁净的棉纱擦去试品瓷套表面污垢。

（3）将接地摇表水平放置，L 和 G 端用专用屏蔽线引出，并用专用绝缘杆支撑，E 端接地。

（4）检查接地摇表及其接线是否正常。摇动手柄，指针应指“∞”；然后再使 L 端和 E 端短接，慢慢摇动手柄，指针应指向“0”或最低值。这样才认为摇表正常，否则应查找原因。

（5）根据测量情况将没有测试的部分接地。测量由两人进行，一人持专用绝缘杆接通 L 端引线与被试品，一人摇测并记录时间及读数。摇测人转动摇表达额定转速（一般为 120r/min），当指针指在“∞”之后再接通被试品；在 15s 和 60s 分别读数后，断开 L 端引线和被试品的联接后再停止摇动，摇测人和操作人要互相配合好。

（6）测试后，应将被试品短路放电。

（7）记录设备和周围环境温度和空气湿度。

Jd4F3050　试述灌注酸性电解液的基本要求和施工方法。

答：基本要求：配制好的电解液要冷却到25℃以下或接近室温后再往蓄电池灌注，整个工作必须在2h内完成。每个电池的电解液要一次注满，使液面达到上、下红线之间。静止4～6h，由于极板、隔离物的吸收及化学反应，液面和密度会有所下降，再添加相同密度的电解液予以补充，使液面达到上部红线。

施工方法：使用有嘴的玻璃杯、塑料杯等容器来装电解液。将配制、冷却好的密度为1.215（温度为25℃）的电解液在温度为25℃以下时注入电池槽内，达到上部红线为止。

Jd4F3051　如何用绝缘电阻表测量电缆的绝缘电阻？

答：测量步骤如下：

（1）将被测设备脱离电源，并对地进行放电（放电时间至少2min），再将设备绝缘表面清擦干净。

（2）在测量前，对绝缘电阻表做一次开路试验（连线开路，摇动手柄，指针应指“∞”）和一次短路试验（连线直接短接一下，摇动手柄，指针应指“0”），如果指示不灵，则说明仪表有故障。

（3）在测量时，绝缘电阻表必须放平稳，以每分钟约120转的恒定速度摇动手柄、直到指针稳定后（或一分钟后）再读取绝缘电阻值。

（4）对于电容大的设备，在测量完毕后，必须将被测的电缆进行对地放电。

（5）记录被测电缆的温度和气候情况。

Jd4F4052　画图并说明在单相桥式整流电路中，若有一只二极管损坏，将会出现什么现象？

答：二极管损坏一般呈现短路或断路两种状态。在图 F-22（a）所示的整流电路中，假定 V4 短路，当交流输入电压为正半周时，电流将按箭头方向流动，变压器二次绕组通过 V3 短路。此时，不仅负荷电阻 R_L 中没有电流流过，而且二极管 V3 和变压器均有被烧毁的可能。

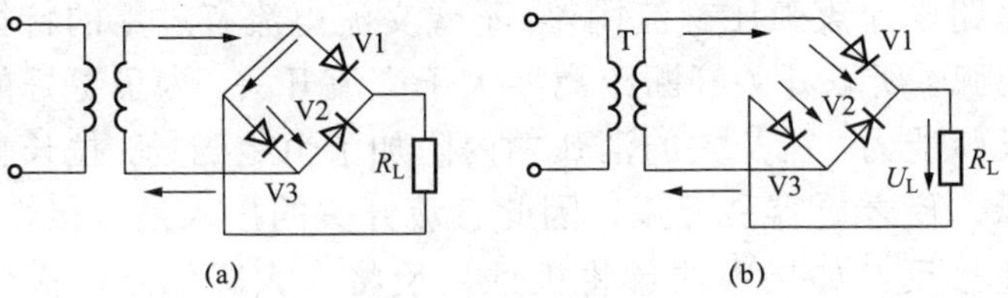

图 F-22

（a）短路；（b）开路

如果 V4 开路，电路如图 F-22（b）所示。当交流输入电压为正半周时，电流将按箭头方向流动。当交流输入为负半周时，负荷电阻 R_L 中没有电流流过，这时电路就等效为一个半波整流电路，它的直流输出电压就要下降。另外，考虑到桥式整流电路中每一个二极管的平均电流是负荷电流的一半，而半波整流时流过二极管的电流等于负荷电流。因此，桥式整流电路中二极管允许的最大整流电流小于负荷电流时，V1、V2 均有烧毁的可能。

Jd3F3053　晶闸管整流电路为什么要用整流变压器？三相整流变压器为什么要用 Dy 连接方式？

答：一般情况下，晶闸管整流电路要求的交流供电电压与电网电压不一致，因此需配用合适的变压器，以使电压匹配；另外，为了减少电网与晶闸管整流电路之间相互干扰，要求两者隔离。因此，要用整流变压器。

由于晶闸管整流电路输出电压为缺角正弦波，除直流分量外，还含有一系列高次谐波。三相整流变压器的一次侧采用三角形连接，可使幅值较大的三次谐波流过，有利于电网波形的改善；二次侧接成星形是为了得到中性线，特别是三相半波整流电路，必须要有中性线。

Jd3F3054　直流开关与交流开关有什么不同？

答：直流开关与交流开关在大的结构上相同，但由于直流短路电流灭弧比交流困难，不像交流电流有过零的特征容易息弧，所以开关开断距离要大于交流开关。为了更好的提高灭弧能力，在开关的消弧槽内附加了恒定磁场，拉长直流电弧，使之更容易灭弧。因此直流开关的接入是有极性的，不能接反。如果不注意将极性接反将大大降低直流灭弧能力。

Jd3F3055　描述空气断路器各部分的功能作用。

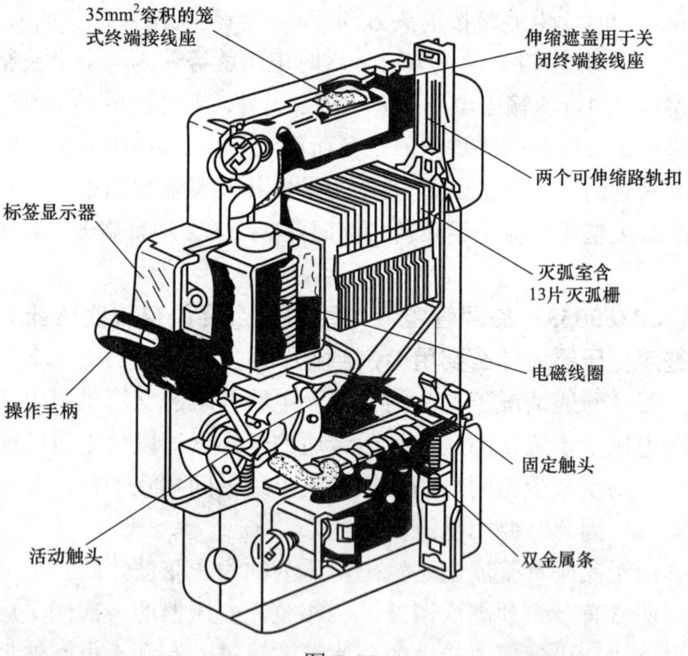

图 F-23

答：如图 F-23 所示。

（1）速动元件："电磁线圈"是空气开关短路快速动作元件，当负载短路时短路电流通过电磁线圈产生电动力使开关分闸。

（2）过载保护元件："双金属条"是过载保护动作元件，当负载电流大于额定电流时，双金属条因绕在其上的电阻丝发热使金属条弯曲动作达到过载保护目的。

（3）灭弧元件："灭弧室"帮助开关分断过程中电弧的冷却熄灭，提高开关的分断能力。

（4）操作手柄：人工控制电路的分合。

（5）接线座：连接外部电器回路。

（6）触头：有动静二个触头，静触头固定不动，动触头与操作手柄关联，进行分合。

Jd2F3056　调试晶闸管整流装置时，应注意哪些问题？

答：应注意的问题主要有：

（1）核对接线确保无误。

（2）先调试触发电路。触发脉冲的宽度、幅值、移相范围等必须满足要求。

（3）再调试主回路。必须保证触发脉冲和主回路同步。对于三相整流电路，要特别注意三相交流电源的相序不能颠倒。主回路的调试可先在低压下进行，正常后再接入正常电压试运行。

（4）试运行中要注意观察整流装置的电压、电流，并注意有无异常声响等。运行一段，确认没有问题后，方可投入正常运行。

Je5F3057　以防酸蓄电池为例说明为什么要进行初充电。

答：新安装或大修后的蓄电池第一次充电称为初充电。

大修后的蓄电池极板，经干燥储存时，活性物质被氧化而生成氧化铅。在注入电解液后，氧化铅变成硫酸铅，必须经过初充电才能还原。

新极板在制造厂化成时，不能一次全部完成，活性物质的成分均匀与否，主要靠初充电还原，达到额定容量。

Je5F3058　防酸蓄电池外部检查项目有哪些？

答：（1）根据蓄电池记录，检查有无电压、密度等特低的电池。

（2）检查蓄电池室的门窗是否严密，墙壁表面是否有脱落现象。

（3）检查采暖管路是否被腐蚀，有无渗漏现象。

（4）检查垫脚及容器是否完整、清洁，有无漏酸现象。

（5）检查电解液的液面是否不低于上部红线。

（6）检查沉淀物的高度，应低于下部红线。

（7）为防止外部短路，金属工具及其他导电物品切勿放到电池盖上。

（8）检查各部位橡胶垫圈是否腐蚀硬化，失去弹性作用的橡胶垫圈应更换。

（9）检查上盖密封情况和注液塞是否完好严密。

（10）检查防酸隔爆帽是否完好、无松动及其清洁情况。

（11）检查各连接是否紧密，应保证接触良好，无松动、无氧化、无过热现象，非耐酸的金属零件表面（不通电流的部位）应经常涂一薄层凡士林油。

（12）检查工具、仪表、保护用品是否齐全、完好无损，并备有足够数量的苏打溶液。

Je5F4059　防酸蓄电池内部检查项目有哪些？

答：（1）检查自上次检查以来记录簿中记载的全部缺陷是否已处理。

（2）测量每只电池的电压、密度和温度。

（3）检查领示电池电压、密度是否正常（各电池应轮流担当领示电池）。

（4）检查极板弯曲、硫化和活性物质的脱落程度。

（5）电池使用过程中，在任何情况下都不准使极板露出液面。如有此种情况，应查明原因，立即解决。

（6）检查大电流放电（指开关合闸）后接头有无熔化现象。

（7）核算放出容量和充放电容量，有无过充电、过放电或充电不足等现象。

（8）确定蓄电池是否需要修理。

Je5F4060　防酸蓄电池液面过低时，在什么情况下允许加水？如何加水？

答：（1）对于防酸蓄电池的正常加水（普通的）应一次进行，加水至标准液面的上限，然后将充电电流调至约10h放电率的1/2，进行充电，至绝大部分电池冒出气泡时为止。

（2）对无人值班的变电站，在巡回检查发现电池液面过低时，应先加少量水，使其液面稍高极板，再以10h放电率的1/2电流进行充电，待电池大部分冒出气泡后，再进行普通加水至标准液面，然后充电2h即可。

（3）在一般情况下，定期充放电过程中不允许加水，以免影响电解液密度的测量结果，因为所测量的密度值，是作为判断电池是否充好电的依据（不低于放电前的密度），加水就无法比较了。所以应在充电结束后再进行普通加水，然后充电2h即可。

Je4F3061　试述蓄电池漏液的原因和处理方法。

答：（1）电池漏液的原因：

1）气阀质量问题引起气阀处漏液；

2）焊接工艺问题引起极柱处漏液；

3）人为造成电池的开裂引起漏液。

（2）电池漏液的处理方法。

将电池置于干燥的环境中使用；有酸雾逸出（爬酸）时，将其擦拭干净并涂以凡士林进行处理；电池开裂的予以更换。

Je4F3062　试说明电池容量试验时不同种类蓄电池的充、放电率和终止电压。

答：蓄电池组容量试验时，不同种类蓄电池具有不同的充电率、放电率和终止电压。

（1）防酸蓄电池组的恒流充电电流及恒流放电电流均为I_{10}，其中一个单体蓄电池放电终止电压到1.8V时，应停止放电。

（2）镉镍蓄电池组的恒流充电电流和恒流放电电流均为I_5，其中一个电池放电终止电压到1.0V，应停止放电。

（3）阀控蓄电池组的恒流限压充电电流和恒流放电电流均为I_{10}，额定电压为2V的蓄电池，放电终止电压为1.8V；额定电压为6V的组合式电池，放电终止电压为5.25V；额定电压为12V的组合蓄电池，放电终止电压为10.5V。只要其中一个蓄电池放到了终止电压，应停止放电。

Je4F3063　对电池柜内安装阀控蓄电池组有什么要求？

答：运行温度对阀控蓄电池的寿命有着重要影响，温度过高会使液体汽化，蓄电池内部压力增高，引起安全阀体频繁动作排放雾气，损失水分，造成阀控蓄电池使用寿命缩短。过高的压力甚至会造成蓄电池壳体变形、开裂，液体外渗，使蓄电池容量下降，甚至报废。

因此，蓄电池柜体结构必须要有良好的通风、散热设计，一是采用自然通风，二是蓄电池摆放要留有适当的间距，蓄电池间不小于15mm，蓄电池与上层隔板间不小于150 mm。三必要时应有蓄电池温度监视。

Je4F3064　防酸蓄电池密度过低是什么原因引起的？怎样处理？

答：（1）加水过多使液面溢出。处理时，首先抽出1/4，然后加注密度为1.4的稀硫酸，调制到规定值，然后做一次均衡充电，一直到冒气泡为止。

（2）安装或大修后密度降低。处理方法同上。

（3）极板硫化。需进行过充电处理。

（4）有效物质脱落造成极板短路。此时，设法清除短路物质，然后进行个别充电。

（5）极板弯曲造成极板搭接。此时，用绝缘耐酸物将其隔开，然后进行个别充电。

Je4F4065　试述 GVA 系列硅整流器运行操作顺序（如图 F-24 所示）。

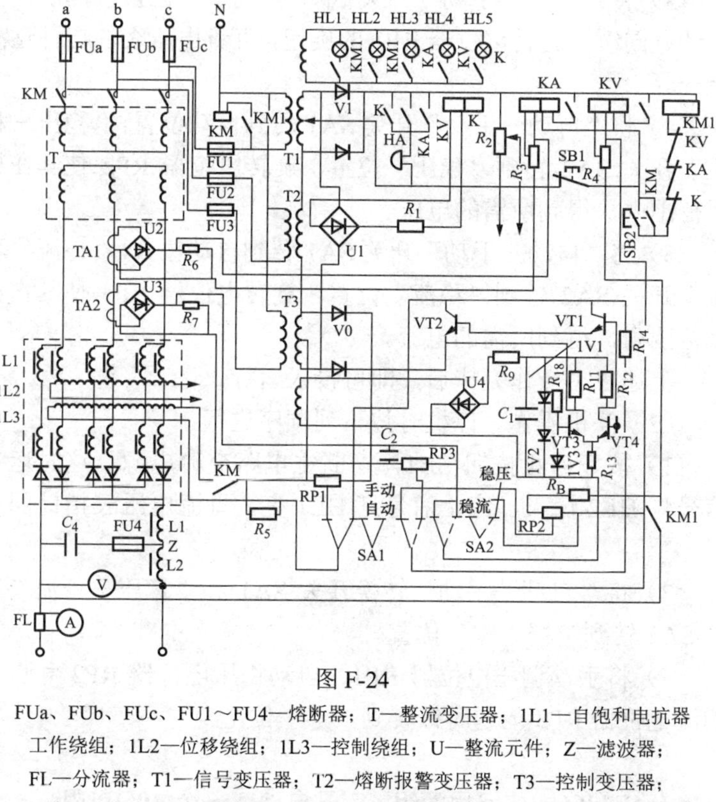

图 F-24

FUa、FUb、FUc、FU1～FU4—熔断器；T—整流变压器；1L1—自饱和电抗器工作绕组；1L2—位移绕组；1L3—控制绕组；U—整流元件；Z—滤波器；FL—分流器；T1—信号变压器；T2—熔断报警变压器；T3—控制变压器；1V1～1V3、V0～V—整流元件；HA—电铃；KA—过电流保护继电器；KV—过电压保护继电器；K—熔断报警继电器；VT1～3—三极管

答：（1）运行操作。当接通交流电源，信号灯 HL1 亮，按下列顺序进行操作：

1）将“自动—手动”转换开关 SA1 和“稳压—稳流”；转换开关 SA2 转到空档“零”位置，电位器 RP1、RP2 和 RP3 均逆时针转到“零”位，负荷回路连接完好。

2）按下操作按钮 SB2 后，中间继电器 KM1 和交流接触器 KM 均动作，并接通主回路。同时信号灯 HL1 熄灭，信号灯 HL2 亮，直流电压表有指示，并小于调压范围的下限值。直流电流表指示数不超过额定值。

3）将“自动—手动”开关 SA1 转到手动位置，然后向顺时针方向缓慢旋转电位器 RP1 的旋钮，直流电压表的指针逐渐上升。

4）将“自动—手动”开关 SA1 转到自动位置，“稳压—稳流”开关 SA2 转到“稳压”位置，旋转电位器 RP2 使其在稳压范围内，得到所需的电压。

5）将“自动—手动”开关 SA1 转到自动位置，“稳压—稳流”开关 SA2 转到“稳流”位置，旋转电位器 RP3 使其在稳流范围内，得到所需的电流。

上述各项操作完毕后，即可投入运行。

（2）停机操作。停机时按下列顺序进行：

1）按下停止按钮 SB1，切断主电路交流电源，这时运行信号灯 HL2 熄灭，停止信号灯 HL1 亮，直流电压表指针回到零。

2）将“自动—手动”转换开关 SA1 和“稳压—稳流”开关 SA2 转到空档“零”位置。

3）将手动调压电位器 RP1、自动稳压电位器 RP2 和自动稳流电位器 RP3 均逆时针转到“零”位。

Je4F4066　如何用两组 6V 干电池，一个 10Ω电阻，一个 6.3V 指示灯和一个开关，判断晶闸管控制特性是否正常？

答：（1）首先，按图 F-25 接线，接好线后，按下开关 S，如果指示灯亮，说明晶闸管反向特性已损坏；如果指示灯不亮，说明晶闸管反向特性正常。

（2）再按图 F-26 接线，接好线后，按下开关 S，如果指示灯亮，说明晶闸管正向阻断特性已损坏；如果指示灯不亮，在瞬时将控制极和控制回路接触一下，若指示灯亮了，并且在控制极离开之后继续发亮，说明晶闸管的正向特性正常；若指示灯在控制极断开后不能继续发亮，说明控制极已坏。

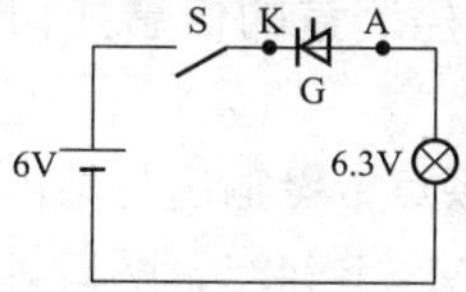

图 F-25　用小指示灯泡判别晶闸管的反向特性

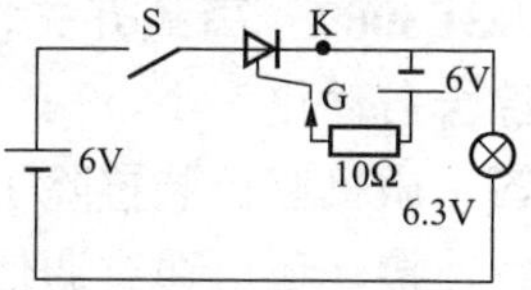

图 F-26　用小指示灯泡判别晶闸管的正向特性

Je3F1067　比较熔断器与空气断路器保护的优缺点。

答：从长期运行经验看，熔断器的保护误动概率较大，这主要反映在熔断器接触、氧化、负荷冲击、弹性疲劳等方面引起了熔丝变化；熔断器极少有拒动事件，这也是熔断器（熔丝）性质所决定。

空气断路器由机械结构组成，误动和拒动都有可能，主要还是取决于制造工艺和材料，一些优良品牌的空气开关由于工艺和材料的保证，保护元件极少发生故障，可靠性较高。

Je3F3068　直流充电装置的监控单元每年应进行哪些检查？

答：（1）参数设置的检查：检查监控装置的参数设置，若发生变化应根据实际运行情况修正参数。

（2）监控单元检测值的检查：检查监控装置的显示值和实测值是否一致，检查回路是否完好，否则调节监控装置内部相应的电位器。

（3）报警功能检查和试验：若报警功能异常应重点检查报警值是否发生变化，报警装置是否正常。

（4）充电程序功能的转换检查：设置监控装置为恒流状态，将均充转浮充的时间设为最小，观察监控装置的自动转换程序功能是否良好，实际转换时间是否正确。若不能自动转换应重点检查充电程序转换的设置参数是否正确，最终自动强行转换是否能实现。

Je3F3069　高频开关电源微机监控装置的信息如何接入站内综合自动化？

答：微机监控装置除了用继电器接点告警输出与站内自动化系统连接，还可通过通信口 MODEM、RS485、网口等与站内自动化的前置机相连，通过设定的多种通信规约（部颁规约、用户指定规约等）将微机监控装置所监测到的所有信息上传到站内自动化。

在完成变电站通信调试后，应进行高频开关电源微机监控器与综合自动化后台监控的联调，对信息表内容逐一进行试验核对。

Je3F3070　防酸蓄电池在安装前应进行哪些检查？

答：应进行外部检查和内部检查。

外部检查包括：

（1）检查电池槽有无破裂、损坏，槽盖密封是否良好。

（2）正、负极板端柱的极性应正确，无变形，防酸隔爆帽等应齐全。

（3）检查透明的电池槽极板有无变形，柄槽内各部件是否齐全。

（4）检查连接板、螺母及螺栓是否齐全。

内部检查包括：

（1）检查极板。检查极板上活性物质与板栅结合是否严密，有无弯曲变形和脱落现象（有时虽无脱落现象，但有裂纹痕迹，也属于脱落现象)。板栅连接座应良好，无裂纹，无弯曲变形。

(2) 检查极性。检查极柱与极板群的极性(+)、(–)的标示是否相同，以免造成转极故障。

(3) 检查隔板。检查正、负极板之间的隔离板是否漏隔，以免造成短路。

(4) 检查正、负极柱塑料套管和密度计、温度计是否脱落，如有脱落，要用钩子勾出，重新装上。

(5) 检查防酸隔爆帽的孔眼是否透气，如有堵塞的孔眼，必须烫开。

Je3F3071　防酸蓄电池维护周期的内容有哪些？

答：(1) 值班人员在交接班时应进行一次外部检查，并将结果记入运行记录簿中。

(2) 蓄电池工每天进行一次外部检查，并做好记录。

(3) 变电站长或车间主任对蓄电池室每周至少检查一次，并根据运行维护记录和现场检查，对值班员和专责人提出要求。

(4) 辅助电池每15天进行一次充电。

(5) 经常不带负荷的备用蓄电池，若在使用中不能经常进行全充放电时，每月应进行一次10h率的充电和放电（放电时只允许放出容量的50%，并在放电后立即进行充电)。

(6) 每年进行一次化验分析，调整密度或补充液面用的浓硫酸和纯水必须合格。

(7) 每季度必须将防酸隔爆帽用纯水冲洗一次，疏通其孔眼，洗净的防酸隔爆帽晾干后紧固之。

(8) 除蓄电池专责人或值班员在每次充电后应进行一次擦洗工作外，每两周要在蓄电池室内全面彻底进行一次清扫。

Lb3F3072　运行中的防酸蓄电池组每半年进行一次全面检查和维护的内容有哪些？

答：应进行如下检查和维护：

（1）电池槽完整清洁，无漏液，并进行清扫检查。

（2）检查电池液面，必要时补加蒸馏水。

（3）测量全部电池电压应在2.15～2.20V之间。

（4）测量全部电池电解液密度应在1.210～1.220之间。

（5）检查紧固各连接头并进行处理，涂凡士林。

（6）处理修复落后的电池。

（7）检查浮充电电流是否正确，母线电压是否正常，测量直流负荷，调整浮充电流。

（8）开启主充设备，检查是否良好，将电池组充电至充足状态。

（9）检查直流系统的绝缘监察装置是否正常。

（10）对蓄电池组进行核对性充放电试验，并做好记录。

Je3F3073　消氢帽在检修及运行中应注意的事项有哪些？

答：（1）如有积尘，需用毛刷扫去灰尘，防止灰尘在帽内积聚，堵塞微孔。

（2）检修消氢弹帽时不要倒置，不要浸入电解液中或水中，以免浸湿催化剂，降低反应效率。

（3）氢、氧化合是一种放热反应，一般说来，充电时消氢帽外壁的温度高于室温，充电电流越大，温度就越高。使用消氢帽的防酸蓄电池充电时，端电压不宜超过2.40V。超过消氢帽允许最大电流时，产生的氢氧气体增多，化学反应加剧，如果温度过高，有可能使消氢帽外壁熔化，甚至发生爆炸。当运行中防酸蓄电池的端电压充电时超过2.40V（充电电流超过消氢帽允许最大电流）时，应将消氢帽取下充电。

Je3F3074　怎样更换镉镍蓄电池的电解液？

答：先用8h放电率放电电流进行放电，使每只电池的电压降至1.0V。拧下气塞，将蓄电池倒立，摇动蓄电池，使内部脱落的粉尘随着电解液倒出。用纯水洗涤蓄电池数次，直到从蓄电池中倒出的水中无残渣沉淀物为止。再立即将配制好的电解液注入蓄电池内，不允许有短时间的耽搁。注入电解液后，拧紧塞子，静止 2h，检查电解液的相对密度和液面高度是否合格。再加入适量液态石蜡，拧紧塞子。更换完电解液后，用 2 倍正常充电率电流进行充电，当接近充电终期时，再降低充电电流继续充电，直到充电终止。

Je3F3075　镉镍蓄电池正常运行时，应进行哪些维护与检查？

答：（1）蓄电池的外部槽箱应经常保持清洁和干燥，金属部分必须涂上凡士林油，以防生锈。

（2）清除蓄电池外壳表面的污垢，合成树脂制作的外壳应用脂肪烃、酒精擦拭，不许用金属工具或砂纸打磨。

（3）随时检查橡胶垫，如发现损坏，应立即更换。

（4）每次充、放电前应检查各极接线柱连接是否牢固、无腐蚀。

（5）电解液液面高度应保持高出极板 10～20mm，如因蒸发使液面降低时，可加纯水补充。

（6）液面应有适量的液态石蜡，以防止空气中的二氧化碳进入电解液起化学反应而使其变质。

（7）在任何情况下，都不允许有明火靠近蓄电池。

（8）在蓄电池室内，应备有 3%的硼酸溶液，以备洗涤之用。

Je3F3076　试述 KGVA 型晶闸管整流装置启动时各元件的动作过程。

答：开机时，当三相交流电源接通后，信号变压器 T2 的初级绕组通过熔断器 FU1 获得 220V 交流电源。电流经交流接触器 KM 及信号继电器 KS 的动断触点使电源监视灯 HG 亮，表示交流电源已接通。

按下启动按钮 SB3，中间继电器 KM1 启动，并自保持，KM1

动合触点闭合，使交流接触器 KM 动作。接通整流变压器 T1 的交流电源，装置投入运行，同时 KM 的动断触点断开，指示灯 HG 熄灭，KM 动合触点闭合，指示灯 HR 亮，表示装置处于运行状态。

Je3F3077 试述 KGVA 型晶闸管整流装置投入运行时的操作过程。

答：（1）将电流调节电位器旋至最小位置。

（2）将电压调节电位器旋至最小位置。

（3）将手动/自动转换开关 SA1 置于“自动”位置。

（4）将稳压—稳流转换开关 SA2 置于“稳压”位置。

（5）投入交流电源主熔断器及快速熔断器。

（6）投入操作控制熔断器 FU1，指示灯 HG 亮。

（7）按下起动按钮 SB3，指示灯 HR 亮。

（8）缓慢调节电压调节电位器使输出电压平稳上升，情况良好时，再降压至零。

（9）合上充电装置直流母线隔离开关。

（10）缓慢调节电位器升至规定范围。

Je3F3078 晶闸管在运行中过热是由哪些原因引起的？

答：从发热和冷却两个方面找原因，主要有：

（1）过负荷。

（2）通态平均电压（即管压降）偏大。

（3）门极触发功率偏高。

（4）晶闸管与散热器接触不良。

（5）环境温度与冷却介质温度偏高。

（6）冷却介质流速过低。

Je3F4079 试分析主回路电源电压正常，但门极加上触发电压后晶闸管却不导通的原因？

答：晶闸管不导通的主要原因为：

（1）触发电路功率不足。

（2）脉冲变压器极性接反。

（3）负荷断开。

（4）门极—阴极间并联的二极管短路。

（5）晶闸管损坏。

Je3F4080　试分析主回路加电源电压后，不加触发脉冲晶闸管就导通的原因。

答：主要原因有：

（1）晶闸管本身触发电压低，门极引线受干扰，引起误触发。

（2）环境温度和冷却介质的温度偏高，使晶闸管结温偏高，导致晶闸管触发电压降低，在干扰信号下造成误触发。

（3）晶闸管额定电压偏低，使晶闸管在电源电压作用下“硬开通”。

（4）晶闸管的断态电压临界上升率 d*u*/d*t* 偏低或晶闸管侧阻容吸收回路断路。

Je3F4081　结合图 F-27 试述直连式降压硅链工作原理及优缺点。

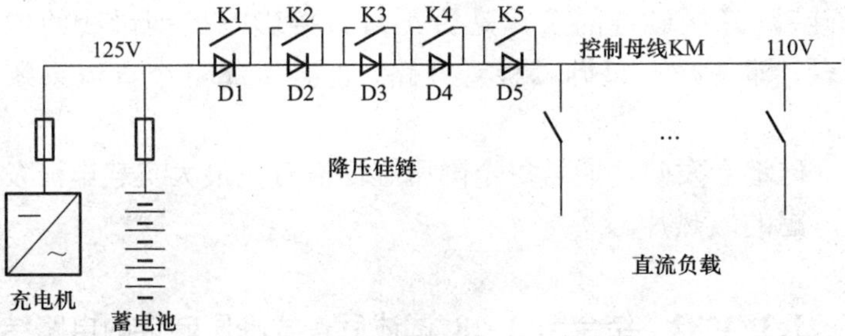

图 F-27

答：降压硅装置是解决直流电源系统蓄电池电压和控制母线电压之间相差太大而采用的一种方法。监控装置控制蓄电池充电电压，通过调整降压硅上的压降使得蓄电池不管在浮充状态、均充状态、放电状态电压下，控制母线（KM）基本保持不变。

硅二极管工作在临界导通拐点时，其压降是0.7V，电流约在0.1A～0.2A。大于拐点以后是全导通，小于拐点电流很小。利用这个特性将数个硅整流二极管串联起来组成硅链，降压硅链D1～D5共5组，每组降压硅由数只二极管串联组成，每组降压硅电压降约3V，5组串联后总的电压是15V。正常运行中K1～K5接点断开，当交流失电蓄电池放电时，控制回路自动控制K1～K5接点，根据电压下降逐个短接降压硅，从而提高控制母线的输出电压，可在相当长一段时间维持制母线保持不变。当K1～K5全部动作降压硅链短接后，蓄电池电压与控制母线电压一致，控制母线电压才真正随蓄电池电压同步下降。

为防止自动控制电路故障造成的降压硅链调整出错，降压硅控制电路一般均具有自动和手动二挡，正常时放在自动挡，当自动挡故障时切到手动挡，由人工进行干预控制。

直连式降压硅链原理缺陷：

设备运行时控母（KM）的全部负荷电流流过直连式降压硅链，降压硅链的工作是否正常直接影响控制母线的电压质量，即使是一只硅二极管开路，也会引起整个直流系统失电。

硅链会发热，通常每个降压硅均需有按最大负载电流发热量考虑的散热片。

Je3F4082　结合图 F-28 试述后备式降压硅链的电路结构原理及优缺点。

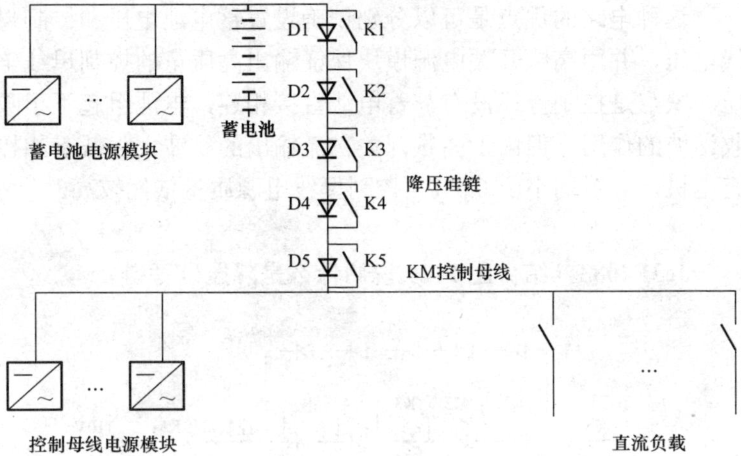

图 F-28

答：高频开关电源模块有二组，输出不同的电压值，一组模块输出高电压，对蓄电池进行充电，一组模块输出低电压，对负载进行供电，监控装置分别控制蓄电池充电电压和控制母线电压。蓄电池电压与控母之间通过降压硅链连接。

硅二极管工作在临界导通拐点时，其压降是 0.7V，电流约 0.1A 左右。大于拐点以后是全导通，小于拐点电流很小。将数个硅整流二极管串联起来组成硅链，降压硅链 D1～D5 共 5 组，每组降压硅由数只二极管串联组成。

正常运行时硅链上尽管有压降，但电流非常小，整个硅链几乎不发热，避免了硅链长期工作发热，提高了效率，降低了故障率。一旦交流失电，降压硅控制回路自动控制 K1～K5 接点，蓄电池放电过程中逐级短接，保持控母电压不变。

当控制母线上有大电流冲击时，首先是高频开关电源模块输出满负荷电流，当达到模块的限流值后控制母线电压开始下降，只要稍一下降，降压硅就开始导通。所以短路冲击仍由蓄电池提供，控制母线电压下跌幅值受蓄电池电压控制，跌幅与降压硅链直连相差不大。

这种电路的优点是可以分别精确设置蓄电池电压和控制母线电压，并由高频开关电源模块保证输出高质量的控制母线电压。缺点是控制母线没有与蓄电池直接相连，电池组起不了吸收谐波的作用。但由于高频开关直流输出的纹波大大低于相控充电机，一般均小于 0.5%，控制母线电源质量依然较高。

Je3F4083　结合图 F-29 说明什么是降压硅旁链？

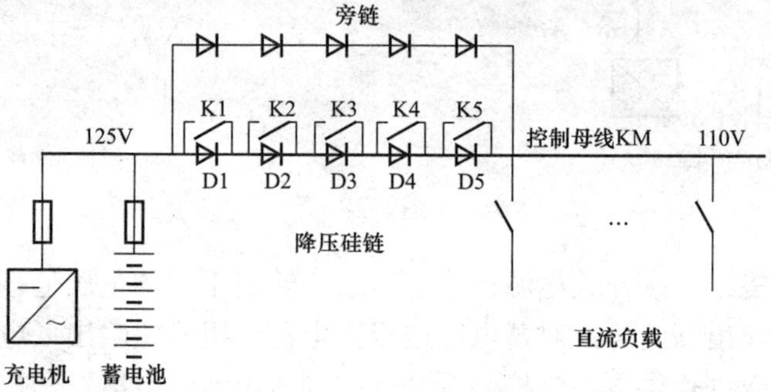

图 F-29

答：为了防止降压硅链在工作中意外开路造成整个直流系统失电，在降压硅链上并联了另一个降压硅旁链，旁链的二极管比降压硅链多 1～2 个，这样旁链的导通电压高于降压硅链，不影响降压硅链正常运行，只有在降压硅链开路情况下参与工作，保证直流不失电。

旁链是不受控制的，在蓄电池放电过程中无逐级短接降压硅功能，只要工作电压大于其导通电压就投入运行。

Je3F4084　2V 阀控蓄电池组安装前的验收标准是什么？安装要求有哪些？

答：安装前验收标准有以下几点：

（1）电池外壳、上盖及端子无物理性损伤。

（2）无漏液爬酸现象。

（3）电池充足电，达到额定容量。

（4）开路电压差ΔU≤0.03V。

（5）浮充电压差6个月后ΔU≤±0.05V。

（6）电池在浮充电运行中无发热、槽膨胀变形、溢酸现象。

安装要求有以下几点：

（1）阀控蓄电池可以立式安装，也可以卧式安装（大容量电池除外）。

（2）蓄电池均荷出厂，在搬运过程中严防短路。

（3）多组电池安装时，应分清组号，按组号安装。

（4）电池组电压较高，在安装及维护过程中应使用绝缘工具，防止电击。

（5）当负荷变化范围为0～100%时，充电设备应达到±0.5%的稳压精度。

（6）蓄电池在安装前，先用细钢丝刷将极柱端子刷至出现金属光泽。

（7）连接电缆应尽可能短，以防产生过多的压降。

（8）在安装末端连接件和导通电池系统前，检查电池系统总电压及正负极，确保极性安装正确无误。

（9）如需要将两只或两只以上电池并联使用，要与制造厂联系。

Je3F4085　阀控蓄电池（2V）放电容量试验的原则是什么？

答：放电容量试验原则如下：

（1）一组阀控蓄电池

发电厂或变电站如只有一组蓄电池组，不能退出运行，则不能作全核对性放电，只允许用I_{10}电流放出其额定容量的50%，在放电过程中，单体蓄电池电压还不能低于1.9V。放电前及放电中每隔一定时段记下蓄电池组的端电压，每个蓄电池端电压。放电后，应立即用I_{10}电流进行恒流充电，在蓄电池组电压达到（2.30～2.33）V×N 时转为恒压充电，当充电电流下降到 0.1 I_{10} 电流时，应转为浮充电运行。反复几次上述放充电过程，可认为蓄电池组得到了活化，容量得到了恢复。

（2）两组阀控蓄电池

发电厂或变电站，若有两组蓄电池，则一组运行，另一组断开负荷，进行全核对性放电。放电电流为 I_{10} 恒流。当单体电压为终止电压 1.8V 时，停止放电。放电过程中，每隔一定时段记下蓄电池组的端电压，每个蓄电池端电压。若蓄电池组第一次核对性放电，就放出了额定容量，不再放电，充满容量后便可投入运行。若放充三次均达不到额定容量的 80%，可判此组蓄电池使用年限已到，并安排更换。

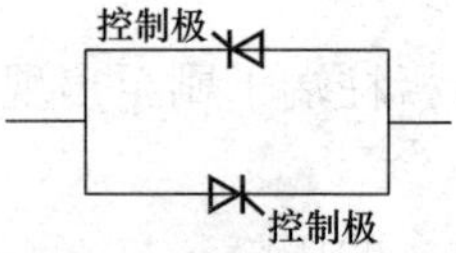

图 F-30

Je3F4086　结合图 F-30，说明交流不间断电源中静态电子开关构成及功能。

答： 应用在不间断电源中的静态电子开关相当于交流开关，使用很小的控制功率就可以控制开关导通和关断。

静态电子开关为了满足交流双向导电性能采用二个单向可控硅反向并联来完成正反向可控导通，并联等效成一个可控开关。其导通和关断特性与单向晶闸管相同，当有控制信号加在控制极 G 上时晶闸管导通，触发信号撤除后依然如此，但交流电压过零时晶闸管自然就关断。

“静态开关”，功能类似于继电器，但具有动作时间快，没有机械触点带来的使用寿命问题等优点，静态电子开关通过的电流目前可以做到最大可达上千安培，耐压一般均可做到 2500V，满足现场交流开关的要求。

Je3F4087　按图 F-31 说明直流系统运行过程中监控器对蓄电池的工况管理。

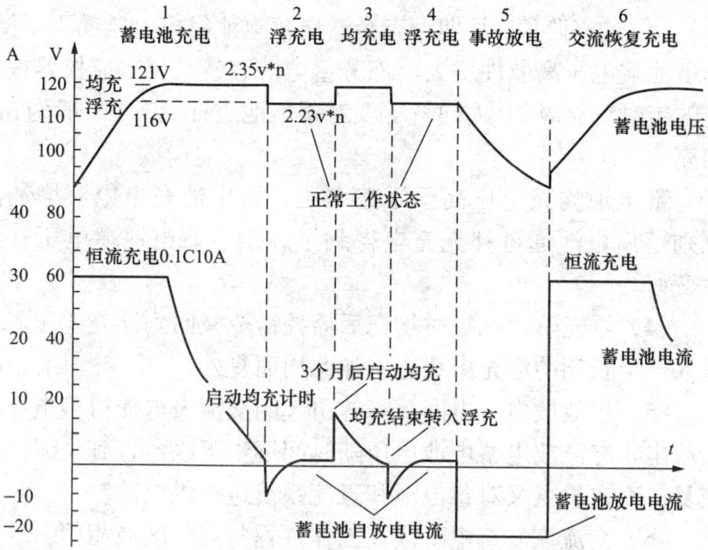

图 F-31

答：图 F-31 描述了 110V 直流系统在监控器管理下蓄电池电压和电流的变化关系。

（1）蓄电池充电阶段：此区域是对蓄电池的充电管理。蓄电池的起始电压较低，直接加 110V 充电电压将导致充电电流过大损坏蓄电池，在监控器的控制下以设定的充电限流值（如 $0.1C_{10}$ 电流）对蓄电池进行恒流充电，蓄电池电压缓慢上升。蓄电池电压上升到设定的均充电压值（如 121V）时充电机维持均充电压不变，蓄电池充电电流逐渐变小，当小到某一值时（如 $0.01C_{10}$ 电流），启动均充计时（如 3h），计时结束，监控器命令充电机进入浮充状态，电压回调到浮充电压（如 116V）。充电电压下跌造成蓄电池电压高于充电机电压及母线电压，蓄电池对母线负载放电，经过几分钟后蓄电池电压下跌与浮充电压相等，蓄电池充电过程结束。

（2）长期浮充电阶段：充电机长期维持在浮充电压，对蓄电池仅有一个很小的浮充电流补充蓄电池内阻的自放电。

（3）均充阶段：长期浮充会造成蓄电池组内电压的不平衡，单电池端电压离散性增大，部分蓄电池容量减少。监控器按设定的定时均充时间（如 3 个月）对蓄电池进行短时（一般为 3h）均充。

蓄电池均充电压高于浮充电压，蓄电池充电电流增加，个别落后电池通过补充充电得到了补偿，蓄电池端电压一致性变好。

（4）浮充阶段：短时均充后监控命令又回到浮充电压，又进入一个长期的浮充电状态。如此周而复始。

（5）事故放电：电网故障等引起的交流失电使得蓄电池进入放电状态，放电蓄电池电压随时间逐步下跌。直到交流供电恢复，充电机重又对蓄电池和直流系统进行供电。

（6）交流恢复充电阶段：工作过程与第一区域相同。

Je3F5088　铅酸蓄电池极板硫化的特征和产生的原因是什么？防止及处理方法有哪些？

答：极板硫化的特征：

（1）充电时冒气泡过早或一开始充电即冒气泡。

（2）充电时电压上升很快（2.8～3.0V 或更高）。

（3）放电时电压很快，1～2h 内就降低到 1.8V 左右。

（4）正常放电时容量显著降低。

（5）正极板成褐色，有白色斑点，负极板为灰白色，表面有粗大硫酸铅结晶颗粒。

（6）电解液密度下降，充电时电解液温度上升超过 45℃。

（7）蓄电池容量降低。

产生极板硫化的原因有：

（1）经常充电不足。

（2）过量放电后未及时充电。

（3）充、放电电流过大。

（4）电解液密度超过规定值或者电解质不纯。

（5）电解液液面过低，露出极板。

（6）内部短路或蓄电池表面不清洁造成漏电。

防止及处理方法：

（1）注意电解液的密度勿超过规定值，补充电解液，使液面高于极板顶部。

（2）放电勿过量。

（3）采用过充电以恢复活性物质。

（4）以小电流反复充电。

（5）采用水处理法进行恢复。

（6）硫化严重时，应更换极板或电池。

Je3F5089　试述直流系统允许停电时更换直流屏的更换工序。

答：（1）直流屏的拆除：

1）核对原直流屏各接线名称，正负极性，并做好标记；

2）断开原直流屏的交直流电源；

3）验明确无电压后，拆除原直流屏接线，并做好进线电缆绝缘处理；

4）拆除原直流屏。

（2）新直流屏的安装：

1）安装就位，并可靠接地；

2）新直流屏内部连线及交流进线电缆接入；

3）新直流屏调试，并空载试运行合格后停机；

4）将直流出线电缆接入新直流屏；

5）新直流系统开机运行。

Je3F5090　如何进行直流系统绝缘监测装置的新装调试？

答：（1）断开屏内所有馈出开关和电池回路，将所有电源模块插入相应的位置，并确保插到位。

（2）合上交流输入开关并合上相应直流输出开关。

（3）任一直流馈出的正或负端对机壳接一个小于绝缘监测装置设定接地值的电阻（通常为 20kΩ/5W），此时绝缘监测装置应动作。若是微机型直流绝缘监测装置经过巡检后，应能显示接地支路和接地电阻值。判断示值精度并记录。

（4）重复上一调试步骤，对每一直流馈出逐个试验并记录。

（5）此项调试完后，断开交流输入，去掉所接的电阻。

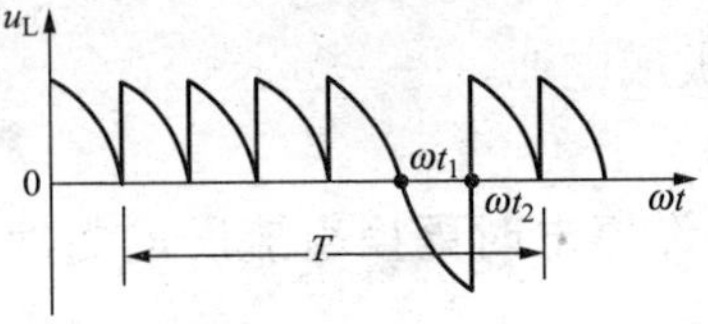

图 F-32

Je3F5091　一个三相全控桥式整流电路，带感性负荷，电流连续。当用示波器测得每个周期 u_L 的波形如图 F-32 所示，波头只少一个，试分析其原因。

答：由图可见，在 ωt_1 换相时刻，该通的桥臂未通，在 ωt_2 时才通。因为 $\omega t_1 \sim \omega t_2$ 为 60°，因此不会是桥臂断路，问题出现在触发电路。根据三相全控桥电路触发脉冲为双窄脉冲的特点，ωt_1 未通说明主脉冲丢失，ωt_2 时导通是补脉冲作用的结果。要查明哪个管子出了问题，需要测量各管子的波形，正常时每管导通 120°，在波形图中导通角只有 60° 的管子，其触发电路必有问题，应进一步检查该触发电路的同步移相环节。

Je2F3092　怎样进行个别防酸蓄电池补充充电？

答：运行中的电池会出现个别电池落后，其原因一般是由于自放电较大、极板短路引起的。因为这样一个或几个电池对整组电池进行均衡充电或过充电是不合适的。为使落后电池恢复正常，要以低电压的整流器（20A/0～10V）对个别电池在不退出运行的情况下进行过充电处理。选用的电流应以使电池电压保持在 2.35～2.45V 为宜，充电到落后电池恢复正常为止。

Je2F3093　浮充电运行的小电池（GNY-5），突然发现浮充电流大大超过了正常值，这是什么原因造成的？

答：正常情况下，小电池（GNY-5）使用带电感电容滤波器的磁饱和稳压器充电，交流分量不超过 5%，电池浮充电流为 30～50mA，浮充电压为 216～224V。当失去滤波电容（例如保险熔断）时，稳压器的交流分量约上升 67%。此时，小电池处于波峰充电、波谷放电状态，如果在这种情况下，没有对充电电流进行调整，小电池充进的容量就会少于放出的容量，时间稍长电池就会出现欠充电状态，表现为浮充电压低。随着时间的增长，电池电压会越来越低，最终出现大大低于正常值的情况。由于小电池的充、放电回路是分开的，此时充电回路电流表中只流过峰值充电电流和微量的波谷放电电流的平均值（充电回路串有 200　Ω可调电阻），由于小电池端电压大大降低，所以导致浮充电流就大大地超过了正常值。

Je2F3094　直流装置技术监督共设几种告警级别，具体加以说明。

答：（1）当直流电源系统出现下列情况之一，可定为一级告警，应立即消除：

1）蓄电池短路或开路；

2）蓄电池总熔断器熔断或总开关跳闸；

3）蓄电池外壳破损电解液严重外漏。

（2）当直流电源系统出现下列情况之一，可定为二级告警，应在 24h 内消除：

1）充电装置停止工作；

2）交流电源中断；

3）监控器工作失灵；

4）直流系统一点接地；

5）运行中的蓄电池组温度异常。

（3）当直流电源系统出现下列情况之一，可定为三级告警，应在 90 天内消除：

1）运行中的蓄电池组端电压，电解液密度偏差超标；

2）运行中的蓄电池组容量欠足。

Je2F3095　试述防酸铅酸蓄电池放电容量试验的具体步骤。

答：（1）将蓄电池充足电。

（2）调整每个电池电解液密度至 1.215±0.005（温度为25℃）。

（3）电解液温度在 10～30℃。

（4）拧紧所有连接件。

（5）静置 1～24h，待蓄电池温度与试验环境温度基本一致。

（6）测量每个电池的电压、密度、温度及电池组的总电压和室内温度，并做好记录。

（7）合上放电电阻开关，监视并调整放电电流值使之符合要求。放电过程中电流波动不得超过±1%，若需人工调整，放电电流不得超过规定值±5%，调整时间不得超过 20s。

（8）每隔 1h 检查、测量蓄电池组的总电压、放电电流值及每个电池的电压、密度、温度，并做好记录。当放电接近终了时应不断检查和测量。

（9）当其中一个蓄电池放至终止电压时放电终止，按以下公式进行容量计算：$C=It$（Ah）。

（10）蓄电池放电温度如果不是 25℃，必要时需将实测容量 C_t 换算成 25℃基准温度的实际容量 C_e。

温度折算的放电容量公式：

$$C_{25}=\frac{C_t}{1+0.008(t-25)}$$

式中　C_{25}——25℃时的容量；

C_t——实测容量；

t——实际平均温度。

上式适用于电解液温度在 10～40℃。

Je2F4096　比较高频开关电源与相控电源的主要性能差别。

答：主要性能差别见下表。

技术性能	高频开关电源	相控电源
稳压精度	≤±0.5%	≤±0.5%～1%
稳流精度	≤±1%	≤±2%
纹波系数	≤0.5%	≤1%
效率	≥90%	≥80%
功率因数	≥0.9	≥0.7
体积	小	大
智能程度	智能管理，具有“四遥”信号	低
供电可靠性	*N*+1 热备份，带电更换。可靠性高	无备份或 1+1，停电更换。可靠性差
通信接口	RS232/485，MODEM，以太网等	无
承受高压反击能力	电子线路，承受力低	工频隔离，承受力高

Je2F4097　三相桥式全控整流电路使用的是同步信号为锯齿波的触发器，为什么其六个锯齿波的斜率要达到一致？

答：六个锯齿波的斜率一致，保证了在α角移相范围内，六个脉冲总是均匀的，输出电压u_L波形的六个波头也是均匀对称的。如果某个锯齿波的斜率偏小或偏大，则这个触发电路发出的脉冲就会较正常时间滞后或提前，使六个波头不再一致。如六个波头严重不对称，则表明有的晶闸管导通时间延长，使之过负荷，甚至损坏。

Je2F4098　试述阀控式密封铅酸蓄电池用 GZDW 型充电装置微机控制正常充电和运行的自动化程序。

答：（1）正常充电程序。用 $0.1C_{10}$ 恒流充电，电压达到整定值 n（2.30～2.40V）时，微机控制充电浮充电装置自动转为恒压充电，当电流减小到 $0.01C_{10}$ 时，微机开始计时，3h 后微机控制充电浮充电装置自动转为浮充电状态运行。电压为 n（2.23～2.28V）。

（2）正常运行程序。浮充电状态正常运行时，每隔 1～3 个月，微机控制充电浮充电装置自动转入恒流充电状态运行，充电电流为 $0.1C_{10}$。当电池组电压达到均充电压值 n（2.30～2.40V）时，微机控制充电浮充电装置自动转入恒压充电状态运行。恒压充电电流小于整定值 $0.01C_{10}$ 时，微机开始计时，3h 后微机控制充电浮充电装置自动转为正常浮充电运行状态。

Je2F4099　在调试晶闸管整流器时，如有触发脉冲时晶闸管导通了，脉冲消失后，晶闸管又关闭，这是什么原因造成的？

答：晶闸管在阳极—阴极间加上正向触发电压，门极上有正向触发脉冲时，晶闸管被触发导通。此后，阳极电流逐渐上升到擎住电流 I_L，去掉触发脉冲，则管子继续导通，直到电流升到负荷电流，进入正常工作状态。如果阳极电流还没有升到擎住电流值就去掉门极脉冲，则晶闸管就不能继续导通而关断。此情况多发生在感性负荷时。解决的办法是增加触发脉冲宽度。另一种情况是负荷电阻过大，阳极电流根本升不到擎住电流值，此时要调整负荷电阻才能解决。对于同一个晶闸管来说，擎住电流 I_L 通常为维持电流 I_H 的 2～4 倍。

Je2F4100　比较铅酸电池、镉镍电池各自的优缺点。

答：铅酸蓄电池具有可靠性高、容量大和承受一定的冲击负荷等优点，故在发电厂和变电站广泛采用。

铅酸蓄电池主要分防酸式和阀控式两类。

防酸蓄电池使用历史长，比较成熟，运行中可以加液且便于监视，寿命较长，价格较低，故在大、中型发电厂、220kV 及以上变电站和直流输电换流站采用较多。但它存在体积大，运行中产生氢气，伴随着酸雾，对环境带来污染，维护复杂等缺点。

阀控蓄电池，克服了一般防酸蓄电池的缺点，它放电性能好、技术指标先进和少维护等优点突出，在变电站和中、小型发电厂逐步取代防酸蓄电池。但其运行寿命较短。

碱性镉镍蓄电池，具有放电倍率高、安装方便和使用寿命长等优点，故较多在小型发电厂和110kV变电站使用。但是，它的单体电池电压低，使电池数量增加，需要设调压装置以及有爬碱、记忆等缺点。

Je2F4101　试述高频开关电源直流电压过高或过低故障的原因及判断方法。

答：高频开关电源直流电压过高或过低有两种可能：一是由于监控器故障造成的，二是模块故障造成的。

首先检查监控器中的电压设定值是否正确，排除人为误整定或干扰造成数据偏差。

如定值正确，可以将监控器关机后重新开机，看问题是否解决。如电压恢复正常，大都是监控器内部死机造成失控。

如果电压仍然不正常，说明或监控器仍存在问题，或模块内部损坏。

可将监控器与各模块的控制线拔出，如果是数字控制模块输出方式，监控器关机后模块需要失电后重启。使各模块自主运行，排除可能是某个模块内部损坏通过控制线影响其他模块，造成输出电压不正常。如果此时电压恢复正常，说明是坏模块通过公共控制线影响其他模块。更换坏模块。

否则更换监控器。

Je2F5102　运行中的蓄电池组，当个别极柱螺丝被腐蚀时，应如何处理？

答：极柱螺丝被腐蚀，需要拆下螺丝，清除腐蚀物，涂抹凡士林油。此时，不能切断电池回路，也不能短接电池。根据具体情况，可按照图 F-33（a）或（b）所示的方法连接。用一只硅元件将两个电池连接起来，然后再卸下被腐蚀的螺丝。做这项工作应注意以下几点：

（1）使用的硅元件和连接导线应允许通过合闸电流。

（2）硅元件的极性不能接反，否则会造成电池短路。

（3）尽快消除缺陷，以免长时间影响电池的浮充电工作。

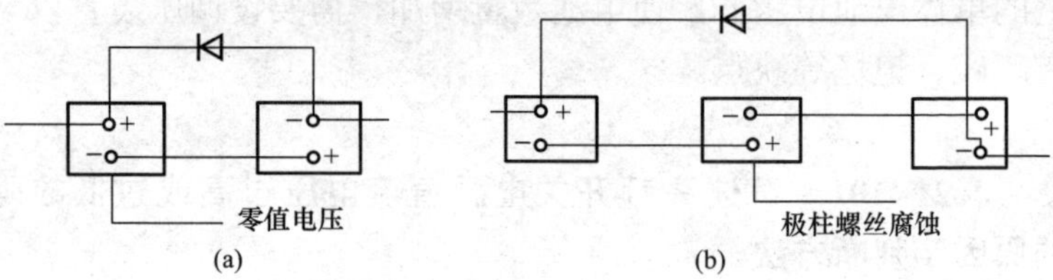

图 F-33

Je2F5103　蓄电池停止浮充电，供给正常直流负荷时，测量某一电池反极性。当把它的放电回路断开或单独拆除进行测量，它的极性是正常的，只是电压较低，试解释这一现象。

答：蓄电池放完容量以后，如同一个电阻串联在电路中，这时测量的极性决定于通过电阻上的放电电流方向，如图 F-34 所示，为反极性的。当将其从全组中取出后，它因失去了蓄电池反向充电而又恢复其原来的小电动势，极性又正常，只是电压较低。

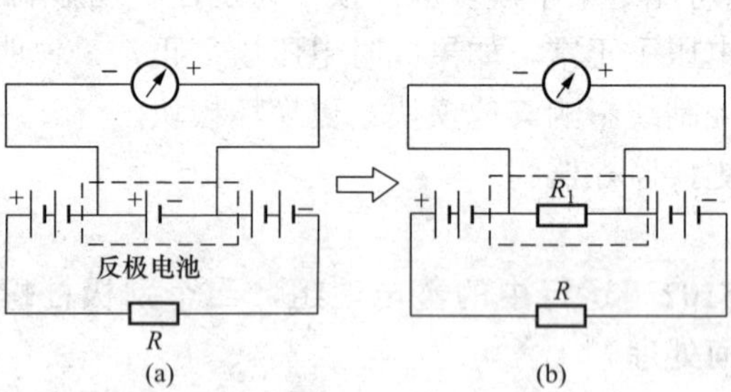

图 F-34　蓄电池反极现象检测

Je1F3104 试述大型变电站直流系统保护元件的级差配合原则。

答： 在直流系统中为了保证负载回路故障不影响到其他设备的运行，应设有保护元件（熔断器或空气开关）。从切除故障角度看保护元件的设置级数多些为好，但从供电的可靠性看级差多增加了保护元件越级误动的可能性。现场试验得出，辐射形接线方式下，大型变电站直流负载短路电流均在500A以内，为使级差配合在馈线总屏和分屏（控制屏）内完成，一般将大型变电站直流系统中的保护元件设置为三级保护。

第一级，蓄电池总熔丝；这是直流系统的最高级保护，这级保护元件动作的后果是可能造成整个直流系统失电，通常蓄电池保护元件的定值可按蓄电池 $1C_{10}$ 容量来整定，当蓄电池容量大于400Ah时，熔丝定值按负载级差配定设置。

第二级，馈线总屏上输至馈线分屏（控制屏）总开关、主要大负荷的保护元件；一般这一级保护元件的定值比较大，在25A～125A之间。

第三级，馈线分屏（控制屏）上各保护元件。保护对象直接针对某一具体负载目标。这一级根据负荷设备的最大冲击电流，将保护元件的定值设在6～25A之间。

至于负载设备内部设置的保护元件不在直流系统级差保护考虑之内，一般厂家设置保护元件的定值要小于等于直流系统分配给保护该装置保护元件的定值。

Je1F4105 简述阀控蓄电池热失控产生的原因和防止方法。

答： 热失控的原因：

阀控蓄电池在充电末期，正极产生的氧被负极吸收为放热反应，会引起电池温度升高；同样充电末期电压快速上升，充电电能绝大部分转化为热能，从而引起电池温升加剧；另电池寿命后期常会出现电池内局部短路，它会导致电池局部温度剧升；此外电池周围环境温度过高等，这些都是电池温度升高的原因。

阀控蓄电池是紧装配，特别是吸液式（亦称贫液式）阀控电池内部散热困难；产生的热量不易散发。电池温度升高，电池内阻会下降，浮充电流相应增加，这更促进电池温度进一步升高，电池的电流及温度发生一种积累性的相互增强作用，如此反复积累的结果，导致电池出现热失控，轻者电池失效，重者甚至还会涉及电池组或整个电源系统安全。

对策：

（1）制造厂结构改进，使电池有较好的散热条件。

（2）正确选择浮充电压，使最大浮充电流不大于 2mA/Ah。正常情况下浮充电流不断变大时需警惕热失控的发生。

（3）浮充电压值应随温度而变化。

（4）单体电池之间应留有 15mm 左右的间隙，以便通风降温。

（5）尽可能使环境温度保持在 20℃±5℃。

Je1F5106　试述直流系统不允许停电时原位更换直流屏的更换工序。

答：（1）核对原直流屏各接线名称、正负极性，并做好标记。

（2）临时直流电源系统的接线、调试。

1）根据直流负荷、电压等级要求选择合适的临时充电装置和足够容量的临时蓄电池组；

2）临时充电装置和临时蓄电池组接线成临时直流系统；

3）临时直流系统调试，并对绝缘监察、电压监察，闪光装置的报警功能进行试验。

（3）直流屏各馈线接入临时直流系统。

1）将临时直流系统的母线电压与原直流系统的母线电压调整一致，压差不超过 5V，确认正负极，两直流系统并联（如环网结构则在环网母线上并接)；

2）环网的馈路应带电倒换，馈路回路允许停电的可直接停电倒换，不允许停电的应带电搭接；

辐射形接线方式的馈路应通过负载屏并联直流双端子带电搭接；

3）拆接各馈线接线时，按其他、合闸、控制、信号、保护的顺序进行，具体倒换顺序应按现场实际情况确定；

4）临时直流转接屏的各馈线开关应做好标记。

（4）原直流屏的拆除。

1）断开原直流屏的交、直流电源；

2）拆除原直流屏接线；

3）测量交、直流确无电压，拆除原直流屏。

（5）新直流屏的安装。

1）老直流屏屏位处将新屏安装就位，并可靠接地；

2）新直流屏内部连线及交流进线电缆接入；

3）新直流屏调试，并空载试运行合格；

4）新直流及临时直流两系统并联（环网结构在环网母线上并接）。

5）将直流出线电缆从临时直流屏接入新直流屏。允许停电的馈路可直接停电倒换，不允许停电的应带电搭接。

（6）临时直流电源系统停运并拆除。

Jf3F3107　为什么直流绝缘监察装置回路中的电压表采用高内阻电压表？其欧姆值为多少？

答：该电压表在正常情况时，测量的是直流母线电压。当转换开关切换至接地时，如出现接触器或出口继电器线圈端也处于接地状态时，表计无内阻或内阻较低会造成误跳闸或合闸事故，所以要采用高内阻电压表。

一般情况下，110V 直流系统的电压表的内阻在 50～70k Ω，220V 直流系统电压表的内阻在 100～150k Ω。

Jf2F3108　试述寻找接地点具体的试拉、试合步骤。

答：具体的试拉、试合步骤如下：

（1）拉、合临时工作电源、试验室电源、事故照明电源。

（2）拉、合备用设备电源。

（3）拉、合绝缘薄弱、运行中经常发生接地的回路。

（4）按先室外后室内的顺序、拉、合断路器合闸电源。

（5）拉、合载波室通信电源及远动装置电源。

（6）按先次要设备后主要设备的顺序拉、合信号电源、中央信号电源及操作电源。

（7）试解列充电设备。

（8）将有关直流母线并列后，试解列蓄电池，并检查端电池调节器。

（9）倒换直流母线。

4.2 技能操作试题

4.2.1 单项操作

行业：电力工程　　　工种：直流设备检修　　　等级：初

编　号	C54A001	行为领域	e	鉴定范围	4
考核时限	1h	题　型	A	题　分	20
试题正文	防酸蓄电池电解液的密度检查				
需要说明的问题和要求	1. 严格按有关规程、规范执行 2. 以CF-500型蓄电池作为考核设备 3. 考核设备为已充足电状态				
工具、材料、设备、场地	1. 工具：吸液式密度计（1～1.3）1支，酒精、水银、温度计（0～100℃）各1支 2. 材料：3%苏打溶液适量，纯水适量 3. 设备：GF-500型蓄电池1只 4. 劳保用品：耐酸工作服、帽、橡胶手套、耐酸靴、防护眼镜、口罩等 5. 场地：有上下水设施及水源，有充足的照明				
评分标准	序号	项目名称	质量要求	满分	扣分
	1	准备	将所用工具用纯水清洗干净	2	清洗不合格或没清洗，扣2分
	2	检查	测量电解液温度及室温 测量电解液密度 按环境温度进行校正计算，判断是否合格	15	测量温度方法不正确，扣3分 测量密度方法不正确，扣3分 测量结果不准，每项扣3分 不会计算，扣4分 不会判断，扣4分
	3	安全文明生产	严格按有关规程执行，合理使用劳保用品，保持现场清洁	3	有违章作业行为，扣2分；劳保用品使用不合理，扣2分；现场不清洁，扣1分

行业：电力工程　　　工种：直流设备检修　　　等级：初

编　号	C54A002	行为领域	e	鉴定范围	1
考核时限	1h	题　型	A	题　分	20
试题正文	防酸隔爆式铅酸蓄电池、防酸隔爆帽检修				
需　要说明的问题和要求	以 CF-500 型蓄电池防酸隔爆帽作为考核设备				
工具、材料、设备、场地	1. 工具：耐酸盆 1 个、毛刷（25mm）1 把 2. 材料：纯水适量 3. 设备：GF-500 型蓄电池防酸隔爆帽 1 只，电热烘干箱一台 4. 劳保用品：耐酸工作服、帽、橡胶手套、防护眼镜、口罩 5. 场地：有上下水设施及水源，有充足照明				

评分标准	序号	项目名称	质量要求	满分	扣分
	1	准备	将表面灰尘清理干净	3	表面灰尘没清理干净，扣 3 分
	2	检修	将防酸隔爆帽用纯水短时间冲洗后，沥干并进行烘干或晒干，不要用水浸泡。若烘干，温度定在 60～80℃	12	检修过程不符合工艺要求，扣 6 分；浸入水中，扣 6 分
	3	安全文明生产	严格按有关规程执行，合理使用劳保用品，场地清洁	5	有违章作业行为，扣 2 分；劳保用品使用不合理，扣 2 分；场地不清洁，扣 1 分

行业：电力工程　　　工种：直流设备检修　　　　等级：初

编　　号	C54A003	行为领域	e	鉴定范围	1
考核时限	1h	题　　型	A	题　　分	20
试题正文	消氢式铅酸蓄电池消氢帽检修				
需　　要说明的问题和要求	以GAM型蓄电池消氢帽作为考核设备				
工具、材料、设备、场地	1. 工具：毛刷（25mm）1把 2. 材料：毛巾1条 3. 设备：GAM型蓄电池消氢帽1个 4. 劳保用品：耐酸工作服、橡胶手套 5. 场地：有上下水设施及水源，有充足照明				

评分标准	序号	项 目 名 称	质 量 要 求	满分	扣　　分
	1	清扫	将外面浮灰清理干净	3	清理浮灰不干净，扣3分
	2	检修	检查并清理通气孔内灰尘，保证通气孔畅通，表面清理干净 不许倒置，不许浸入任何液体中	12	不会检查，扣3分；通气孔清理不干净，扣3分； 出现倒置，扣3分；浸入液体中，扣3分
	3	安全文明生产	合理使用劳保用品，场地清洁	5	劳保用品使用不合理，扣3分；场地不清洁，扣2分

行业：电力工程　　　工种：直流设备检修　　　　　等级：初

<table>
<tr><td>编　　号</td><td>C54A004</td><td>行为领域</td><td>d</td><td>鉴定范围</td><td colspan="2">2</td></tr>
<tr><td>考核时限</td><td>1h</td><td>题　　型</td><td>A</td><td>题　　分</td><td colspan="2">20</td></tr>
<tr><td>试题正文</td><td colspan="6">判断晶体二极管的好坏和极性</td></tr>
<tr><td>需　　要
说明的问
题和要求</td><td colspan="6">要求考生独立完成</td></tr>
<tr><td>工具、材料、
设备、场地</td><td colspan="6">1. 工具：指针式万用表 1 块
2. 材料：完好的普通晶体二极管 1 只，坏的 3～4 只，并有编号
3. 设备：工作台 1 个
4. 场地：有充足照明</td></tr>
<tr><td rowspan="5">评
分
标
准</td><td>序号</td><td>项 目 名 称</td><td>质　量　要　求</td><td>满分</td><td colspan="2">扣　　分</td></tr>
<tr><td>1</td><td>准备</td><td>将万用表选择开关旋至 $R\times100$ 或 $R\times1\mathrm{k}$ 挡，并调整好零位</td><td>4</td><td colspan="2">万用表挡位选择不合理或没调零，各扣 2 分</td></tr>
<tr><td rowspan="2">2</td><td rowspan="2">测量</td><td>判断二极管的好坏：用万用表测量二极管的正、反向电阻。如果正向电阻几十欧至几百欧，反向电阻在 200k Ω以上，可以认为二极管是完好的</td><td>6</td><td colspan="2">测量方法不合理，扣 3 分；判断结论不正确，扣 3 分</td></tr>
<tr><td>判断二极管的极性：测量二极管正反向电阻，当测得的阻值较小时，黑表笔所接的管脚为二极管的正极；当测得的阻值较大时，红表笔所接的管脚为二极管的正极</td><td>6</td><td colspan="2">测量方法不合理，扣 3 分；判断结论不正确，扣 3 分</td></tr>
<tr><td>3</td><td>挡位复归</td><td>判断完毕，万用表的挡位调到电压最高挡或 OFF 位置</td><td>4</td><td colspan="2">判断完毕，万用表挡位放置不合理，扣 4 分</td></tr>
</table>

行业：电力工程　　工种：直流设备检修　　等级：初

编　号	C54A005	行为领域	e	鉴定范围	2
考核时限	1h	题　型	A	题　分	30
试题正文	以简易方法判断晶闸管的好坏				
需要说明的问题和要求	要求考生独立完成				
工具、材料、设备、场地	1. 工具：指针式万用表1块 2. 材料：完好的普通晶闸管1只，坏的3～4只，并有编号 3. 设备：工作台1个 4. 场地：有充足照明				

评分标准	序号	项目名称	质量要求	满分	扣分
	1	测量阳极与阴极电阻	将万用表选择开关旋至$R\times 1k$挡并调整好零位	4	万用表挡位选择不合理或没调零，各扣2分
			测量阳极与阴极之间的正反向电阻，都在几百千欧以上为正常	9	不会测量扣4分；测后不会判断，扣5分
	2	测量门极与阴极电阻	将万用表选择开关旋至R×1k挡并调整好零位	4	万用表挡位选择不合理或没调零，各扣2分
			测量门极与阴极之间正反向电阻都应在十几欧左右（双扩散工艺制造的晶闸管）为正常	9	不会测量扣4分；测后不会判断，扣5分
	3	万用表挡位复归	有开关的表放在OFF位置；无开关的表放在最高电压挡位置	4	万用表挡位复归不合理，扣4分

行业：电力工程　　工种：直流设备检修　　等级：初

编号	C54A006	行为领域	d	鉴定范围	2
考核时限	1h	题型	A	题分	20
试题正文	电阻值的测量				
需要说明的问题和要求	要求考生独立完成				
工具、材料、设备、场地	1. 工具：指针式万用表一块 2. 材料：标准电阻箱一台 3. 设备：工作台一个 4. 场地：有充足的照明				

评分标准	序号	项目名称	质量要求	满分	扣分
	1	准备	根据估计电阻值选择万用表测量挡位，并调整好零位	4	选择挡位不合理，扣2分 测量前没有调零，扣2分
	2	测量	将两表笔接到被测电阻两端，读数乘以倍数即为被测电阻值	12	测量方法不合理，扣6分；测量结果不准或不会读结果，扣6分
	3	万用表挡位复归	有开关的表放在OFF位置；无开关的表放在最高电压挡位置	4	万用表挡位复归不合理，扣4分

行业：电力工程　　　　工种：直流设备检修　　　　等级：中

编　　号	C54A007	行为领域	d	鉴定范围	2
考核时限	1h	题　　型	A	题　　分	20
试题正文	用色码标示法判断电阻值				
需　　要 说明的问 题和要求	要求考生独立完成				
工具、材料、 设备、场地	1. 材料：在带有色码标示的电阻中任意抽取 4 只 2. 设备：工作台 1 个 3. 场地：有充足照明				

评分标准	序号	项 目 名 称	质 量 要 求	满分	扣　　分
	1	观察	正确分辨颜色及始末端	8	不能正确分辨颜色及始末端，各扣 4 分
	2	判断	掌握每道色环所代表的意义 掌握每种颜色所代表的意义（见图 CA-1、图 CA-2 及表 CA-1）	12	不掌握每道色环的意义，扣 6 分 不掌握每种颜色的意义，扣 6 分

表 CA-1　　　　电阻色码表

颜色	第一环（第一位数）	第二环（第二位数）	第三环（第三位数）	第四环（误差）
黑	0	0	0	金±5%
棕	1	1	0	
红	2	2	00	银±10%

续表

	序号	项目名称	质量要求	满分	扣分
评分标准	2	判断	续表（见下表及图 CA-1）		

续表

颜色	第一环（第一位数）	第二环（第二位数）	第三环（第三位数）	第四环（误差）
橙	3	3	000	无色 ±20%
黄	4	4	0000	
绿	5	5	00000	
蓝	6	6	000000	
紫	7	7	0000000	
灰	8	8	00000000	
白	9	9	000000000	

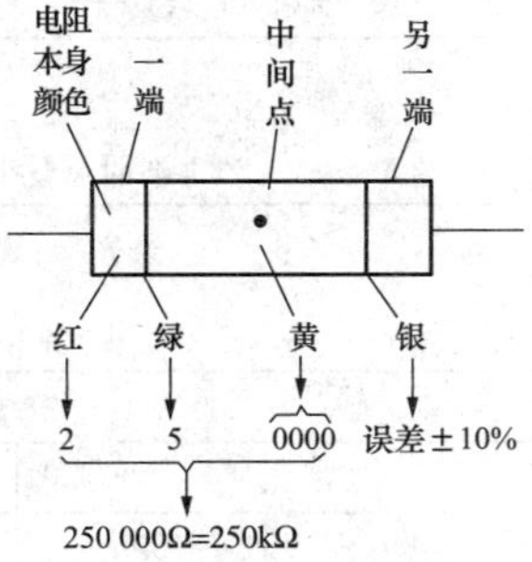

图 CA-1　电阻的色点标示法

续表

	序号	项目名称	质量要求	满分	扣分
评分标准	2	判断	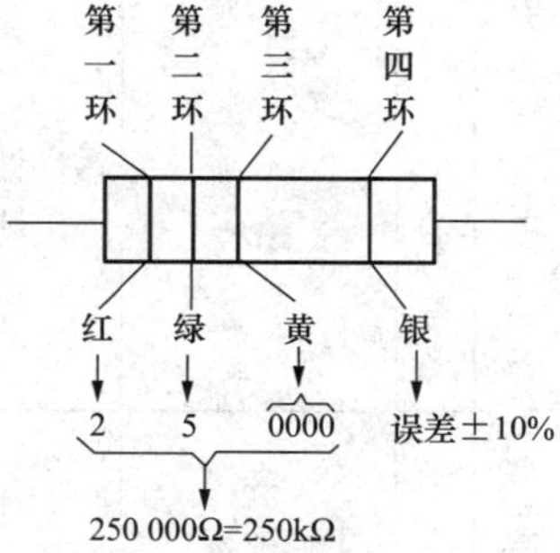 图 CA-2　电阻的色环标示法		

行业：电力工程　　　工种：直流设备检修　　　　　等级：中

编　　号	C45A008	行为领域	e	鉴定范围	2
考核时限	2h	题　　型	A	题　　分	30
试题正文	铅酸蓄电池极柱及连接条的腐蚀处理				
需　　要说明的问题和要求	1. 严格按有关规程、规范执行 2. 以 GF-500 型铅酸蓄电池作为考核设备 3. 停电进行				
工具、材料、设备、场地	1. 工具：活扳手（200、250mm）各 1 把，锡锉（200mm）1 把，塞尺（100mm）1 把 2. 材料：凡士林油、砂布各适量 3. 设备：GF-500 型铅酸蓄电池 1 只 4. 劳保用品：耐酸工作服、帽、橡胶手套、耐酸靴、防护眼镜、口罩 5. 场地：有上下水设施及水源，有充足照明				

评分标准	序号	项 目 名 称	质　量　要　求	满分	扣　　分
	1	拆连接螺栓	要用力均匀，不能使电瓶受力	5	方法不合理，扣 2 分；电瓶受力，扣 3 分
	2	修理	将氧化层清除掉，接触面修平、修正	10	修理过程不符合工艺要求，每处扣 5 分
	3	组装	将修好的连接条与修好的极柱抹上凡士林油，用螺栓紧固好，接触面接触良好	10	组装过程不符合工艺要求，每处扣 5 分
	4	安全文明生产	严格按有关规程执行，合理使用劳保用品，场地清洁，物品摆放合格	5	有违章作业行为，扣 2 分；劳保用品使用不合理，扣 1 分；场地不清洁，扣 1 分；物品摆放不合理，扣 1 分

行业：电力工程　　工种：直流设备检修　　等级：中

编　　号	C45A009	行为领域	e	鉴定范围	2
考核时限	1h	题　　型	A	题　　分	20
试题正文	防酸蓄电池正常充电终期判断				
需　　要说明的问题和要求	1. 严格按有关规程、规范执行 2. 以 GF-500 型蓄电池作为考核设备 3. 考核现场要有 1～2 名熟练工作人员配合 4. 考核过程利用整个工作过程的后 4h 进行				
工具、材料、设备、场地	1. 工具：吸液式密度计（1.000～1.300）1 支，水银、酒精温度计（0～100℃）各 1 支，直流电压表（–3～0～+3V）1 块 2. 材料：3%苏打溶液适量 3. 设备：GF-500 型铅酸蓄电池 1 只，硅整流充电机 1 台 4. 劳保用品：耐酸工作服、帽、橡胶手套、耐酸靴、防护眼镜、口罩 5. 场地：有上下水设施及水源，有充足照明，通风良好，严禁有明火				

评分标准	序号	项 目 名 称	质　量　要　求	满分	扣　　分
	1	准备	将密度计、温度计清洗合格，将电压表指针调至零位	3	清洗不合格或没清洗，扣 2 分；电压表指针调零不准或没调零，扣 1 分
	2	检查测量	检查测量各项指标是否符合判断特征和标准	7	检查测量不准或不会测量，每项扣 2 分；判断特征和标准不清楚，扣 5 分
	3	判断	准确无误判断充电是否完成	6	判断错误，不得分；判断误差较大，扣 3 分
	4	安全文明生产	严格按有关规程执行，合理使用劳保用品，场地清洁	4	有违章作业行为，扣 2 分；劳保用品使用不合理，扣 1 分；场地不清洁，扣 1 分

行业：电力工程　　　工种：直流设备检修　　　等级：中

<table>
<tr><td colspan="2">编　　号</td><td>C45A010</td><td>行为领域</td><td>d</td><td>鉴定范围</td><td>2</td></tr>
<tr><td colspan="2">考核时限</td><td>1h</td><td>题　　型</td><td>A</td><td>题　　分</td><td>20</td></tr>
<tr><td colspan="2">试题正文</td><td colspan="5">晶体三极管极性及管型判断</td></tr>
<tr><td colspan="2">需　　要
说明的问
题和要求</td><td colspan="5">1. 两种管型考生分别进行判断
2. 要求考生独立完成
3. 将管子型号涂掉</td></tr>
<tr><td colspan="2">工具、材料、
设备、场地</td><td colspan="5">1. 工具：指针式万用表 1 块
2. 材料：NPN 型、PNP 型三极管各 1 只
3. 设备：工作台 1 个
4. 场地：有充足照明</td></tr>
<tr><td rowspan="5">评
分
标
准</td><td>序号</td><td>项 目 名 称</td><td colspan="2">质　量　要　求</td><td>满分</td><td>扣　　分</td></tr>
<tr><td>1</td><td>准备</td><td colspan="2">将万用表选择开关旋到 $R\times100$ 挡或 $R\times1$k 挡
万用表零位调整</td><td>4</td><td>万用表挡位选择不合理，扣 2 分
调零方法不正确或没调零，扣 2 分</td></tr>
<tr><td>2</td><td>判断极性</td><td colspan="2">分别测量各管脚间电阻值，必有一只管脚与其他两只管脚电阻值相近，此管脚为基极；然后分别测基极对另外两管脚的电阻值，阻值较小的那个管脚是集电极，另一个管脚是发射极</td><td>6</td><td>测量方法不对，扣 3 分
结论判断不正确，扣 3 分</td></tr>
<tr><td>3</td><td>判断管型</td><td colspan="2">找到基极后，以红表笔（+）接基极，如果测得与其他两只管脚的电阻都小，那么是 PNP 型管子；反之，则是 NPN 型管子</td><td>6</td><td>测量方法不正确，扣 3 分
结论判断不正确，扣 3 分</td></tr>
<tr><td>4</td><td>万用表挡位复归</td><td colspan="2">有开关的表放在 OFF 位置，无开关的表放在最高电压挡位置</td><td>4</td><td>万用表挡位复归不合理，扣 4 分</td></tr>
</table>

行业：电力工程　　　工种：直流设备检修　　　　等级：中

<table>
<tr><td>编　　号</td><td>C43A011</td><td>行为领域</td><td>e</td><td>鉴定范围</td><td>2</td></tr>
<tr><td>考核时限</td><td>2h</td><td>题　　型</td><td>A</td><td>题　　分</td><td>30</td></tr>
<tr><td>试题正文</td><td colspan="5">高频模块交流输入过压、欠压告警及保护值的验证</td></tr>
<tr><td>需　　要
说明的问
题和要求</td><td colspan="5">1. 严格按有关规程、规范执行
2. 考核现场要有 1 名专职监护人，要求考生独立完成并做好必要的安全措施
3. 考核过程中需必要的操作时，由考生提出，监护人同意方可进行</td></tr>
<tr><td>工具、材料、
设备、场地</td><td colspan="5">1. 工具：标准数字万用表 3 块，三相式电压调节器 1 个
2. 材料：线包 1 个，常用可调负载 1 个，开关 2 个
3. 设备：工作台 1 个，高频模块 1 个
4. 场地：有充足照明</td></tr>
<tr><td rowspan="3">评
分
标
准</td><td>序号</td><td>项 目 名 称</td><td>质　量　要　求</td><td>满分</td><td>扣　　分</td></tr>
<tr><td>1</td><td>准　　备</td><td>1. 用万用表测量现场交流电源是否符合要求
2. 用线包的试验线把电压调节器及模块连接起来
3. 把两块万用表分别并联到调节器的输入、输出端
4. 把负载接到模块的输出端</td><td>5</td><td>万用表使用接线不当扣 2 分；调节器接线不对扣 3 分</td></tr>
<tr><td>2</td><td>加电测量</td><td>1. 先把三相电压调节到正常 380V 左右，合上模块输入开关，模块运行，并合上模块输出开关，测量模块输出电压是否正常，符合厂家说明书要求
2. 调节输入交流电压为额定值的 85%，这时模块应欠压告警，再调节到 80%，模块应欠压保护关机，当调节输入电压高于此值时，模块应自动恢复运行</td><td>20</td><td>调节程序不对扣 5 分；调节定值不准扣 5 分；步骤不清扣 5 分；缺一项扣 5 分</td></tr>
</table>

续表

	序号	项目名称	质量要求	满分	扣分
评分标准	2	加电测量	3. 先调节输入交流电压为额定值的120%，这时模块应过压告警，再调节到125%模块，应过压保护关机，当调节输入电压低于此值时，模块应自动恢复运行		调节程序不对扣5分；调节定值不准扣5分；步骤不清扣5分；缺一项扣5分
	3	安全文明生产	1. 严格按有关规程执行。防止人身触电，防止直流母线短路 2. 保持场地清洁	5	有违章作业行为，每项扣2分；场地不清洁，扣1分

行业：电力工程　　工种：直流设备检修　　等级：中

编　　号	C43A012		行为领域	e	鉴定范围	2
考核时限	2h		题　　型	A	题　　分	30
试题正文	直流电压监察继电器动作及返回值验证					
需　　要 说明的问 题和要求	1. 严格按有关规程、规范执行 2. 考核现场要有 1 名专职监护人，要求考生独立完成并做好必要的安全措施 3. 考核过程中需必要的操作时，由考生提出，监护人同意方可进行					
工具、材料、 设备、场地	1. 工具：标准数字万用表 1 块 2. 材料：线包 1 个，常用可调负载 1 个，开关 4 个，直流过压继电器 1 个，直流欠压继电器 1 个 3. 设备：工作台 1 个，直流临时可调电源 1 个 4. 场地：有充足照明					
评分标准	序号	项 目 名 称	质　量　要　求	满分	扣　　分	
	1	准备	1. 用万用表测量现场交流电源是否符合要求，用线包的试验线把交流开关及直流临时可调电源接好 2. 直流临时可调电源输出端通过开关把可调负载接入，再通过两个开关分别把过电压和欠电压继电器的线圈端子并接到直流输出端，注意正负极的区别	5	万用表使用不当扣 2 分；接线、正负极接错扣 3 分	

续表

	序号	项目名称	质量要求	满分	扣分
评分标准	2	加电测量	1. 合上直流临时可调电源输入、输出开关，调节其输出电压到220V，测量直流电源输出电压是否正常 2. 合上过电压继电器的输入开关，调节电源输出的直流电压，当达到为额定值的110%，这时继电器应动作，再回调到95%，继电器应返回 3. 合上欠压继电器开关，先调节电源输出直流电压为额定值的90%，这时欠压继电器动作，当调节输出电压升到105%时，继电器返回	20	调节程序不对扣5分；调节定值不准扣5分；步骤不清扣5分；缺一项扣5分
	3	安全文明生产	1. 严格按有关规程执行。防止人身触电，防止直流母线短路 2. 保持场地清洁	5	有违章作业行为，每项扣2分；场地不清洁，扣1分

行业：电力工程　　工种：直流设备检修　　等级：中

编号	C43A013		行为领域	d	鉴定范围	2
考核时限	1h		题型	A	题分	30
试题正文	以简易方法判断电容器的好坏					
需要说明的问题和要求	要求考生独立完成					
工具、材料、设备、场地	1. 工具：指针式万用表、数字式 DT-890 型万用表各 1 块 2. 材料：完好的与损坏的电容器（1～10μF）各 3 只 3. 设备：工作台 1 个 4. 场地：有充足照明					
评分标准	序号	项目名称	质量要求		满分	扣分
	1	准备	将万用表选择开关旋至 $R\times1k$ 挡并调零		3	万用表挡位选择不合理，扣 2 分；调零方法不正确或没调零，扣 1 分
	2	测量	将两表笔接通电容两极，表针将摆动一次，然后慢慢稳定在某一数值		5	测量方法不正确，扣 5 分
	3	判断	表针摆动越大，表明电容量越大 表针稳定后读数越大，表明漏电电阻越大 接通时表针稳定在某一位置不动，表明内部断路 接通时表针指到零位不动，表明已击穿 根据电容量将数字式万用表选择开关旋至某一挡位，再将被测电路按“+”、“−”极性插入测量孔内，然后读数		20	不会判断或判断错误，每项扣 5 分；不会测量或不会读数，各扣 5 分
	4	万用表挡位复归	有开关的表放在 OFF 位置；无开关的表放在最高电压挡位置		2	万用表挡位复归不合理，扣 2 分

行业：电力工程　　工种：直流设备检修　　等级：中

<table>
<tr><td>编　号</td><td colspan="2">C43A014</td><td>行为领域</td><td>d</td><td>鉴定范围</td><td>4</td></tr>
<tr><td>考核时限</td><td colspan="2">1h</td><td>题　型</td><td>A</td><td>题　分</td><td>20</td></tr>
<tr><td>试题正文</td><td colspan="6">用直流单臂电桥测量电阻值</td></tr>
<tr><td>需　要
说明的问
题和要求</td><td colspan="6">要求考生独立完成</td></tr>
<tr><td>工具、材料、
设备、场地</td><td colspan="6">1. 工具：惠斯登电桥 1 台、万用表 1 块
2. 材料：标准电阻箱一台
3. 设备：工作台 1 个
4. 场地：有充足照明</td></tr>
<tr><td rowspan="3">评
分
标
准</td><td>序号</td><td>项 目 名 称</td><td colspan="2">质 量 要 求</td><td>满分</td><td>扣　分</td></tr>
<tr><td>1</td><td>准备</td><td colspan="2">用万用表初测被测电阻，根据初测值选择适当的桥臂比率
打开检流计锁扣，将指针调至零位，将被测电阻接在电桥的 R_X 对应的两个接线柱上</td><td>8</td><td>万用表使用不当，扣 2 分；选择桥臂比率不适当，扣 2 分
检流计锁扣未打开，扣 2 分；未调零，扣 1 分；被测电阻接线不合格，扣 1 分</td></tr>
<tr><td>2</td><td>测量</td><td colspan="2">先按下电源按钮并锁定，然后按下检流计按钮，如检流计指针向正方向偏转，说明比率臂数值不够，应加大；反之，应减小。反复调节直至指针停在零位，即可读数
测量完毕，先松开检流计按钮，后松开电源按钮，并将检流计锁定</td><td>12</td><td>测量操作程序不合理，扣 3 分
不会调节或反向调节，扣 3 分；读数不准或不会读数，扣 2 分
按钮复归程序不对，扣 2 分；检流计未锁，扣 2 分</td></tr>
</table>

行业：电力工程　　工种：直流设备检修　　等级：中

<table>
<tr><td>编　　号</td><td>C43A015</td><td>行为领域</td><td>e</td><td>鉴定范围</td><td>2</td></tr>
<tr><td>考核时限</td><td>1h</td><td>题　　型</td><td>A</td><td>题　　分</td><td>20</td></tr>
<tr><td>试题正文</td><td colspan="5">镉镍蓄电池充电终期容量判断</td></tr>
<tr><td>需　　要说明的问题和要求</td><td colspan="5">1. 严格按有关规程、规范执行
2. 考核现场要有1～2名熟练人员协助工作
3. 根据现场实际设备情况不做具体型号规定
4. 只要求测量观察，并结合考核现场实际进行考问
5. 考核过程利用整个工作过程的后4h进行</td></tr>
<tr><td>工具、材料、设备、场地</td><td colspan="5">1. 工具：直流电压表（−3～0～+3V）、直流电压表（500V）各备1块
2. 设备：考核现场实际设备
3. 劳保用品：纯棉工作服、帽、橡胶手套
4. 场地：有上下水设施及水源，有充足照明</td></tr>
<tr><td rowspan="4">评分标准</td><td>序号</td><td>项目名称</td><td>质量要求</td><td>满分</td><td>扣　　分</td></tr>
<tr><td>1</td><td>测量</td><td>测量全组各个电池电压是否均达到1.63～1.65V</td><td>6</td><td>不正确使用电压表，扣3分；测量不准确，扣3分</td></tr>
<tr><td>2</td><td>判断</td><td>观察20min单个电池端电压和全组电池电压不再上升，且稳定不变，可以认为容量充足</td><td>10</td><td>判断误差太大，扣10分；不会判断本项，不得分</td></tr>
<tr><td>3</td><td>安全文明生产</td><td>严格按有关规程执行，合理使用劳保用品，保持现场清洁</td><td>4</td><td>有违章作业行为，扣2分；劳保用品使用不合理，扣1分；现场不清洁，扣1分</td></tr>
</table>

行业：电力工程　　　工种：直流设备检修　　　　等级：高

编　　号	C34A016	行为领域	e	鉴定范围	2
考核时限	1h	题　　型	A	题　　分	20
试题正文	镉镍蓄电池注入电解液				
需　　要说明的问题和要求	1. 严格按有关规程、规范执行 2. 考核现场要有1～2名熟练人员配合 3. 以一只GN系列40～100A·h蓄电池作为考核设备				
工具、材料、设备、场地	1. 工具：耐碱漏斗1个、烧杯（1000mL）1个、注射器（100mL）1个、温度计（0～100℃）1支、吸液式密度计（1～1.3）1支 2. 材料：合格电解液适量，液态石蜡适量，2%和10%硼酸溶液各适量，纯水适量 3. 设备：考核现场实际设备 4. 劳保用品：纯棉工作服、帽、橡胶手套、橡胶围裙、胶靴、防护眼镜、口罩等 5. 场地：有上下水设施及水源，有充足照明				

评分标准	序号	项目名称	质量要求	满分	扣分
	1	准备	将所用器具用纯水清洗合格。检查电解液是否符合注入要求（温度、密度）	4	所有器具不用纯水清洗或清洗不合格，扣2分；不检查或检查的标准不正确，扣2分
	2	注入	将符合注入要求的电解液注入电池内；液面高度符合标准，然后加放数滴液态石蜡	12	注入时电解液不符合要求，扣3分；注入的方法不合理，扣3分；液面高度不符合标准，扣3分；不加液态石蜡或加的数量不符合要求，扣3分
	3	安全文明生产	严格按有关规程执行，合理使用劳保用品，考核现场清洁干净，物品摆放合理有序	4	有违章作业行为，扣1分；劳保用品使用不合理，扣1分；考核现场不清洁，扣1分；物品摆放不合理，扣1分

行业：电力工程　　工种：直流设备检修　　等级：高

编　　号	C34A017	行为领域	d	鉴定范围	4
考核时限	1h	题　　型	A	题　　分	20
试题正文	单结晶体管的极性判断				
需　　要说明的问题和要求	要求考生独立完成				
工具、材料、设备、场地	1. 工具：指针式万用表1块 2. 材料：单结晶体管1只 3. 设备：工作台1个 4. 场地：有充足照明				

评分标准	序号	项目名称	质量要求	满分	扣　分
	1	准备	将万用表选择开关旋至R×100挡 万用表零位调整	4	挡位选择不合理，扣2分 不调零或调零不准确，扣2分
	2	判断	测量单结晶体管任意两个管脚的正反向电阻，当测得某两个管脚的正反向电阻值相同，则剩下的一个管脚即为发射极e	6	测量方法不合理，扣3分；判断结论错误，扣3分
			用黑表笔接已知发射极e，用红表笔依次接两个基极，记录两次测量的电阻值，测量结果正向电阻较大者，红表笔所接的管脚是第一基极b1；较小者，红表笔所接管脚是第二基极b2	6	测量方法不合理，扣3分；判断结论错误，扣3分
	3	万用表挡位复归	有开关的表放在OFF位置；无开关的表放在最高电压挡位置	4	万用表用后挡位复归不合理，扣4分

行业：电力工程　　　工种：直流设备检修　　　　等级：高

<table>
<tr><td>编　　号</td><td>C34A018</td><td>行为领域</td><td>d</td><td>鉴定范围</td><td colspan="2">1</td></tr>
<tr><td>考核时限</td><td>1h</td><td>题　　型</td><td>A</td><td>题　　分</td><td colspan="2">20</td></tr>
<tr><td>试题正文</td><td colspan="6">利用钳型电流表检测晶闸管</td></tr>
<tr><td>需　　要
说明的问
题和要求</td><td colspan="6">1. 严格按有关规程、规范执行
2. 考核现场要有 1 名专职监护人和 1 名熟练人员配合
3. 故障点设为任意 1 个晶闸管触发控制回路断线
4. 考核设备根据现场实际设备情况，不做具体型号规定</td></tr>
<tr><td>工具、材料、
设备、场地</td><td colspan="6">1. 工具：钳型电流表 1 块、电工常用工具
2. 设备：三相全控桥式整流设备
3. 场地：有充足照明</td></tr>
<tr><td rowspan="5">评
分
标
准</td><td>序号</td><td>项 目 名 称</td><td colspan="2">质　量　要　求</td><td>满分</td><td>扣　　分</td></tr>
<tr><td>1</td><td>准备</td><td colspan="2">了解硅整流设备的运行情况和具体工作状态</td><td>4</td><td>了解设备运行情况不细或工作状态掌握不准确，各扣 2 分</td></tr>
<tr><td rowspan="2">2</td><td rowspan="2">测量</td><td colspan="2">通过对单只晶闸管脉动电流的测量，正确判断晶闸管的工作状态</td><td>6</td><td>测量位置不合理或判断晶闸管工作状态不正确，各扣 3 分</td></tr>
<tr><td colspan="2">通过对交换相别之间的触发控制板前、后的晶闸管脉动电流的测量，判断回路无输出是由于晶闸管损坏引起的还是触发控制回路出现了问题</td><td>8</td><td>触发控制板交换顺序不合理，扣 4 分；判断回路无输出是由于晶闸管元件损坏还是触发控制回路有问题不准确，扣 4 分</td></tr>
<tr><td>3</td><td>安全文明生产</td><td colspan="2">严格按有关规程执行</td><td>2</td><td>有违章作业行为，扣 2 分</td></tr>
</table>

行业：电力工程　　工种：直流设备检修　　等级：高

<table>
<tr><td>编　号</td><td>C32A019</td><td>行为领域</td><td>e</td><td>鉴定范围</td><td colspan="2">1</td></tr>
<tr><td>考核时限</td><td>1h</td><td>题　型</td><td>A</td><td>题　分</td><td colspan="2">30</td></tr>
<tr><td>试题正文</td><td colspan="6">直流电源装置降压硅链控制回路测试</td></tr>
<tr><td>需　要
说明的问
题和要求</td><td colspan="6">1. 严格按有关规程、规范执行
2. 考核现场要有 1 名专职监护人和 1 名熟练人员配合，并做好必要的安全措施
3. 降压硅装置是解决直流电源系统动力母线（蓄电池母线）和控制母线电压之间相差太大而采用的一种方法。监控装置控制动力母线电压（蓄电池充电电压），通过调整降压硅上的压降使得蓄电池不管在浮充状态、均充状态、放电状态电压下，控制母线基本保持不变。现验证此功能
4. 考核过程中需必要的操作时，由考生提出，监护人同意方可进行</td></tr>
<tr><td>工具、材料、
设备、场地</td><td colspan="6">1. 工具：标准数字万用表 1 块，工具包 1 个
2. 材料：导线、绝缘胶带适量
3. 设备：完整的直流系统（蓄电池组、具有降压硅链的直流电源装置），负载箱
4. 场地：有充足照明</td></tr>
<tr><td rowspan="2">评
分
标
准</td><td>序号</td><td>项目名称</td><td colspan="2">质量要求</td><td>满分</td><td>扣　分</td></tr>
<tr><td>1</td><td>检查、准备</td><td colspan="2">1. 检查直流电源装置带负载运行正常
2. 查看微机监控器设置正确
3. 蓄电池组运行正常
4. 监控装置显示的动力母线电压、控制母线电压应与用万用表测量值相符</td><td>5</td><td>漏查或查的方法不合理，每项扣 2 分</td></tr>
</table>

续表

	序号	项目名称	质量要求	满分	扣分
评分标准	2	加电测量	1. 降压硅链控制旋钮置于自动位置 2. 断开直流电源装置交流电源，蓄电池组开始放电，动力母线电压连续下降至与控制母线电压一致前，自动调压装置始终使控制母线电压保持不变，用万用表测量 3. 交流恢复，蓄电池组充电时，动力母线电压连续上升，自动调压装置始终使控制母线电压保持不变，用万用表测量 4. 把降压硅链控制旋钮置于手动位置，动力母线电压不变。每次手动调节一挡，控制母线电压变化一次，直至调整到控母电压与动力母线电压相等为止。也可反向进行试验，其测试数据应与上面的一致。每挡均用万用表测量并做记录	20	没有打到自动位置扣2分；没有失电或恢复各扣5分；没有进行测量扣3分；没转到手动位置扣5分；没有进行每挡的调节扣2分
	3	恢复	试验完成后恢复原设置	2	没有恢复设置扣2分
	4	安全文明生产	1. 严格按有关规程执行。防止人身触电，防止直流母线短路 2. 保持场地清洁	3	有违章作业行为，每项扣2分；场地不清洁，扣1分

4.2.2 多项操作

行业：电力工程　　　工种：直流设备检修　　　等级：初

编　号	C54B020	行为领域	e	鉴定范围	1
考核时限	2h	题　型	B	题　分	20
试题正文	镉镍蓄电池电解液液面高度调整				
需　要说明的问题和要求	1. 严格按有关规程规范执行 2. 以充完电的镉镍蓄电池作为考核设备（1.60～1.65V） 3. 按碱性蓄电池常规液面降低考虑				
工具、材料、设备、场地	1. 工具：烧杯，量筒，漏斗，直流电压表（−3～0～+3V）1 块 2. 材料：纯水、合格电解液各适量 3. 设备：碱性蓄电池 1 只 4. 劳保用品：耐碱工作服、帽、橡胶手套、橡胶围裙、胶靴、防护眼镜、口罩等 5. 场地：有上下水设施及水源，有充足照明				

评分标准	序号	项目名称	质量要求	满分	扣分
	1	准备	将所用工具用纯水清洗合格	2	清洗不合格或没清洗，扣 2 分
	2	调整	测量蓄电池电压是否到 1.60～1.65V，根据电压判断是否已充足电，如果确已充足电即可 测量蓄电池液面高度，不足时用纯水将其补充至标准高度（即最高、最低液面线之间）	15	测量不准或没测量，扣 5 分；不会判断或误判断，扣 5 分；测量液面高度不准或调整后液面高度不符合要求，扣 10 分
	3	安全文明生产	严格按有关规程执行，合理使用劳保用品，场地清洁，物品摆放合理有序	3	有违章作业行为，扣 2 分；劳保用品使用不合理，扣 1 分；场地不清洁，扣 1 分；物品摆放混乱，扣 1 分

行业：电力工程　　工种：直流设备检修　　等级：初

编　　号	C54B021	行为领域	e	鉴定范围	1
考核时限	2h	题　　型	B	题　　分	20
试题正文	防酸蓄电池电解液液面高度调整				
需　　要说明的问题和要求	1. 严格按有关规程、规范执行 2. 以 GF-500 型蓄电池作为考核设备 3. 考核设备为已充足电状态 4. 考核设备液面低于最低液面线 5～10mm				
工具、材料、设备、场地	1. 工具：烧杯（500mL）1 个，舀、漏斗各 1 个，吸液式密度计（1～1.3）1 支，浮式密度计（1～2）1 支，酒精、水银温度计（0～100℃）各 1 支 2. 材料：浓硫酸（1.835）、稀硫酸（1.400）、电解液［1.215±0.005（25℃）］各 500mL、3%苏打溶液适量、纯水 10L 3. 设备：GF-500 型蓄电池 1 只 4. 劳保用品：耐酸工作服、帽、橡胶手套、橡胶围裙、耐酸靴、防护眼镜、口罩等 5. 场地：有上下水设施及水源，有充足照明				

评分标准	序号	项 目 名 称	质　量　要　求	满分	扣　　分
	1	准备	将所用工具用纯水清洗合格	2	清洗不合格或没清洗，扣 2 分
	2	调整液面高度	检查蓄电池内电解液密度，根据检查结果确定需补加液体的密度 补加时要缓慢注入至标准液面高度为准，然后测量密度，如不合格继续调整，直至合格为止	15	测量方法不合理或测量不准，扣 2 分 确定补液密度不合理，扣 5 分 注液方法不合理，扣 8 分 用错补充液体，扣 10 分
	3	安全文明生产	严格按有关规程执行，合理使用劳保用品，考核现场清洁，物品摆放合理有序	3	有违章作业行为，扣 2 分；劳保用品使用不合理，扣 2 分；场地不清洁，扣 2 分；物品摆放不合理，扣 2 分

行业：电力工程　　　工种：直流设备检修　　　　　等级：中

<table>
<tr><td>编　　号</td><td>C45B022</td><td>行为领域</td><td>e</td><td>鉴定范围</td><td>1</td></tr>
<tr><td>考核时限</td><td>2h</td><td>题　　型</td><td>B</td><td>题　　分</td><td>30</td></tr>
<tr><td>试题正文</td><td colspan="5">镉镍蓄电池爬碱现象处理</td></tr>
<tr><td>需　　要
说明的问
题和要求</td><td colspan="5">1. 严格按有关规程、规范执行
2. 根据现场实际设备情况，不做具体型号规定</td></tr>
<tr><td>工具、材料、
设备、场地</td><td colspan="5">1. 工具：毛刷1把
2. 材料：棉布适量
3. 设备：考核现场实际设备
4. 劳保用品：耐碱工作服、帽、橡胶手套、胶靴、橡胶围裙、防护眼镜、口罩
5. 场地：有上下水设施及水源，有充足照明</td></tr>
<tr><td rowspan="4">评
分
标
准</td><td>序号</td><td>项 目 名 称</td><td>质　量　要　求</td><td>满分</td><td>扣　　分</td></tr>
<tr><td>1</td><td>检查</td><td>通过观察找出产生爬碱现象的原因</td><td>8</td><td>原因查不清楚，扣4分；查找方法不符合要求，扣4分</td></tr>
<tr><td>2</td><td>处理</td><td>将有爬碱现象的电池外表彻底清理干净，将产生爬碱现象的原因彻底消除，然后涂抹凡士林油</td><td>15</td><td>清理不彻底，扣5分；原因消除不彻底，扣5分；凡士林涂得不均匀，扣5分</td></tr>
<tr><td>3</td><td>安全文明生产</td><td>严格按有关规程执行劳保用品合理使用场地清洁</td><td>7</td><td>有违章作业行为，扣3分
劳保用品使用不合理，扣2分
场地不清洁，扣2分</td></tr>
</table>

行业：电力工程　　工种：直流设备检修　　等级：中

<table>
<tr><td>编　号</td><td colspan="2">C43B023</td><td>行为领域</td><td>e</td><td>鉴定范围</td><td>1</td></tr>
<tr><td>考核时限</td><td colspan="2">1h</td><td>题　型</td><td>B</td><td>题　分</td><td>30</td></tr>
<tr><td>试题正文</td><td colspan="6">直流过（低）压告警的验证</td></tr>
<tr><td>需　要
说明的问
题和要求</td><td colspan="6">1. 严格按有关规程、规范执行
2. 考核现场要有 1 名专职监护人和 1 名熟练人员配合，并做好必要的安全措施
3. 考核过程中需必要的操作时，由考生提出，监护人同意方可进行</td></tr>
<tr><td>工具、材料、
设备、场地</td><td colspan="6">1. 工具：标准电压表，4 位半及以上数字式万用表 1 块，手电筒 1 个，电工常用工具
2. 材料：导线、绝缘胶带适量
3. 设备：完整的直流系统（蓄电池组、微机型高频开关电源），模拟的站内自动化告警信号
4. 场地：有充足照明</td></tr>
<tr><td rowspan="5">评
分
标
准</td><td>序号</td><td>项 目 名 称</td><td colspan="2">质　量　要　求</td><td>满分</td><td>扣　　分</td></tr>
<tr><td>1</td><td>准备</td><td colspan="2">检查微机型高频开关电源运行正常。
检查标准电压表有有效期内的鉴定合格证书</td><td>3</td><td>漏查或查的方法不合理，每项扣 2 分</td></tr>
<tr><td>2</td><td>操作验证</td><td colspan="2">1. 将充电装置的浮充输出电压定值设定得比过压（欠压）告警定值高（低）1V
2. 用标准电压表监视输出电压值，同时看监控器是否告警，站内自动化告警信号是否告警
3. 如果监控器当地告警而站内自动化告警信号没有告警，应检查告警电缆接线是否正确，直到过压告警在监控器和站内信号全部正确
4. 检查本机的事故记录显示正常
5. 作调试记录</td><td>20</td><td>不符合操作要求，每步扣 5 分；没完成接线，不得分</td></tr>
<tr><td>3</td><td>恢复</td><td colspan="2">过压告警试验完成后立即将浮充输出电压恢复正常</td><td>2</td><td>没有复归扣 2 分</td></tr>
<tr><td>4</td><td>安全文明生产</td><td colspan="2">1. 严格按有关规程执行。防止人身触电，防止直流母线短路
2. 保持场地清洁</td><td>5</td><td>有违章作业行为，每项扣 2 分；场地不清洁，扣 1 分</td></tr>
</table>

行业：电力工程　　工种：直流设备检修　　等级：高

编　号	C34B024		行为领域	e	鉴定范围	2
考核时限	2h		题　型	B	题　分	50
试题正文	微机监控装置对蓄电池长期充电管理的验证					
需　要说明的问题和要求	1. 严格按有关规程、规范执行 2. 考核现场要有1名专职监护人和1名熟练人员配合，并做好必要的安全措施 3. 微机型高频开关电源对蓄电池进行长期浮充时，每隔3～6个月（可设）自动转为均充。 当蓄电池均充电流小于$0.1I_{10}$定值后经半小时（可选设0.5～3小时）转入浮充。 现对充电机监控装置此功能验证 4. 考核过程中需必要的操作时，由考生提出，监护人同意方可进行					
工具、材料、设备、场地	1. 工具：4位半及以上数字式万用表1块，手电筒1个，电工常用工具 2. 材料：导线、绝缘胶带适量 3. 设备：完整的直流系统（蓄电池组、微机型高频开关电源） 4. 场地：有充足照明					
评分标准	序号	项目名称	质量要求		满分	扣　分
	1	检查、准备	检查微机型高频开关电源运行正常，查看微机监控器设置正确，蓄电池组运行正常		3	漏查或查的方法不合理，每项扣2分
	2	操作验证	1. 充电装置对蓄电池进行浮充 2. 修改监控装置设定：将长期充电时间间隔（可设）设置到最短时间 将均充转浮充保持时间（可设）设定为半小时 3. 修改后进行浮充转均充状态观察并记录 4. 转入均充状态后，观察蓄电池电流小于$0.1I_{10}$定值后半小时转入浮充		40	不符合操作要求，每步扣10分
	3	恢复	试验完成后恢复原设置		2	没有恢复设置，扣2分
	4	安全文明生产	1. 严格按有关规程执行防止人身触电，防止直流母线短路 2. 保持场地清洁		5	有违章作业行为，每项扣2分；场地不清洁，扣1分

行业：电力工程　　　工种：直流设备检修　　　　　等级：高

编　　号	C32B9025	行为领域	e	鉴定范围	1
考核时限	1h	题　　型	B	题　　分	30
试题正文	蓄电池充电限流的验证				
需　　要说明的问题和要求	1. 严格按有关规程、规范执行 2. 考核现场要有 1 名专职监护人和 1 名熟练人员配合，并做好必要的安全措施 3. 蓄电池深度放电和交流长时停电后充电机恢复工作，将对蓄电池进行充电。由于此时蓄电池容量放出较多，蓄电池的端电压明显下降，充电电流很大。必须限制其值，避免大电流长时间充电导致电池充坏，充电电流限值为 I_{10} 4. 考核过程中需必要的操作时，由考生提出，监护人同意方可进行				
工具、材料、设备、场地	1. 工具：标准电压表，4 位半及以上数字式万用表 1 块，手电筒 1 个，电工常用工具 2. 材料：导线、绝缘胶带适量 3. 设备：完整的直流系统（蓄电池组、微机型高频开关电源），模拟的站内自动化告警信号 4. 场地：有充足照明				

评分标准	序号	项 目 名 称	质　量　要　求	满分	扣　　分
	1	准备	检查微机型高频开关电源运行正常 查看微机监控器蓄电池充电限流值，如充电机未设置或设置不正确，予以修正	5	漏查或查的方法不合理，每项扣 2 分
	2	操作验证	1. 充电装置关机（失却交流电压） 2. 蓄电池放出容量的 20% 3. 开启充电装置（交流恢复），记录蓄电池充电电流值 4. 当蓄电池电压小于浮充电压值时，该电流即为蓄电池恒流值 5. 记录并与定值核对是否正确	20	不符合操作要求，每步扣 4 分；没完成接线，不得分
	3	安全文明生产	1. 严格按有关规程执行。防止人身触电，防止直流母线短路 2. 保持场地清洁	5	有违章作业行为，每项扣 2 分；场地不清洁，扣 1 分

行业：电力工程　　　工种：直流设备检修　　　　等级：技师

<table>
<tr><td colspan="2">编　　号</td><td>C23B026</td><td>行为领域</td><td>e</td><td>鉴定范围</td><td>1</td></tr>
<tr><td colspan="2">考核时限</td><td>2h</td><td>题　　型</td><td>B</td><td>题　　分</td><td>60</td></tr>
<tr><td colspan="2">试题正文</td><td colspan="5">蓄电池核对性容量试验放电（双直流系统）</td></tr>
<tr><td colspan="2">需　　要说明的问题和要求</td><td colspan="5">1. 严格按有关规程、规范执行
2. 考核现场要有1名专职监护人和1名熟练人员配合，并做好必要的安全措施
3. 本试题针对的是两组充电机、两组蓄电池的双直流系统
4. 考核过程中需必要的操作时，由考生提出，监护人同意方可进行</td></tr>
<tr><td colspan="2">工具、材料、设备、场地</td><td colspan="5">1. 工具：钳形电流表1块，万用表1块，工具包1个
2. 材料：开关1个，记录表格若干
3. 设备：完整的双直流系统（蓄电池组、直流电源），蓄电池容量测试装置1台
4. 场地：有充足照明</td></tr>
<tr><td rowspan="3">评
分
标
准</td><td>序号</td><td>项目名称</td><td>质量要求</td><td>满分</td><td colspan="2">扣　　分</td></tr>
<tr><td>1</td><td>蓄电池退出运行</td><td>1. 将蓄电池充足电
2. 拧紧所有连接件
3. 检查直流系统绝缘良好
4. 退出准备放电这段的直流绝缘检测装置
5. 检查两段母线压差应小于规定值
6. 合上母线联络闸
7. 拉开准备放电这段直流输出总闸，确认系统运行正常
8. 拉开准备放电这段充电机开关</td><td>12</td><td colspan="2">缺少一项扣2分</td></tr>
<tr><td>2</td><td>蓄电池容量测试仪接线</td><td>1. 核对放电端子极性
2. 确认试验设备接线正确</td><td>4</td><td colspan="2">没有核对极性扣2分；没有确认接线扣2分</td></tr>
</table>

续表

	序号	项目名称	质量要求	满分	扣分
评分标准	3	蓄电池组放电	1. 放电前测量每个电池的电压、（密度）及电池组的总电压和室内温度，并做好记录 2. 正确设置蓄电池容量测试仪参数，开始放电 3. 按规定时间间隔记录放电数据（单体蓄电池电压保留到小数点后2位） 4. 确认蓄电池放电终止电压 5. 当其中一个蓄电池放至终止电压时放电终止（可以假设）	25	不符合操作要求，每步扣5分；没完成接线，不得分
	4	判断蓄电池组容量	1. 写出温度折算的放电容量公式，并进行容量计算 $C_{25}=\frac{C_t}{1+0.008(t-25)}$ 式中 C_{25}——25℃时的容量；C_t——实测容量；t——实际平均温度 上式适用于电解液温度在10～40℃之间 2. 判断蓄电池组容量是否合格	10	公式不正确扣5分；合格标准不正确扣5分
	5	恢复（口述）	1. 容量试验完成后立即对蓄电池组充电至满 2. 直流系统恢复两组充电机、两组蓄电池分列运行状态	5	没有口述复归，缺少一项扣2分
	6	安全文明生产	1. 严格按有关规程执行。防止人身触电，防止直流母线短路 2. 蓄电池室严禁明火和吸烟，保持场地清洁	4	有违章作业行为，每项扣2分；场地不清洁，扣1分

行业：电力工程　　工种：直流设备检修　　等级：技师

<table>
<tr><td>编　号</td><td>C23B027</td><td>行为领域</td><td>e</td><td>鉴定范围</td><td>1</td></tr>
<tr><td>考核时限</td><td>2h</td><td>题　型</td><td>B</td><td>题　分</td><td>40</td></tr>
<tr><td>试题正文</td><td colspan="5">直流充电装置稳流精度试验</td></tr>
<tr><td>需　要
说明的问
题和要求</td><td colspan="5">1. 严格按有关规程、规范执行
2. 考核现场要有 1 名专职监护人和 1 名熟练人员配合，并做好必要的安全措施
3. 考核过程中需必要的操作时，由考生提出，监护人同意方可进行</td></tr>
<tr><td>工具、材料、
设备、场地</td><td colspan="5">1. 工具：标准数字电压表 2 块，标准数字直流电流表 1 块，万用表 1 块，工具包 1 个
2. 材料：线包 1 个，常用可调负载 1 个，开关 3 个
3. 设备：工作台 1 个，直流充电装置，三相式电压调节器 1 个
4. 场地：有充足照明</td></tr>
<tr><td rowspan="2">评
分
标
准</td><td>序号</td><td>项 目 名 称</td><td>质 量 要 求</td><td>满分</td><td>扣　分</td></tr>
<tr><td>1</td><td>准备</td><td>1. 用万用表测量现场交流电源是否符合要求
2. 用线包的试验线把三相电源经过开关接到三相式电压调节器，调节器输出至直流充电装置，充电装置经开关接负载
3. 电压表并接至调压器三相输出端，电流表串接至负载回路</td><td>10</td><td>万用表使用不当扣 2 分，电压表或电流表接入不对扣 4 分</td></tr>
</table>

续表

	序号	项目名称	质量要求	满分	扣分
评分标准	2	加电测量	1. 先合上交流输入开关，把调节器输出电压调到380V，观察电压表显示值，合上直流充电装置的输入开关，输出开关，把直流充电装置输出电流在20%～100%范围内任一数值上保持稳定，如I_Z=8A，观察输出回路电流表的显示值 2. 调节电压调节器，使交流电压在90%～115%的范围波动，记录直流电流表所显示的最大值和最小值。计算I_m=电流波动极限值 3. 通过公式计算出装置的稳流精度 $\delta_1=\frac{I_m-I_Z}{I_Z}\times100\%$	25	没有调节到380V扣3分；没有观察扣2分；没有整定定值扣2分；没有进行范围调节扣10分；没有记录电流值扣3分，没有计算出精度值扣5分
	3	安全文明生产	1. 严格按有关规程执行。防止人身触电，防止直流母线短路 2. 保持场地清洁	5	有违章作业行为，每项扣2分；场地不清洁，扣1分

行业：电力工程　　　工种：直流设备检修　　　　等级：技师

<table>
<tr><td colspan="2">编　　号</td><td>C23B028</td><td>行为领域</td><td>e</td><td>鉴定范围</td><td>1</td></tr>
<tr><td colspan="2">考核时限</td><td>2h</td><td>题　　型</td><td>B</td><td>题　　分</td><td>40</td></tr>
<tr><td colspan="2">试题正文</td><td colspan="5">直流充电装置稳压精度试验</td></tr>
<tr><td colspan="2">需　　要
说明的问
题和要求</td><td colspan="5">1. 严格按有关规程、规范执行
2. 考核现场要有 1 名专职监护人和 1 名熟练人员配合，并做好必要的安全措施
3. 考核过程中需必要的操作时，由考生提出，监护人同意方可进行</td></tr>
<tr><td colspan="2">工具、材料、
设备、场地</td><td colspan="5">1. 工具：标准交流数字电压表 2 块，标准数字直流电压表 1 块，标准数字直流电流表 1 块，万用表 1 块，工具包 1 个
2. 材料：线包 1 个，常用可调负载 1 个，开关 3 个
3. 设备：工作台 1 个，直流充电装置，三相式电压调节器 1 个
4. 场地：有充足照明</td></tr>
<tr><td rowspan="2">评
分
标
准</td><td>序号</td><td>项 目 名 称</td><td colspan="2">质　量　要　求</td><td>满分</td><td>扣　　分</td></tr>
<tr><td>1</td><td>准备</td><td colspan="2">1. 用万用表测量现场交流电源是否符合要求
2. 用线包的试验线把三相电源经过开关接到三相式电压调节器，调节器输出至直流充电装置，充电装置经开关接负载
3. 电压表并接至调压器三相输出端，直流电流表串接至负载回路，直流电压表并接在充电装置输出端</td><td>10</td><td>万用表使用不当扣 2 分，电压表或电流表接入不对扣 4 分</td></tr>
</table>

续表

	序号	项目名称	质量要求	满分	扣分
评分标准	2	加电测量	1. 先合上交流输入开关，把调节器输出电压调到380V，观察电压表显示值，合上直流充电装置的输入开关，输出开关，电源稳压输出定为额定范围内任一数值上，如 U_Z=233V，观察输出回路电压表，电流表的显示值 2. 一人调节电压调节器，使交流电压在90%～115%的范围波动，一人调节负载使电流在0～100%电源额定电流范围内波动，考试人员记录直流充电装置直流电压表所显示的最大值和最小值。计算 U_m=电压波动极限值 3. 通过公式计算出装置的稳压精度 $\delta_U=\frac{U_m-U_Z}{U_Z}\times100\%$	25	没有调节到380V扣3分；没有观察扣2分；没有整定定值扣2分；没有进行范围调节扣10分；没有记录电压值扣3分，没有计算出稳压精度值扣5分
	3	安全文明生产	1. 严格按有关规程执行。防止人身触电，防止直流母线短路 2. 保持场地清洁	5	有违章作业行为，每项扣2分；场地不清洁，扣1分

行业：电力工程　　　工种：直流设备检修　　　　等级：技师

<table>
<tr><td>编　　号</td><td>C23B029</td><td>行为领域</td><td colspan="2">e</td><td>鉴定范围</td><td>1</td></tr>
<tr><td>考核时限</td><td>2h</td><td>题　　型</td><td colspan="2">B</td><td>题　　分</td><td>40</td></tr>
<tr><td>试题正文</td><td colspan="6">直流充电装置纹波系数测试</td></tr>
<tr><td>需　　要
说明的问
题和要求</td><td colspan="6">1. 严格按有关规程、规范执行
2. 考核现场要有 1 名专职监护人和 1 名熟练人员配合，并做好必要的安全措施
3. 考核过程中需必要的操作时，由考生提出，监护人同意方可进行</td></tr>
<tr><td>工具、材料、
设备、场地</td><td colspan="6">1. 工具：标准数字万用表 1 块，标准交流数字电压表 2 块，标准数字直流电流表 1 块，标准直流数字电压表 1 块，工具包 1 个，示波器 1 台
2. 材料：线包 1 个，常用可调负载 1 个，开关 3 个
3. 设备：工作台 1 个，直流电源设备 1 套
4. 场地：有充足照明</td></tr>
<tr><td rowspan="2">评
分
标
准</td><td>序号</td><td>项 目 名 称</td><td colspan="2">质　量　要　求</td><td>满分</td><td>扣　　分</td></tr>
<tr><td>1</td><td>准备</td><td colspan="2">1. 用万用表测量现场交流电源是否符合要求
2. 用线包的试验线把三相电源经过开关接到三相式电压调节器，调节器输出至直流电源，电源经开关接阻性负载
3. 电压表并接至调压器三相输出端，直流电流表串接至负载回路，把示波器接到直流输出端</td><td>10</td><td>没有测量电压扣 2 分；没有接入开关扣 2 分；表计接错扣 2 分；示波器接错扣 4 分</td></tr>
</table>

续表

	序号	项目名称	质量要求	满分	扣分
评分标准	2	加电测量	1. 先合上交流输入开关，把调节器输出电压调到 380V，观察电压表显示值，合上直流电源的输入开关，输出开关，把电源输出定为额定范围内任一数值上，如 U_p= 233V（U_p——直流电压平均值） 观察输出回路电压表，电流表的显示值，观察示波器显示的电压波形 2. 一人调节电压调节器，使交流电压在 115%～90%的范围波动，一人调节负载使电流在 0～100%额定电流范围内波动，考试人员观察示波器上直流电压的波形，并记录所显示的直流电压脉动峰值 U_f 和直流电压的脉动谷值 U_q 3. 通过公式计算出装置的纹波系数 纹波系数δ（峰峰值）： $\delta=(U_f-U_q)/2U_p$（%）	25	没有调节到 380V 扣 3 分；没有观察扣 2 分；没有整定定值扣 2 分；没有进行范围调节扣 10 分；没有记录直流电压峰值和谷值扣 3 分，没有计算出纹波系数值扣 5 分
	3	安全文明生产	1. 严格按有关规程执行。防止人身触电，防止直流母线短路 2. 保持场地清洁	5	有违章作业行为，每项扣 2 分；场地不清洁，扣 1 分

行业：电力工程　　工种：直流设备检修　　等级：技师

<table>
<tr><td colspan="2">编　号</td><td>C23B030</td><td>行为领域</td><td>e</td><td>鉴定范围</td><td>2</td></tr>
<tr><td colspan="2">考核时限</td><td>2h</td><td>题　型</td><td>B</td><td>题　分</td><td>60</td></tr>
<tr><td colspan="2">试题正文</td><td colspan="5">高频开关电源综合告警信息（充电装置异常）的验证</td></tr>
<tr><td colspan="2">需要说明的问题和要求</td><td colspan="5">1. 严格按有关规程、规范执行
2. 考核现场要有 1 名专职监护人和 1 名熟练人员配合，并做好必要的安全措施
3. 考核过程中需必要的操作时，由考生提出，监护人同意方可进行</td></tr>
<tr><td colspan="2">工具、材料、设备、场地</td><td colspan="5">1. 工具：标准电压表，4 位半及以上数字式万用表 1 块，手电筒 1 个，电工常用工具
2. 材料：导线、绝缘胶带适量
3. 设备：完整的直流系统（蓄电池组、微机型高频开关电源），模拟的站内自动化告警信号
4. 场地：有充足照明</td></tr>
<tr><td rowspan="3">评分标准</td><td>序号</td><td>项目名称</td><td colspan="2">质量要求</td><td>满分</td><td>扣分</td></tr>
<tr><td>1</td><td>准备</td><td colspan="2">检查微机型高频开关电源运行正常
查看微机监控器事故记录显示正常</td><td>5</td><td>漏查或查的方法不合理，每项扣 2 分</td></tr>
<tr><td>2</td><td>操作验证</td><td colspan="2">1. 交流失电告警：
将输入的二路交流分别拉开，检查监控装置是否发出交流失电告警
2. 交流缺相告警：
拉开一相交流，检验微机监控装置的缺相告警信号是否发出
3. 模块故障：
将模块的交流开关拉开，检查模块故障信号是否发出</td><td>35</td><td>不符合操作要求，每步扣 5 分</td></tr>
</table>

续表

	序号	项目名称	质量要求	满分	扣分
评分标准	2	操作验证	4. 避雷器故障： 将避雷器模块拔出，检查避雷器告警是否正常 5. 微机监控装置故障： 将微机监控装置的工作电源拔掉，应有监控装置告警输出 6. 馈线开关跳闸： 在任一个开关的侧面试验小孔中用小针拨动开关跳闸，发出告警信号，检查微机监控装置的告警信号是否发出。试验中要注意人工操作开关到分的位置是不会报警的，只有故障跳闸告警接点闭合 7. 表计故障： 将表计 RS485 总线拔出，检查监控装置告警是否正常		不符合操作要求，每步扣5分
	3	处理	告警信息检查不仅要检查高频开关电源本机的告警信息，还要检查本机的事故记录显示，有自动化后台还得检查后台告警是否显示正常	10	漏查或查的方法不合理，每项扣3分
	4	恢复	综合告警信息试验完成后将高频开关电源恢复正常	5	没有复归，扣5分
	5	安全文明生产	1. 严格按有关规程执行。防止人身触电，防止直流母线短路 2. 保持场地清洁	5	有违章作业行为，每项扣2分；场地不清洁，扣1分

行业：电力工程　　　工种：直流设备检修　　　等级：技师

编　号	C23B031	行为领域	e	鉴定范围	1
考核时限	2h	题　型	B	题　分	30
试题正文	镉镍蓄电池组容量检查和恢复				
需要说明的问题和要求	1. 严格按有关规程、规范执行 2. 以镉镍蓄电池组作为考核设备，具体型号以考核现场实际设备为准 3. 考核现场应备 1～2 名熟练人员配合 4. 考核过程利用整个工作过程后进行；并结合现场考问 5. 只测量，不操作				
工具、材料、设备、场地	1. 工具：直流电压表（−3～0～+3V）1 块 2. 设备：现场实际设备（包括充电设备） 3. 劳保用品：耐碱工作服、帽、手套、胶靴、防护眼镜、口罩 4. 场地：有上下水设施及水源，有充足照明，通风良好，严禁有明火				
评分标准	序号	项目名称	质量要求	满分	扣分
	1	容量检查、恢复	1. 用标准放电制电流将蓄电池放电至单个电池电压为 1.0V 为止 2. 再用标准放电制电流充电 6h 3. 用同样大小的电流放电至单个电池电压为 1.0V 4. 计算蓄电池组的放电容量 5. 如没有达到额定容量的 80%以上，反复充放电到合格为止	25	测量不准确，扣 5 分；检查过程、方法不对，各扣 5 分；计算方法不对，扣 5 分
	2	安全文明生产	严格按有关规程执行，合理使用劳保用品，现场清洁	5	有违章作业行为，扣 2 分；劳保用品使用不合理，扣 2 分；现场不清洁，扣 1 分

行业：电力工程　　工种：直流设备检修　　等级：技师

编　号	C21B032	行为领域	e	鉴定范围	2
考核时限	2h	题　型	B	题　分	60
试题正文	直流系统接地告警的验证				
需要说明的问题和要求	1. 严格按有关规程、规范执行 2. 考核现场要有1名专职监护人和1名熟练人员配合，并做好必要的安全措施 3. 考核过程中需必要的操作时，由考生提出，监护人同意方可进行				
工具、材料、设备、场地	1. 工具：4位半及以上数字式万用表。大小各型螺丝刀、剥线钳、电工刀、电工胶带等。手电筒1个 2. 材料：接地电阻5～25kΩ（5W）一只。软导线10m及鳄鱼夹若干。绝缘胶带适量 3. 设备：微机型高频开关电源，带有支路检测功能绝缘监测装置，模拟的站内自动化告警信号 4. 场地：有充足照明				
评分标准	序号	项目名称	质量要求	满分	扣　分
	1	准备	1. 接通绝缘监测装置工作电源，检查人机对话画面和各类指示灯工作正常 2. 按照以下要求核对绝缘监测装置接地电阻告警定值：直流系统电压110V，绝缘电阻告警定值7kΩ；直流系统电压220V，绝缘电阻告警定值25kΩ 3. 检测小TA编号与支路一一对应 4. 接头接线无松动或脱线等现象 5. 绝缘监测仪调试报告	10	漏查或查的方法不合理，每项扣2分
	2	直流母线接地告警功能检查	1. 通过直流馈线开关使直流系统正对地接电阻5kΩ（5W），过几分钟绝缘监测装置告警：直流系统接地（检查自动化后台有告警信号） 2. 通过直流馈线开关使直流系统负对地接电阻5kΩ（5W），过几分钟绝缘监测装置告警：直流系统接地	10	不符合操作要求，每步扣5分；没完成接线，不得分

续表

	序号	项目名称	质量要求	满分	扣分
评分标准	3	直流支路接地告警功能检查	1. 通过直流馈线开关使直流系统负对地接电阻5kΩ（5W） 2. 在微机直流绝缘监视仪检测到直流系统有接地的情况下监视仪将自动进入支路查巡，寻找具体的接地支路 3. 确定告警TA号与馈线名称的对应关系（可抽查几路检查） 4. 如需检测所有直流支路接地告警正确与否：将接直流负电源一线穿越所有TA后经5kΩ（5W）电阻接地，几分钟后接地告警后，记录所有支路接地电阻显示值，应符合厂方出厂精度要求 5. 如某支路没有显示接地数值，应检查原因处理后继续，直到所有支路显示值正确 6. 核对告警TA号与馈线名称的对应关系	30	不符合操作要求，每步扣5分；没完成接线，不得分
	4	恢复	1. 将试验用的接地线撤除 2. 按照测试表格填写实验结果	5	没有复归或填表，各扣3分
	5	安全文明生产	1. 严格按有关规程执行。防止人身触电，防止直流母线短路 2. 保持场地清洁	5	有违章作业行为，每项扣2分；场地不清洁，扣1分

行业：电力工程　　　工种：直流设备检修　　　等级：技师

编　号	C21B033	行为领域	e	鉴定范围	2
考核时限	2h	题　型	B	题　分	80
试题正文	充电机运行中更换模块				
需要说明的问题和要求	1. 严格按有关规程、规范执行 2. 考核现场要有1名专职监护人和1名熟练人员配合，并做好必要的安全措施 3. 考核过程中需必要的操作时，由考生提出，监护人同意方可进行				
工具、材料、设备、场地	1. 工具：4位半及以上数字式万用表1块，手电筒1个，电工常用工具 2. 材料：导线、绝缘胶带适量 3. 设备：微机型高频开关电源（模块的交、直流输入、输出插头分开类型），备用高频开关模块 4. 场地：有充足照明				

评分标准	序号	项目名称	质量要求	满分	扣分
	1	准备	检查微机型高频开关电源运行正常 检查备用高频开关模块有合格证	5	漏查或查的方法不合理，每项扣2分
	2	操作安装	1. 通过集中监控器查看待调充电模块编号及地址码 2. 关掉微机集中监控器 3. 拆下待调充电模块，断开通信连线 4. 装上新模块，先只接上模块的交流输入插头和模块的通信线 5. 将新模块的地址码设成和原换下的模块一致 6. 合上新模块电源开关，检查模块工作及通信应正常	60	不符合操作要求，每步扣5分；没完成接线，不得分

续表

	序号	项目名称	质量要求	满分	扣分
评分标准	2	操作安装	7. 检测新模块实际输出电压值，调整其显示值与实际值一致 8. 将模块输出电压精确调整到电池浮充电压值 9. 按下模块均/浮充按钮至均充状态，将模块输出电压精确调整到电池均充电压值 10. 恢复模块浮充状态 11. 接上模块的直流输出插头 12. 打开微机集中监控器		不符合操作要求，每步扣5分；没完成接线，不得分
	3	记录	作调换记录	5	没有记录，扣5分
	4	安全文明生产	1. 严格按有关规程执行。防止人身触电，防止直流母线短路 2. 保持场地清洁	10	有违章作业行为，每项扣2分；场地不清洁，扣1分

行业：电力工程　　　工种：直流设备检修　　　等级：高级技师

编　号	C12B034	行为领域	e	鉴定范围	2
考核时限	2h	题　型	B	题　分	50
试题正文	不切断充电机及电池组供电，浮充情况下单只蓄电池更换				
需要说明的问题和要求	1. 严格按有关规程、规范执行 2. 考核现场要有 1 名专职监护人和 1 名熟练人员配合，并做好必要的安全措施 3. 不切断充电机，浮充情况下带电更换单节电池 4. 考核过程中需必要的操作时，由考生提出，监护人同意方可进行				
工具、材料、设备、场地	1. 工具：标准电压表，4 位半及以上数字式万用表 1 块，手电筒 1 个，电工常用工具 2. 材料：导线、绝缘胶带适量 3. 设备：完整的直流系统（蓄电池组、微机型高频开关电源），模拟的站内自动化告警信号 4. 场地：有充足照明 5. 如更换防酸蓄电池，碱性蓄电池，作业现场备有调制好的苏打水（硼酸溶液）和清洁的水				

评分标准	序号	项目名称	质量要求	满分	扣分
	1	准备确认	了解充电机、电池组运行状况及该单节故障电池现象	5	不了解运行前状况或了解不全面，扣 3 分；没进行外观检查或检查不细，扣 2 分
	2	操作原理	用一只硅元件将三只蓄电池连接起来： 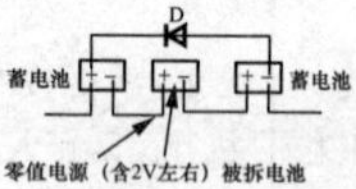 将中间电池拆下，换上新电池	10	原理、思路不清，每步扣 5 分

续表

	序号	项目名称	质量要求	满分	扣分
评分标准	3	实施	1. 所选择的硅元件和连接导线容量应满足该蓄电池组最大负荷和冲击负荷的需要 2. 硅元件的极性不能接反，否则会造成电池的短路而损坏电池和影响整组蓄电池的健康运行 3. 连线，旧电池拆下，新电池换上	25	不符合操作要求，每步扣8分；没完成接线，不得分
	4	记录	作更换记录	5	没有记录，扣5分
	5	安全文明生产	1. 严格按有关规程执行。防止人身触电，防止直流母线短路。蓄电池室严禁明火和吸烟 2. 如更换防酸蓄电池，碱性蓄电池，按规定穿戴好防护用品 3. 电池连接时要牢固、接触可靠 4. 保持场地清洁	5	有违章作业行为，每项扣2分；场地不清洁，扣1分

4.2.3 综合操作

行业：电力工程　　　工种：直流设备检修　　　等级：中

编　号	C43C035	行为领域	e	鉴定范围	1
考核时限	2h	题　型	C	题　分	50
试题正文	硅整流装置主回路绝缘电阻测试				
需要说明的问题和要求	1. 严格按有关规程、规范执行 2. 考核现场备1名熟练人员协助工作 3. 考核设备为非运行状态设备				
工具、材料、设备、场地	1. 工具：500、1000、2500V绝缘电阻表各1块、常用电工工具 2. 材料：裸细导线适量 3. 设备：考核现场实际设备 4. 场地：有充足照明				

评分标准	序号	项目名称	质量要求	满分	扣分
	1	准备	检查被测量回路应无电压	3	不检查，扣3分
			检查绝缘电阻表是否完好：开路时电阻应为无穷大，短路时应为零	3	不检查，扣3分
	2	测试	将被测量设备非测量部分端部用裸导线短接好	5	不短接或短接不正确，扣5分
			断开变压器一、二次及直流部分的所有输入、输出线	3	断点位置不合理或断点数量不够，扣3分
			“E”端子接设备外壳，“L”端子接被测元件	3	接线方法不合理，扣3分
			测直流输出部分对地绝缘电阻，测整流变压器一次绕组对地绝缘电阻，测整流变压器一、二次侧间绝缘电阻，测整流变压器二次绕组对地绝缘电阻	12	被测件选择不合理，扣3分；被测设备的测量部位漏测，每处扣3分
			测量结束时，先拆除接线后再停止摇动绝缘电阻表	10	接线拆除顺序不合理，扣10分
			正确选择、使用绝缘电阻表	6	使用绝缘电阻表不正确，扣6分
	3	恢复接线	恢复所拆接线	5	接线工艺不符合要求，扣5分

行业：电力工程　　　工种：直流设备检修　　　　　等级：高

编　号	C34C036	行为领域	e	鉴定范围	2
考核时限	1h	题　型	C	题　分	30
试题正文	直流屏交流切换回路故障排除				
需要说明的问题和要求	1. 严格按有关规程、规范执行 2. 考核现场要有1名专职监护人和1名熟练人员配合，并做好必要的安全措施 3. 故障点设在直流切换装置1#接触器常闭接点松动，交流1路失电后无法自动切换到交流2路运行 4. 考核过程中需必要的操作时，由考生提出，监护人同意方可进行				
工具、材料、设备、场地	1. 工具：标准数字万用表1块，工具包1个 2. 材料：线包1个 3. 设备：工作台1个，含交流切换装置的直流充电屏1个 4. 场地：有充足照明				

评分标准	序号	项目名称	质量要求	满分	扣　分
	1	检查	了解故障发生前运行状况及目前故障现象。 故障现象： 交流1路失电后无法自动切换到交流2路运行	5	不了解运行前状况或了解不全面，扣3分；没进行外观检查或检查不细，扣2分
	2	分析原因、查故障点	根据已掌握的情况逐级分析，要思路清楚，有逻辑性，并快速准确 故障原因分析： 交流切换回路故障有两种可能：触器线圈烧损或控制回路有断路	5	不会分析或分析思路不清，或没有逻辑性，结论不准，扣5分

续表

	序号	项目名称	质量要求	满分	扣分
评分标准	3	加电测量、处理	1. 先把切换开关打到自动位置，当合上1路交流输入开关后，1路交流接触器吸合，再合上2路交流输入开关，这时断开1路电源，回路应切换到2路运行，1号接触器返回，2号接触器没有吸合 2. 先用万用表测量2号接触器线圈是否有电，如果有电，则说明2号接触器线圈烧损；如果没电，则说明2号接触器控制回路有断路的地方 3. 先从取电源的一相测量起，中间经过熔断器，切换开关的接点1号接触器动断接点，中间继电器接点，投切开关，这些位置任何一点断开都将造成2号接触器不能吸合 4. 查明原因加以处理，并再进行切换试验	15	缺少第一步扣5分；没有进行判断扣5分；第3步的每个接点测量不到位扣3分，没有进行切换试验扣2分
	4	安全文明生产	1. 严格按有关规程执行。防止人身触电 2. 保持场地清洁	5	有违章作业行为，每项扣2分；场地不清洁，扣1分

行业：电力工程　　工种：直流设备检修　　等级：高

<table>
<tr><td>编　　号</td><td>C32C037</td><td>行为领域</td><td>e</td><td>鉴定范围</td><td colspan="2">1</td></tr>
<tr><td>考核时限</td><td>1h</td><td>题　　型</td><td>C</td><td>题　　分</td><td colspan="2">30</td></tr>
<tr><td>试题正文</td><td colspan="6">直流充电装置监控液晶显示不正常故障排除</td></tr>
<tr><td>需　　要说明的问题和要求</td><td colspan="6">1. 严格按有关规程、规范执行
2. 考核现场要有1名专职监护人和1名熟练人员配合，并做好必要的安全措施
3. 故障点设在背光源电缆某一芯未导通
4. 考核过程中需必要的操作时，由考生提出，监护人同意方可进行</td></tr>
<tr><td>工具、材料、设备、场地</td><td colspan="6">1. 工具：标准数字万用表1块，工具包1个
2. 材料：扁电缆线
3. 设备：工作台1个，微机型高频开关电源一套
4. 场地：有充足照明</td></tr>
<tr><td rowspan="3">评分标准</td><td>序号</td><td>项目名称</td><td>质 量 要 求</td><td>满分</td><td colspan="2">扣　　分</td></tr>
<tr><td>1</td><td>外观检查</td><td>了解故障发生前运行状况及目前故障现象。
故障现象：
液晶显示不正常</td><td>3</td><td colspan="2">不了解运行前状况或了解不全面，扣2分；没进行外观检查或检查不细，扣1分</td></tr>
<tr><td>2</td><td>分析原因、查故障点</td><td>1. 根据已掌握的情况逐级分析，要思路清楚，有逻辑性，并快速准确
2. 故障原因分析：
监控液晶显示不正常有几种可能：电源缺失或接触、对比度不良、甚至显示屏损坏</td><td>3</td><td colspan="2">不会分析或分析思路不清，或没有逻辑性，结论不准，扣3分</td></tr>
</table>

	序号	项目名称	质量要求	满分	扣分
评分标准	3	加电测量，查处故障点	1. 检查监控器工作电源是否正常，电源熔丝是否熔断，否则更换熔丝 2. 关闭液晶屏开关，再重新打开，观察液晶屏显示状态 3. 用小号一字螺丝刀调整主监控器面板上的对比度电位器，如果还不行，则继续查找 4. 检查触摸屏电缆，背光源电缆是否插接牢固，并进行导通，确保每一芯均导通，如果不通，应加以更换 5. 如果显示字体缺划等大都是接触不良引起，需重新紧固 6. 检查内部的电源模块是否有电压输出，电压是否正常，否则更换电源模块 7. 最后考虑是否液晶屏损坏 8. 查明原因加以处理，使液晶显示正常	20	没有检查电源扣3分，没有调整对比度扣3分；没有检查电缆接触扣2分；没有检查导通扣3分；没检查电源模块扣5分；没有使监控恢复正常扣4分
	4	安全文明生产	1. 严格按有关规程执行。防止人身触电，防止直流母线短路 2. 保持场地清洁	4	有违章作业行为，每项扣2分；场地不清洁，扣1分

行业：电力工程　　工种：直流设备检修　　等级：高

编　号	C32C038	行为领域	e	鉴定范围	1
考核时限	1h	题　型	C	题　分	30
试题正文	直流充电装置主监控器显示信息不全故障排除				
需　要 说明的问 题和要求	1. 严格按有关规程、规范执行 2. 考核现场要有1名专职监护人和1名熟练人员配合，并做好必要的安全措施 3. 故障点设在任一分监控单元的地址设置不正确 4. 考核过程中需必要的操作时，由考生提出，监护人同意方可进行				
工具、材料、 设备、场地	1. 工具：标准数字万用表1块，工具包1个 2. 材料：扁电缆线，电源板1块 3. 设备：具有主、分监控器的微机型高频开关电源 4. 场地：有充足照明				

评分标准	序号	项目名称	质量要求	满分	扣分
	1	外观检查	1. 了解故障发生前运行状况及目前故障现象 2. 故障现象： 主监控器显示信息不全 3. 观察主监控器显示信息，判断缺少哪些信息	3	不了解运行前状况或了解不全面，扣2分；没进行外观检查或检查不细，扣1分
	2	分析原因、查故障点	根据已掌握的情况逐级分析，要思路清楚，有逻辑性，并快速准确 故障原因分析： 主监控器显示信息不全有两种可能，该信息未上传或上传而设置不对	3	不会分析或分析思路不清，或没有逻辑性，结论不准，扣3分

续表

	序号	项目名称	质量要求	满分	扣分
评分标准	3	加电测量，查故障点	1. 检查缺少信息的分监控单元运行是否正常，否则检查其电源电压是否缺失 2. 检查该分监控单元应上传的各种信息量，确定各信息量是否齐全，正确 3. 检查主监控器与该监控单元的 RS485 接口电缆插接是否牢固，电缆是否导通 4. 检查主监控器的关于下级监控单元的相关参数设置是否正确 5. 检查监控单元的地址设置是否正确	20	没有检查电源扣 3 分；没有检查电缆扣 2 分；没有检查导通扣 5 分；没检查参数扣 5 分；没有检查监控单元的地址扣 5 分
	4	恢复	更换或设置后使主监控器显示信息正确、齐全	2	没有恢复设置，扣 2 分
	5	安全文明生产	1. 严格按有关规程执行。防止人身触电，防止直流母线短路 2. 保持场地清洁	2	有违章作业行为，每项扣 2 分；场地不清洁，扣 1 分

行业：电力工程　　工种：直流设备检修　　等级：高

编　　号	C32C039	行为领域	e	鉴定范围	2
考核时限	2h	题　　型	C	题　　分	50
试题正文	模块退出运行故障排除				
需　　要说明的问题和要求	1. 严格按有关规程、规范执行 2. 考核现场要有 1 名专职监护人和 1 名熟练人员配合，并做好必要的安全措施 3. 故障点设在任意一只模块，使其风扇失却电源而停转 4. 考核过程中需必要的操作时，由考生提出，监护人同意方可进行				
工具、材料、设备、场地	1. 工具：4 位半及以上数字式万用表 1 块，手电筒 1 个，电工常用工具 2. 材料：导线、绝缘胶带适量 3. 设备：微机型高频开关电源，模拟的站内自动化告警信号 4. 场地：有充足照明				

评分标准	序号	项 目 名 称	质 量 要 求	满分	扣　　分
	1	检查	了解故障发生前运行状况及目前故障现象。 故障现象： 模块告警，退出运行。但系统电压及工作状况正常	5	不了解运行前状况或了解不全面，扣 3 分；没进行外观检查或检查不细，扣 2 分
	2	分析原因、查故障点	根据已掌握的情况逐级分析，要思路清楚，有逻辑性，并快速准确		

续表

	序号	项目名称	质量要求	满分	扣分
评分标准	2	分析原因、查故障点	故障原因分析： 一般是模块内部故障造成无电压输出，所以对系统正常运行没有影响 风冷模块自动退出运行最常见的故障是风扇损坏，这时将模块推出后放置一段时间，待模块冷却后在插进去，模块会工作一段时间，然后又报故障。这时检查风扇可发现风扇是不转的	10	不会分析或分析思路不清，或没有逻辑性，结论不准，扣5分 漏查或查的方法不合理，每项扣5分
	3	处理	1. 查模块交流电源开关状况 2. 检查哪个模块报警灯亮或输出电流为零 3. 如监控器可以直接从监控屏幕上读出几号模块故障，那判断就更简单了 4. 退出该模块后重新设置工作模块数量，告警自动消除	30	不符合操作要求，每步扣8分；没完成接线，不得分
	4	安全文明生产	1. 严格按有关规程执行。防止人身触电，防止直流母线短路 2. 保持场地清洁	5	有违章作业行为，每项扣2分；场地不清洁，扣1分

<table>
<tr><td>编　号</td><td>C32C040</td><td>行为领域</td><td colspan="2">e</td><td>鉴定范围</td><td>2</td></tr>
<tr><td>考核时限</td><td>1h</td><td>题　型</td><td colspan="2">C</td><td>题　分</td><td>40</td></tr>
<tr><td>试题正文</td><td colspan="6">微机型高频开关电源直流过压告警处理</td></tr>
<tr><td>需　要说明的问题和要求</td><td colspan="6">1. 严格按有关规程、规范执行
2. 考核现场要有 1 名专职监护人和 1 名熟练人员配合，并做好必要的安全措施
3. 故障点设在任意一只模块，调节模块电压输出，使其高电压。直流系统负载电流小于单个模块额定输出电流
4. 考核过程中需必要的操作时，由考生提出，监护人同意方可进行</td></tr>
<tr><td>工具、材料、设备、场地</td><td colspan="6">1. 工具：标准电压表，4 位半及以上数字式万用表 1 块，手电筒 1 个，电工常用工具
2. 材料：导线、绝缘胶带适量
3. 设备：完整的直流系统（蓄电池组、微机型高频开关电源），模拟的站内自动化告警信号
4. 场地：有充足照明</td></tr>
<tr><td rowspan="3">评分标准</td><td>序号</td><td>项目名称</td><td>质量要求</td><td>满分</td><td colspan="2">扣　分</td></tr>
<tr><td>1</td><td>检查</td><td>了解故障发生前运行状况及目前故障现象
故障现象：
其中一个模块电流很大，其他模块电流几乎为零
母线电压超出过压告警设定值</td><td>3</td><td colspan="2">不了解运行前状况或了解不全面，扣 1 分；没进行外观检查或检查不细，扣 2 分</td></tr>
<tr><td>2</td><td>分析原因、查故障点</td><td>根据已掌握的情况逐级分析，要思路清楚，有逻辑性，并快速准确</td><td></td><td colspan="2">不会分析或分析思路不清，或没有逻辑性，结论不准，扣 4 分
漏查或查的方法不合理，每项扣 4 分</td></tr>
</table>

续表

	序号	项目名称	质量要求	满分	扣分
评分标准	2	分析原因、查故障点	原因分析： 1. 系统过电压或由监控器造成；或由模块造成。只要将监控器退出运行就可以区分 2. 监控器退出后模块进入自主工作状态，如此时电压还是过高，则是模块内部控制回路故障（或如本次人为升高）造成输出电压失控 3. 发生这种情况时直流系统负载电流一般小于单个模块输出电流。所以当某一模块输出失控输出电压过高时除了供应负载外还不断对蓄电池进行充电最终使得直流母线电压过高而报警	8	
	3	处理	1. 监控器退出后模块进入自主工作状态，此时电压还是过高 2. 检查模块的告警信号，观察哪一个模块输出电流最大且接近模块的最大电流，将此模块退出运行，如直流系统恢复正常，则证明该模块故障 3. 更换此电源模块或调整该模块输出电压	24	不符合处理要求，每步扣8分；没完成接线，不得分
	4	安全文明生产	1. 严格按有关规程执行。防止人身触电，防止直流母线短路 2. 保持场地清洁	5	有违章作业行为，每项扣2分；场地不清洁，扣1分

行业：电力工程　　　工种：直流设备检修　　　　等级：技师

编　　号	C23C041	行为领域	e	鉴定范围	1
考核时限	2h	题　　型	C	题　　分	40
试题正文	高频模块交流输入断路器跳闸故障排除				
需　　要说明的问题和要求	1. 严格按有关规程、规范执行 2. 考核现场要有 1 名专职监护人和 1 名熟练人员配合，并做好必要的安全措施 3. 故障点设在模块辅助电源变压器。（原边断开，模拟短路后烧毁） 4. 考核过程中需必要的操作时，由考生提出，监护人同意方可进行				
工具、材料、设备、场地	1. 工具：标准数字万用表 1 块，工具包 1 个 2. 材料：常用可调负载，压敏电阻 3 个，开关管 3 个，辅助电源变压器 1 个 3. 设备：工作台 1 个，带有高频模块交流输入断路器的微机型高频开关电源一套 4. 场地：有充足照明				

评分标准	序号	项目名称	质量要求	满分	扣分
	1	检查、准备	1. 现场检查某一高频模块交流输入断路器已在跳闸位置 2. 现场查看微机型高频开关电源其他模块均正常运行	5	不了解运行前状况或了解不全面，扣 3 分；没进行外观检查或检查不细，扣 2 分
	2	加电测量，查故障点	1. 拆除开关所接的充电模块，接入负载 2. 合上开关，调节输出电流，考验开关带负载的能力，如果开关没有问题，确定为模块故障 3. 用万用表测量模块交流输入电压是否过高，如果不高，把模块拆开，测量模块输入端压敏电阻是否烧损，如果压敏电阻损坏，应更换压敏电阻 4. 测量模块交流输入端电阻，如果电阻为几百欧则正常，如果电阻为 0，则说明是开关管损坏，如果电阻为无穷大，则是辅助电源变压器损坏	25	没有考验负载能力扣 5 分；没有测量输入电压扣 2 分；没有测量压敏电阻扣 5 分；没检测量开关管扣 8 分；没有测量辅助变压器扣 5 分

续表

	序号	项目名称	质量要求	满分	扣分
评分标准	3	恢复	更换相应原件后，把模块组装好，合上输入开关，测量模块输出电压，确定输出电压正常	5	没有恢复扣5分
	4	安全文明生产	1. 严格按有关规程执行。防止人身触电，防止直流母线短路 2. 保持场地清洁	5	有违章作业行为，每项扣2分；场地不清洁，扣1分

行业：电力工程　　工种：直流设备检修　　等级：技师

编　　号	C23C042	行为领域	f	鉴定范围	2
考核时限	2h	题　　型	C	题　　分	50
试题正文	单结晶体管触发电路安装调试				
需　　要说明的问题和要求	1. 严格按有关规程、规范执行 2. 电路原理图，见图 CC-1、图 CC-2 3. 考生独立完成 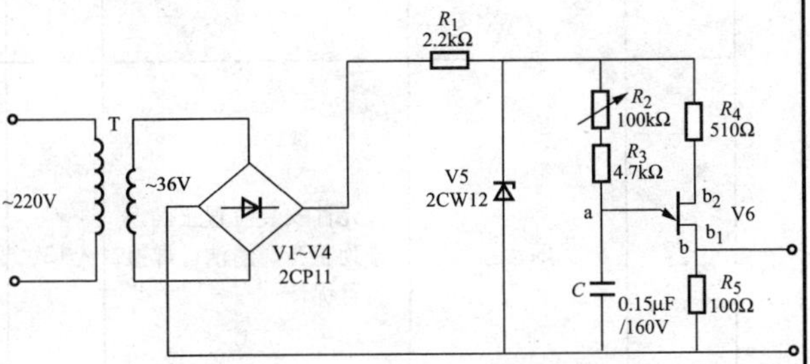 图 CC-1　单结晶体管触发电路原理图 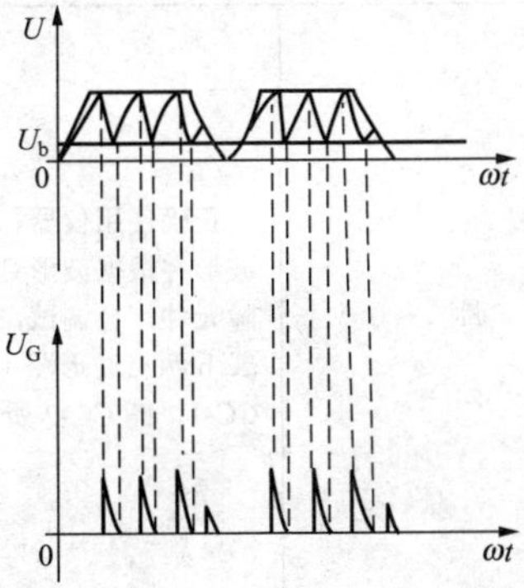 图 CC-2　单结晶体管触发电路波形图				
工具、材料、设备、场地	1. 工具：示波器 1 台，万用表 1 块，电烙铁（25W）1 把，电工常用工具，常用绘图工具 2. 材料：印刷电路板、焊锡丝、焊剂，电路原理图中所有元件，绘图用纸 3. 设备：工作台 4. 场地：有充足照明，有 220V 交流电源				

续表

	序号	项目名称	质量要求	满分	扣分
评分标准	1	准备	元件参数测试，元件测试方法正确	12	元件参数测试误差太大，每件扣 1 分；元件测试方法不合理，每件扣 2 分
	2	安装	元件安装位置正确，排列整齐、清洁，焊接质量优良	12	元件安装位置不对，每件扣 2 分；元件排列不整齐、不清洁，各扣 2 分；有虚焊、毛刺，扣 2 分
	3	调试	正确使用仪器，会看波形并根据波形判断故障元件，会调试，绘制 a、b 两点波形图（如图 CC-1、图 CC-2 所示）	18	不会使用仪器，不得分；不会看波形，扣 4 分；不会判断故障元件，扣 4 分；不会调试，扣 4 分；波形图绘制不正确，各扣 3 分
	4	安全文明生产	1. 严格按有关规程执行 2. 考核现场清洁，物品摆放整齐有序	8	有违章作业行为，扣 2 分 考核现场脏乱，物品摆放无序，各扣 3 分

行业：电力工程　　　工种：直流设备检修　　　等级：技师

<table>
<tr><td>编　　号</td><td>C21C043</td><td>行为领域</td><td>f</td><td>鉴定范围</td><td>2</td></tr>
<tr><td>考核时限</td><td>4h</td><td>题　　型</td><td>C</td><td>题　　分</td><td>80</td></tr>
<tr><td>试题正文</td><td colspan="5">单相半控桥单结晶体管触发电路安装调试</td></tr>
<tr><td>需　　要
说明的问
题和要求</td><td colspan="5">1. 严格按有关规程、规范执行
2. 电路原理图，如图 CC-3、图 CC-4 所示
3. 考生独立完成
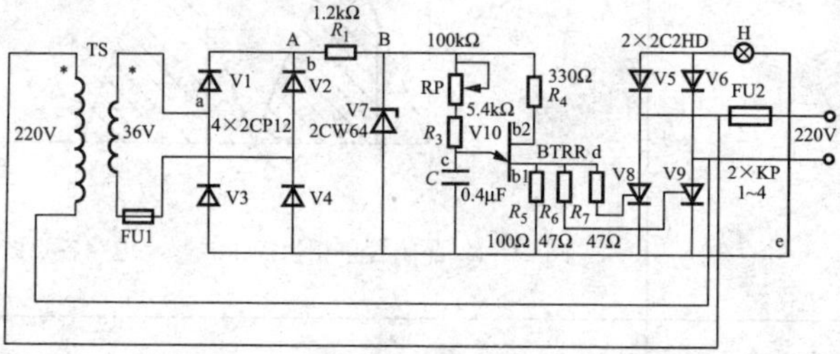
图 CC-3　晶闸管单相半控桥式整流电路
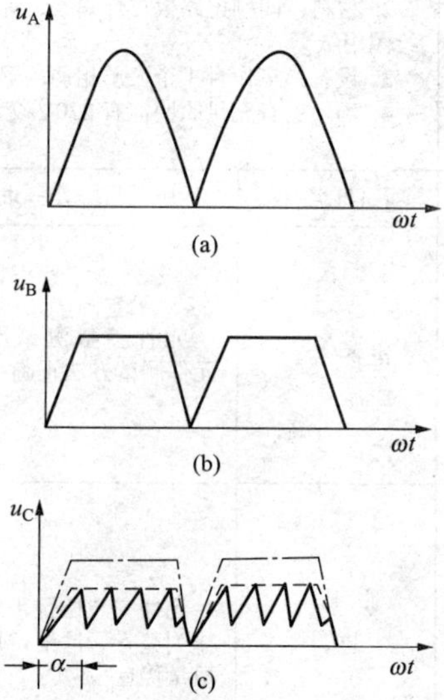
图 CC-4　晶闸管单相半控桥式整流电路各点波形图（一）</td></tr>
</table>

<table>
<tr><td colspan="2">需　要说明的问题和要求</td><td colspan="5">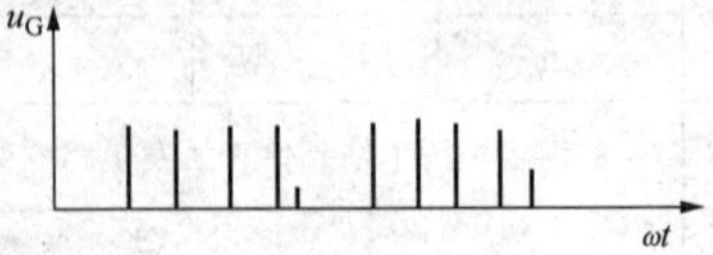

(d)
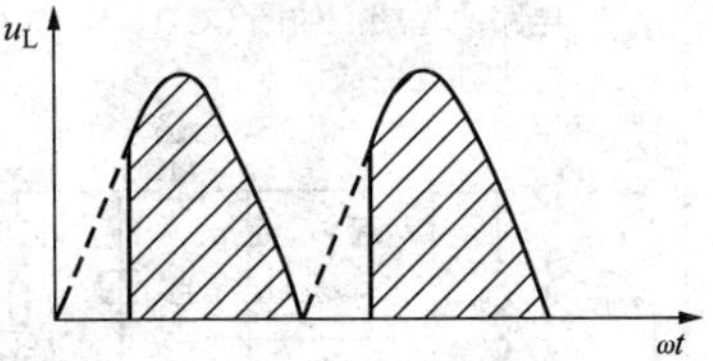

(e)
图 CC-4　晶闸管单相半控桥式整流电路各点波形图（二）</td></tr>
<tr><td colspan="2">工具、材料、设备、场地</td><td colspan="5">1. 工具：示波器 1 台，万用表 1 块，电烙铁（25W）1 把，电工常用工具，常用绘图工具
2. 材料：印刷电路板、焊锡丝、焊剂，电路原理图中所有元件，绘图用纸
3. 设备：工作台 1 个，单相调压器 1 台
4. 场地：有充足照明，有 220V 交流电源</td></tr>
<tr><td rowspan="3">评分标准</td><td>序号</td><td>项目名称</td><td>质量要求</td><td>满分</td><td colspan="2">扣　分</td></tr>
<tr><td>1</td><td>准备</td><td>元件参数测试准确元件测试方法正确</td><td>25</td><td colspan="2">元件参数测试误差太大，每件扣 2 分；元件测试方法不合理，每件扣 3 分</td></tr>
<tr><td>2</td><td>安装</td><td>元件安装位置正确，排列整齐、清洁，焊接质量优良</td><td>15</td><td colspan="2">元件安装位置不对，每件扣 2 分；元件排列不整齐、不清洁，各扣 5 分；焊点有虚焊、毛刺，每点扣 1 分</td></tr>
</table>

续表

	序号	项目名称	质量要求	满分	扣分
评分标准	3	调试	正确使用仪器、仪表，会看波形并根据波形图判断故障元件，会调试，能正确绘制 a、b、c、d 四点波形图（如图 CC-3、图 CC-4 所示）	35	不会使用仪器、仪表，扣 7 分；不会看波形，扣 8 分；不会判断故障元件，扣 8 分；不会调试，扣 7 分；波形图绘制不正确，每处扣 1 分
	4	安全文明生产	严格按有关规程执行考核现场清洁，物品摆放整齐有序	5	有违章作业行为，扣 2 分考核现场脏乱、物品摆放无序，各扣 1 分

行业：电力工程　　　工种：直流设备检修　　　等级：技师

编　　号	C21C044	行为领域	e	鉴定范围	2
考核时限	2h	题　　型	C	题　　分	50
试题正文	绝缘监测仪装置故障告警信号处理				
需　　要说明的问题和要求	1. 严格按有关规程、规范执行 2. 考核现场要有1名专职监护人和1名熟练人员配合，并做好必要的安全措施 3. 故障点设在绝缘监测仪装置交流信号发生器电源断线 4. 考核过程中需必要的操作时，由考生提出，监护人同意方可进行				
工具、材料、设备、场地	1. 工具：4位半及以上数字式万用表1块，手电筒1个，电工常用工具 2. 材料：导线、绝缘胶带适量 3. 设备：微机型高频开关电源，带有交流注入法支路检测功能绝缘监测装置，模拟的站内自动化告警信号 4. 场地：有充足照明				

评分标准	序号	项目名称	质量要求	满分	扣分
	1	检查	了解故障发生前运行状况及目前故障现象 故障现象： 母线接地告警工作正常，但不显示接地支路	5	不了解运行前状况或了解不全面，扣3分；没进行外观检查或检查不细，扣2分
	2	分析原因、查故障点	根据已掌握的情况逐级分析，要思路清楚，有逻辑性，并快速准确	10	不会分析或分析思路不清，或没有逻辑性，结论不准，扣5分 漏查或查的方法不合理，每项扣5分

续表

	序号	项目名称	质量要求	满分	扣分
评分标准	2	分析原因、查故障点	故障原因分析： 绝缘监测仪装置故障中，电源模块发生的故障率最高 采用交流注入法的绝缘监测装置，由两个独立的电源模块构成；一个是供监视母线绝缘电阻的电源模块，另一个是供交流信号发生器的电源 当供母线绝缘监测的电源发生故障时，绝缘监测装置将停止工作。当供交流信号发生器的电源故障时绝缘监测装置显示正常，直流系统发生绝缘下降时照常报警，但无法查找到接地支路 由于接地电阻测量正常而告警故障依然存在，则信号电源故障可能性较大		
	3	处理	1. 用万用表测量信号电源是否输出电压 2. 如果没有电压，需要检查信号电源是否有可能修复，并试进行恢复 3. 否则更换电源模块	30	不符合操作要求，每步扣10分
	4	安全文明生产	1. 严格按有关规程执行。防止人身触电，防止直流母线短路 2. 保持场地清洁	5	有违章作业行为，每项扣2分；场地不清洁，扣1分

行业：电力工程　　工种：直流设备检修　　等级：高级技师

<table>
<tr><td>编　　号</td><td>C12C045</td><td>行为领域</td><td>e</td><td>鉴定范围</td><td>1</td></tr>
<tr><td>考核时限</td><td>2h</td><td>题　　型</td><td>C</td><td>题　　分</td><td>50</td></tr>
<tr><td>试题正文</td><td colspan="5">直流充电屏监控装置与后台机通信失败故障排除</td></tr>
<tr><td>需　　要说明的问题和要求</td><td colspan="5">1. 严格按有关规程、规范执行
2. 考核现场要有1名专职监护人和1名熟练人员配合，并做好必要的安全措施
3. 故障点设在通信口（模拟接口故障）
4. 考核过程中需必要的操作时，由考生提出，监护人同意方可进行</td></tr>
<tr><td>工具、材料、设备、场地</td><td colspan="5">1. 工具：标准数字万用表1块，工具包1个
2. 材料：线包1个，网线
3. 设备：工作台1个，微机型高频开关电源一套，模拟后台
4. 场地：有充足照明</td></tr>
<tr><td rowspan="3">评分标准</td><td>序号</td><td>项 目 名 称</td><td>质　量　要　求</td><td>满分</td><td>扣　　分</td></tr>
<tr><td>1</td><td>准备</td><td>1. 了解故障发生前运行状况及目前故障现象
2. 查看微机型高频开关电源运行正常，查看各种参数均正确
3. 确定后台与监控通信失败</td><td>5</td><td>不了解运行前状况或了解不全面，扣3分；没进行检查或检查不细，扣2分</td></tr>
<tr><td>2</td><td>加电测量，查故障点</td><td>1. 先按监控单元的复位键或重新开启电源开关，若按监控单元的复位键或重新开启电源开关后，仍无法进行通信，应进行内部的检查处理
2. 先检查站号设置是否发生变化，波特率是否符合后台厂家要求，通信口设置与使用是否对应
3. 检查监控与后台机收发是否同步，若不同步应对其进行调整
4. 用万用表测量检查通信线是否完好，如果有问题，应进行更换
5. 检查、更换通信口，并重新进行设置，然后重新启机</td><td>35</td><td>少一步扣7分</td></tr>
</table>

续表

	序号	项目名称	质量要求	满分	扣分
评分标准	3	恢复	更换相应组件，重新开机，确定通信恢复正常	5	没有恢复，扣5分
	4	安全文明生产	1. 严格按有关规程执行。防止人身触电，防止直流母线短路 2. 保持场地清洁	5	有违章作业行为，每项扣2分；场地不清洁，扣1分

行业：电力工程　　工种：直流设备检修　　等级：高级技师

编号	C12C046	行为领域	e	鉴定范围	1
考核时限	2h	题型	C	题分	50
试题正文	站内自动化后台的直流充电装置遥信位置不变位或不对应				
需要说明的问题和要求	1. 严格按有关规程、规范执行 2. 考核现场要有 1 名专职监护人，要求考生独立完成并做好必要的安全措施 3. 故障点设在遥信辅助电源 24V 接点反向 4. 考核过程中需必要的操作时，由考生提出，监护人同意方可进行				
工具、材料、设备、场地	1. 工具：标准数字万用表 1 块，工具包 1 个 2. 材料：线包 1 个，遥信电缆 3. 设备：工作台 1 个，微机型高频开关电源 1 套，模拟后台 4. 场地：有充足照明				

评分标准	序号	项目名称	质量要求	满分	扣分
	1	检查、准备	1. 查看微机型高频开关电源运行状况 2. 了解故障发生前运行状况及目前故障现象 3. 查看遥信量，确定哪些不对	5	不了解运行前状况或了解不全面，扣 3 分；没进行外观检查或检查不细，扣 2 分
	2	加电测量，查故障点	1. 检查监控单元不变位或不对应的遥信量接点是否动作正确 2. 显示不对应： 查遥信的标志是否正确； 查遥信电缆是否插错； 查遥信板的接线是否正确 3. 显示不变位： 查遥信插件是否损坏； 查遥信线是否软断； 查遥信辅助电源 24V 是否未加上或极性不对（从接线端子上查起）； 查厂家设置时的接点是否使用了反向接点	35	每少一步扣 5 分
	3	恢复	查明原因，并加以处理，使各遥信量能准确地传达到监控单元	5	没有恢复扣 5 分
	4	安全文明生产	1. 严格按有关规程执行。防止人身触电，防止直流母线短路 2. 保持场地清洁	5	有违章作业行为，每项扣 2 分；场地不清洁，扣 1 分

行业：电力工程　　工种：直流设备检修　　等级：高级技师

编　号	C12C047	行为领域	e	鉴定范围	2
考核时限	4h	题　型	C	题　分	100
试题正文	充电机浮充情况下，运行的蓄电池组带电更换				
需要说明的问题和要求	1. 严格按有关规程、规范执行 2. 考核现场要有1名专职监护人和1名熟练人员配合，并做好必要的安全措施 3. 本试题针对的是一组充电机、一组蓄电池的直流系统。蓄电池组带电更换是指直流母线上始终挂有蓄电池组，以保系统安全 4. 考核过程中需必要的操作时，由考生提出，监护人同意方可进行				
工具、材料、设备、场地	1. 工具：4位半及以上数字式万用表1块，手电筒1个，电工常用工具 2. 材料：导线、绝缘胶带适量 3. 设备：完整的直流系统（蓄电池组、直流电源） 除新蓄电池组外，另需准备同一规格的一组活动蓄电池组 如更换防酸蓄电池、碱性蓄电池，作业现场备有调制好的苏打水（硼酸溶液）和清洁的水 4. 场地：有充足照明				

评分标准	序号	项目名称	质量要求	满分	扣　分
	1	检查	了解直流系统运行状况及待更换电池组缺陷现象，特别检查充电机是否有异常等现象存在	5	不了解运行前状况或了解不全面，扣3分；没进行外观检查或检查不细，扣2分
	2	准备	1. 新蓄电池组容量达到100%，活动蓄电池的容量合格 2. 蓄电池组对地绝缘阻值合格	5	漏查或查的方法不合理，每项扣2分

续表

	序号	项目名称	质量要求	满分	扣分
评分标准	3	实施操作	1. 通过直流系统断路器，浮充情况下将活动蓄电池组接入直流系统 接入断路器容量应与活动蓄电池组容量匹配，否则将活动蓄电池组直接接入直流系统母线 2. 原蓄电池组退出直流系统，拆除 3. 新蓄电池安装，通过蓄电池熔丝座接入直流系统 4. 活动蓄电池组退出直流系统 5. 恢复直流系统原运行状态	75	不符合操作要求，每步扣15分；没完成接线，不得分
	4	记录	作电池组调换记录	5	没有记录，扣5分
	5	安全文明生产	1. 防止人身触电 2. 防止直流母线短路 3. 电池组接入系统，极性正确，防止短路、接地 4. 电池连接时要牢固、接触可靠 5. 严格执行安规，蓄电池室严禁明火和吸烟，保持场地清洁 6. 如更换防酸蓄电池，碱性蓄电池，按规定穿戴好防护用品	10	有违章作业行为，每项扣2分；场地不清洁，扣1分

行业：电力工程　　　工种：直流设备检修　　　等级：高级技师

编　　号	C12C048	行为领域	e	鉴定范围	1
考核时限	4h	题　　型	C	题　　分	80
试题正文	KGCFA 型晶闸管充放电装置控制回路故障处理				

需要说明的问题和要求

1. 严格按有关规程、规范执行
2. 考核现场要有 1 名专职监护人员和 1 名熟练操作人员配合，并做好必要的安全措施
3. 故障点设为 6RP 滑动电阻可变接点接触不良
4. 考核过程中需必要的操作时，由考生提出，监护人同意方可进行
5. 考核期间万一遇生产事故，立即停止考核，退出现场
6. 电路原理图、接线图、波形图，分别如图 CC-5～图 CC-8 所示

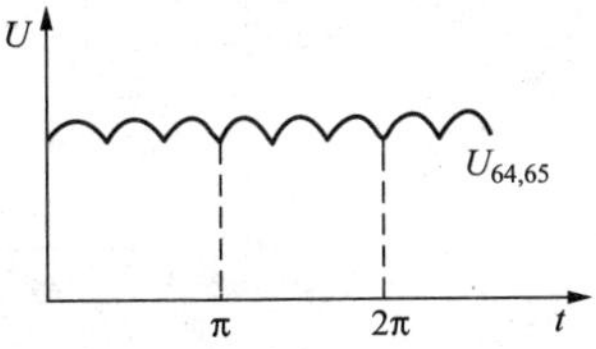

图 CC-5　触发器、电源 $U_{64、65}$ 电压波形图

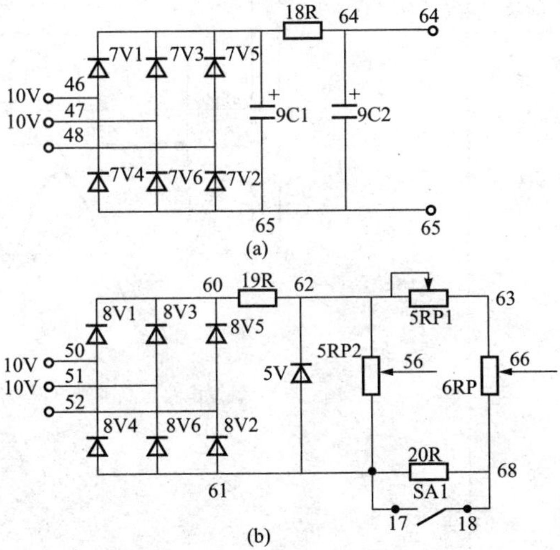

图 CC-6　电源、电路接线图

（a）触发器工作电源；（b）触发器控制电源

需要说明的问题和要求	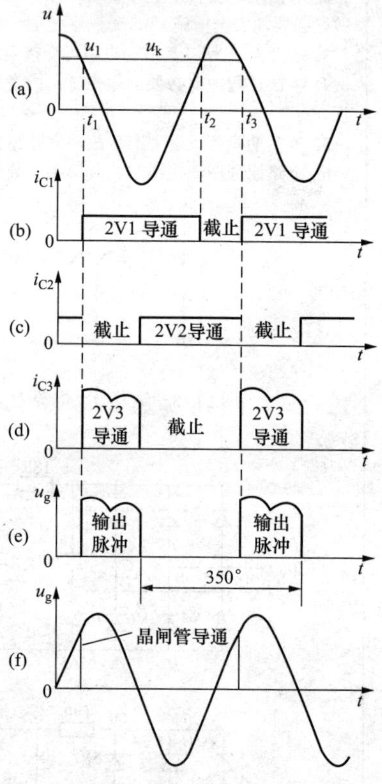 图 CC-7　触发电路、晶闸管电压电流波形图

<table>
<tr><td colspan="2">需　　要
说明的问
题和要求</td><td colspan="5">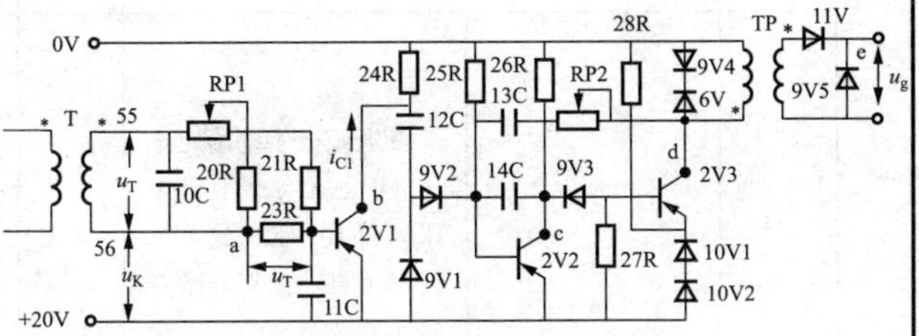

图 CC-8　触发电路原理图</td></tr>
<tr><td colspan="2">工具、材料、
设备、场地</td><td colspan="5">1. 工具：双踪示波器 1 台；万用表 1 块；手电筒 1 个；毛刷（50mm）1 把；电工常用工具
2. 材料：绝缘胶带适量
3. 设备：考核现场实际设备
4. 场地：有充足照明</td></tr>
<tr><td rowspan="4">评
分
标
准</td><td>序号</td><td>项 目 名 称</td><td colspan="2">质 量 要 求</td><td>满分</td><td>扣　分</td></tr>
<tr><td>1</td><td>准备</td><td colspan="2">了解故障发生前的运行状况及故障现象</td><td>2</td><td>了解情况不全面或没了解，扣 2 分</td></tr>
<tr><td rowspan="2">2</td><td rowspan="2">检查与分析</td><td colspan="2">断开交流电源，查整流、逆变切换开关 SA1，自动稳压、稳流、手动切换开关 SA2 触点接触应良好，位置应正确。</td><td>25</td><td>检查不彻底或判断错误，每处扣 5 分</td></tr>
<tr><td colspan="2">把 SA1 投向整流，检查电源板中触发器电源（64、65）间直流电压约为 20V，其波形应如图 CC-5 所示。如有异常应检查硅二极管 7V1～7V6 及交流电源相电压</td><td>25</td><td>检测点位置不对或检测结果不正确，每点扣 5 分</td></tr>
</table>

续表

	序号	项目名称	质量要求	满分	扣分
评分标准	2	检查与分析	查电源板手动给定电压（61、62）间直流电压应在10～12V之间，波形平直，如有异常查硅元件8V1～8V6及交流输入相电压；直流电压（56、66）应能从负几伏调至正几伏，其波形应始终平直，如不能调节应检查6RP（如图CC-6所示）		
			检查触发器输出脉冲应正常（宽度为75°～90°），如果无脉冲应检查同步电压（10V）正弦波，手动给定电压（56、66）及触发电路板上各元件有无损坏和虚焊等（如图CC-6～图CC-8所示）	25	检测点位置不对或检测结果不正确，每点扣5分
	3	安全文明生产	严格按有关规程执行 考核现场清洁	3	有违章作业行为，扣2分；现场不清洁，扣1分

行业：电力工程　　工种：直流设备检修　　等级：高级技师

编　　号	C12C049	行为领域	e	鉴定范围	2
考核时限	2h	题　　型	C	题　　分	60
试题正文	模块均流故障处理				
需　　要 说明的问 题和要求	1. 严格按有关规程、规范执行 2. 考核现场要有 1 名专职监护人和 1 名熟练人员配合，并做好必要的安全措施 3. 故障点设在任意一只模块，将其浮充电压调整电位器顺时针少量旋转。直流系统负载电流大于单个模块输出电流 4. 考核过程中需必要的操作时，由考生提出，监护人同意方可进行				
工具、材料、 设备、场地	1. 工具：标准电压表，4 位半及以上数字式万用表 1 块，手电筒 1 个，电工常用工具 2. 材料：导线、绝缘胶带适量 3. 设备：微机型高频开关电源，模拟的站内自动化告警信号 4. 场地：有充足照明				

评分标准	序号	项目名称	质量要求	满分	扣分
评分标准	1	检查	了解故障发生前运行状况及目前故障现象 故障现象： 模块输出电流不一致，均流超标	5	不了解运行前状况或了解不全面，扣 3 分；没进行外观检查或检查不细，扣 2 分
	2	分析原因、查故障点	根据已掌握的情况逐级分析，要思路清楚，有逻辑性，并快速准确		
			故障原因分析： 造成模块输出电流差别过大通常是均流回路部分故障； 也有是投运前每一个模块的输出电压未调整一致，或长期运行的模块输出电压发生一定的偏差，模块输出电压不一致、超出了均流调整范围造成	15	不会分析或分析思路不清，或没有逻辑性，结论不准，扣 5 分 漏查或查的方法不合理，每项扣 2 分

续表

	序号	项目名称	质量要求	满分	扣分
评分标准	3	处理	1. 观察哪一个模块输出电流最大 2. 减少或转移负荷使输出电流至一个模块限值内 3. 关闭监控器，除输出电流最大的模块继续工作外；其他模块退出运行；测量该模块实际输出电压值，将其调节至所需的浮充值 4. 分别将每一模块输出电压精确调整到浮充电压值 5. 各模块全部工作，监控器恢复原状 6. 如果还是达不到均流要求，应考虑模块内部均流问题。可将最大或最小电流的模块退出再一次进行均流试验 7. 反复如此直到找出有均流问题的模块	35	不符合处理要求，每步扣5分
	4	安全文明生产	1. 严格按有关规程执行。防止人身触电，防止直流母线短路 2. 保持场地清洁	5	有违章作业行为，每项扣2分；场地不清洁，扣1分

5 试卷样例

直流设备检修知识试卷

（中级工）

一、选择题（每题 1 分，共 25 分）

下列每题都有 4 个答案，其中只有一个正确答案，将正确答案的代号填入括号内。

1. 三极管基极的作用是（　　）载流子。

（A）发射；（B）输送和控制；（C）收集；（D）储存。

2. 晶闸管整流电路的触发控制角越大，输出直流电压的平均值（　　）。

（A）越大；（B）越小；（C）变化很小；（D）不变。

3. 所谓对称三相负荷就是（　　）。

（A）三个相的相电流有效值相等；（B）三个相的相电压相等且相位角互差 120°；（C）三个相的相电流有效值相等，三个相的相电压相等且相位角互差 120°；（D）三个相的负荷阻抗相等，阻抗角相同。

4. 当线圈磁通减少时，感应电流的磁通方向（　　）。

（A）与原磁通方向相反；（B）与原磁通方向相同；（C）与原磁通方向无关；（D）与线圈尺寸大小有关。

5. 在 RL 串联电路中，下列功率表达式中（　　）正确。

（A）$P=I^2R$；（B）$P=U^2/R$；（C）$P=UI$；（D）$P=U^2/Z$。

6. 整流器输出回路直流电流表指示的是（　　）。

（A）有效值；（B）峰值；（C）平均值；（D）平方值。

7. 晶体三极管能将微弱的电信号放大很多倍，其能源来自（　　）。

（A）基极电源；（B）集电极电源；（C）晶体管本身；（D）外加信号源。

8. 在晶闸管导通时，下列条件中（　　）不能使晶闸管关断。

（A）降低主回路正向电压到一定值；（B）降低主回路中的电流到一定值；（C）断开主回路；（D）控制回路断开。

9. 根据电气设备正常运行所允许的最高温度，把绝缘材料分为七个等级，其中A级绝缘的允许温度为（　　）℃。

（A）90；（B）105；（C）120；（D）130。

10. 三相变压器的低压侧接成三角形接线，其相电流较线电流（　　）倍。

（A）大$\sqrt{3}$；（B）小$\sqrt{3}$；（C）大$\sqrt{2}$；（D）小$\sqrt{2}$。

11. 相同额定容量的熔丝和开关，通过同样倍数的过电流，它们的动作时间（　　）。

（A）熔丝快于开关；（B）开关快于熔丝；（C）动作时间都一样；（D）动作时间无关联。

12. 变压器铭牌上额定容量是指（　　）。

（A）有功功率；（B）无功功率；（C）视在功率；（D）瞬时功率。

13. 蓄电池所输出的容量与它的极板表面积（　　）。

（A）成正比；（B）成反比；（C）不成比例关系；（D）没有关系。

14. 阀控式密封免维护铅酸蓄电池浮充电应采用（　　）充电法。

（A）半恒流；（B）恒流；（C）恒压；（D）恒压限流。

15. 蓄电池静置90天后其荷电保持能力不低于（　　）。

（A）75%；（B）80%；（C）85%；（D）90%。

16. 监控器故障或退出运行时，模块应自动处于（　　）

工作状态。

（A）保持原来的；（B）均充；（C）浮充；（D）保持出厂设定的。

17. 蓄电池与硅整流充电机并联于直流母线上作浮充电运行，当断路器合闸时，突增的大电流负荷（　　）。

（A）主要由蓄电池承担；（B）主要由硅整流充电机承担；（C）蓄电池和硅整流充电机各承担 1/2；（D）无法确定。

18. 蓄电池放电电流符号 I_5 表示（　　）。

（A）10h 率放电电流；（B）1h 率放电电流；（C）5h 率放电电流；（D）3h 率放电电流。

19. 新投运的蓄电池组绝缘电阻不小于（　　）MΩ。

（A）0.1；（B）0.2；（C）0.5；（D）1。

20. 防酸蓄电池的整个充电过程中，应注意保持电解液的温度不超过（　　）℃，否则应减少充电电流，延长充电时间。

（A）0；（B）20；（C）40；（D）100。

21. 充电设备额定电压的上限电压值可按（　　）确定。

（A）全部蓄电池充电终止电压；（B）蓄电池组的额定电压；（C）蓄电池组的最低运行电压；（D）单个蓄电池的放电终止电压。

22. 蓄电池充电属于（　　）。

（A）热电效应；（B）电化学效应；（C）光电效应；（D）电磁效应。

23. 大修后的防酸蓄电池应用（　　）法进行充放电。

（A）均衡充电；（B）初充电；（C）核对性充放电；（D）浮充电。

24. 防酸蓄电池电解液的密度下降到（　　）时，即可认为放电终了。

（A）1.10～1.11；（B）1.12～1.14；（C）1.15～1.17；（D）1.18～1.19。

25. 铅酸蓄电池负极板硫化的特征为（　　）。

（A）灰白色，表面有细小硫酸铅结晶颗粒；（B）灰白色，表面有粗大硫酸铅结晶颗粒；（C）褐色，表面有粗大的硫酸铅结晶颗粒；（D）表面为纯灰色绒状铅。

二、判断题（每题 1 分，共 25 分）

判断下列描述是否正确，对的在括号内打“√”，错的在括号内打“×”。

1. 在串联谐振电路中，电感和电容上的电压数值相等，方向相反。（ ）

2. 在二次回路中，通常所说的“常闭”触点是指继电器线圈通电时，该触点是闭合的。（ ）

3. 在低压配电盘、配电箱和电源干线上工作时，应填写第二种工作票。（ ）

4. EMI 元件为电源抗干扰滤波器。（ ）

5. 将长度为 l，电阻为 R 的导线均匀拉长到 $2l$ 时，其电阻值为 $2R$。（ ）

6. NPN 型三极管发射极电流等于基极电流和集电极电流之和。（ ）

7. 晶闸管整流器导通角越大，输出的直流电压越低。（ ）

8. 力偶是一对大小相等，方向相反，但不作用在同一条直线上的两个力。（ ）

9. 螺栓型晶闸管，螺栓端为阴极。（ ）

10. 数字式万用表的黑表笔接内电源正极，红表笔接内电源负极。（ ）

11. 当直流断路器与熔断器配合时，应考虑动作特性的不同，对级差做适当调整，直流断路器下一级不应再接熔断器。（ ）

12. 充电装置已经有监控器显示所有电流电压信息，所以可以不要独立表计。（ ）

13. 直流系统发生负极完全接地时，负极对地电压升高到

极间电压。 ( )

14. 铅酸蓄电池火灾，应使用二氧化碳灭火器。 ( )

15. 蓄电池组的电池总数由单个电池的额定电压来确定。 ( )

16. 铅酸蓄电池板栅是由铅铸成的。 ( )

17. 铅酸蓄电池放电深度越深，循环寿命越短；放电深度越浅，循环寿命越长。 ( )

18. 平衡型电桥直流绝缘监视仪无法对直流母线绝缘正负极同时等值下降进行报警。 ( )

19. 成品胶体电池内部气体可以通过胶的缝隙进行扩散。 ( )

20. 蓄电池放出的容量随放电电流增大而减小，而蓄电池的额定容量是不变的。 ( )

21. 绝缘监视仪一定要有一点接地才能正常工作。 ( )

22. 铅酸蓄电池在电解液温度升高时，内阻增大。 ( )

23. 铅酸蓄电池在放电时产生氢气和氧气。 ( )

24. 镉镍蓄电池在整个充电过程中都不会有气泡发生。 ( )

25. 断路器（电磁机构）合闸控制回路的负荷包括合闸接触器和合闸线圈。 ( )

三、简答题（每题 5 分，共 15 分）

1. 何谓铅酸蓄电池的极板硫化？

2. 贫液式阀控蓄电池电解液有何特点？

3. 简述直流电源微机监控器功能。

四、计算题（每题 5 分，共 15 分）

1. 一蓄电池，用 R_1=5Ω的电阻作外电路的电阻，产生 I=0.4A 的电流；用 R_2=2Ω的电阻作外电阻时，端电压 U 为 1.76V，试求蓄电池的电动势 E 及内阻 r。

2. 有一组容量 S_N 为 216A·h（25℃）的铅酸蓄电池，在电解液平均温度为32℃时，用 I=21.6A 的电流放电 10h39min，问换算成标准温度时容量 S 为多少？

3. 某变电站蓄电池组的型号为GGF-300，每只蓄电池的电压 U_d 为2.15V，若使直流母线电压保持在 U=220V，应有多少只蓄电池 n 投入运行？若正常负荷电流 I_{fh} 为20A，现将蓄电池经硅整流装置浮充电，实际输出电流 I 应是多少？

五、绘图题（每题5分，共10分）

1. 绘制防酸蓄电池电解液温度和容量的关系曲线。

2. 画出三相桥式整流电路图和波形图。

六、论述题（每题10分，共10分）

电力变换通常分为哪几类？

直流设备检修技能操作试卷

（中级工）

一、晶体三极管极性及管型判断（20分）

二、直流过（低）压告警的验证（30分）

三、硅整流装置主回路绝缘电阻测试（50分）

直流设备检修知识要求试卷答案

（中级工）

一、选择题

1.（B）；2.（B）；3.（D）；4.（B）；5.（A）；6.（C）；7.（B）；8.（D）；9.（B）；10.（B）；11.（B）；12.（C）；13.（A）；14.（D）；15.（B）；16.（C）；17.（A）；18.（C）；19.（C）；20.（C）；21.（A）；22.（B）；23.（B）；24.（C）；25.（B）。

二、判断题

1.（√）；2.（×）；3.（√）；4.（√）；5.（×）；6.（√）；7.（×）；8.（×）；9.（√）；10.（√）；11.（√）；12.（×）；

13.（×）；14.（×）；15.（×）；16.（×）；17.（√）；18.（√）；19.（√）；20.（√）；21.（√）；22.（×）；23.（×）；24.（×）；25.（×）。

三、简答题

1. 答：蓄电池长期处于放电或半放电状态，极板上就会生成一种白色的粗晶粒硫酸铅，正常充电时它不能转化为二氧化铅和绒状铅，这称为硫酸铅的硬化，简称硫化。

2. 答：该阀控蓄电池属于贫电解液蓄电池，其内部电解液全部吸附在隔膜和极板中，隔膜处于约90%的饱和状态，电池内无游离电解液，不会有电解液溢出。蓄电池在任何位置放置均能正常工作。

3. 答：微机监控器装于直流电源屏内，具有监视功能、自诊断和显示功能、控制功能。负责对直流系统各单元（如电压电流采集单元、充电模块、绝缘监测、电池巡检等）运行状态与数据的采集、显示；系统单元运行参数的设置，并控制各单元的正常运行；接收监控中心计算机发送来的命令及参数，并将系统运行状态及参数发送给监控中心计算机。

四、计算题

1. 解：

根据基尔霍夫第二定律

$$E=Ir+u=0.4r+U$$

第一个电路电动势为

$$E_1=0.4r+0.4\times 5$$

第二个电路电动势为

$$E_2=\frac{1.76}{2}r+1.76$$

由 $E_1=E_2=E$ 得

$$E_1-E_2=-0.48r+0.24=0$$

解 $$r=\frac{0.24}{0.48}=0.5（\Omega）$$

将 r 值代入公式 E_1，得

$$E=E_1=0.4\times0.5+0.4\times5=2.2（V）$$

答：蓄电池的电动势为2.2V，内阻为0.5Ω。

2. 解：10h39min=10.65h

$$C_{25}=C_t/[1+0.008\times(T-25)]$$

$$=\frac{21.6\times10.65}{1+0.008(32-25)}$$

$$=218（A\cdot h）$$

答：换算成标准温度时容量为218A·h。

3. 解：电池数 $n=\frac{U}{U_d}=\frac{220}{2.15}=102$（只）

浮充电流 $I_{fc}=(0.01\sim0.02)\times300=0.3\sim0.6$（A）

$$I=I_{fc}+I_{fh}=(0.3\sim0.6)+20=20.3\sim20.6（A）$$

答：应有102只蓄电池投入运行，实际输出电流为20.25A。

五、绘图题

1. 答：如图1所示。

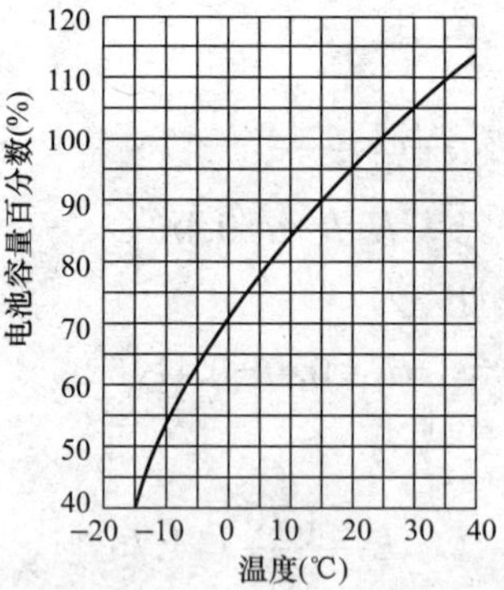

图1

2. 答：整流电路图如图2所示，波形图如图3所示。

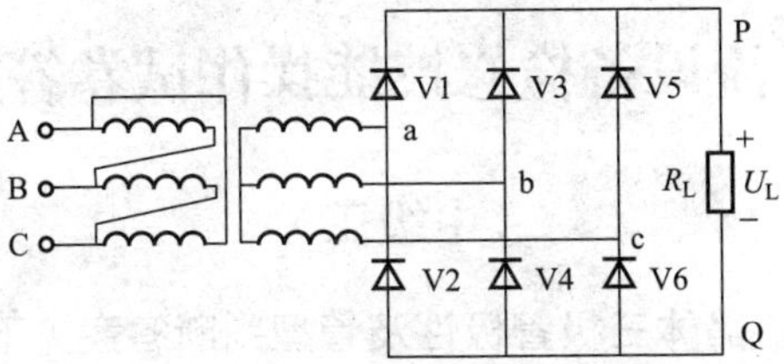

图 2

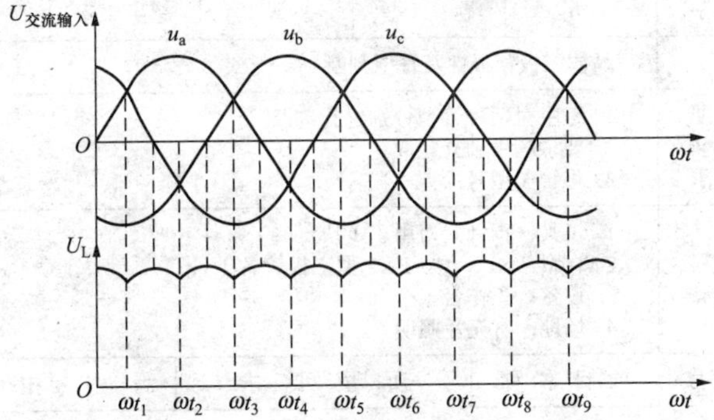

图 3

六、论述题

答：电力变换分为以下四种。

（1）整流（AC / DC）：将交流电能变为直流电能的变换称为整流。

（2）逆变（DC / AC）：将直流电能变为交流电能的变换称为逆变。

（3）直流变换（DC/DC）：将一种直流电压等级的电能变换为另一种直流电压等级的电能变换称为直流变换。变换前后的直流电能可以在电压、电流、电压极性、电压稳定度等方面不相同。

（4）交流变换（AC/AC）：将一种交流变换为另一种交流电能的变换称为交流变换。变换前后的交流电能可以在电压、电流、频率、相位等方面不相同。

直流设备检修技能操作试卷答案

（中级工）

一、答：晶体三极管极性及管型判断答案见下表

<table>
<tr><td>编　　号</td><td>C54A010</td><td>行为领域</td><td>e</td><td>鉴定范围</td><td>2</td></tr>
<tr><td>考核时限</td><td>1h</td><td>题　　型</td><td>A</td><td>题　　分</td><td>20</td></tr>
<tr><td>试题正文</td><td colspan="5">晶体三极管极性及管型判断</td></tr>
<tr><td>需　　要
说明的问
题和要求</td><td colspan="5">1. 考生对两种管型分别进行判断
2. 要求考生独立完成
3. 将管子型号涂掉</td></tr>
<tr><td>工具、材料、
设备、场地</td><td colspan="5">1. 工具：指针式万用表 1 块
2. 材料：NPN 型、PNP 型三极管各 1 只
3. 设备：工作台 1 个
4. 场地：有充足照明</td></tr>
<tr><td rowspan="5">评
分
标
准</td><td>序号</td><td>项 目 名 称</td><td>质　量　要　求</td><td>满分</td><td>扣　　分</td></tr>
<tr><td>1</td><td>准备</td><td>将万用表选择开关旋到 $R\times100$ 挡或 $R\times1k$ 挡
万用表零位调整</td><td>4</td><td>万用表挡位选择不合理，扣 2 分
调零方法不正确或没调零，扣 2 分</td></tr>
<tr><td>2</td><td>判断极性</td><td>分别测量各管脚间电阻值，必有一只管脚与其他两只管脚电阻值相近，此管脚为基极；然后分别测基极对另外两管脚的电阻值，阻值较小的那个管脚是集电极，另一个管脚是发射极</td><td>6</td><td>测量方法不对，扣 3 分
结论判断不正确，扣 3 分</td></tr>
<tr><td>3</td><td>判断管型</td><td>找到基极后，以红表笔（+）接基极，如果测得与其他两只管脚电阻都小，那么是 PNP 型管子；反之，则是 NPN 型管子</td><td>6</td><td>测量方法不正确，扣 3 分
结论判断不正确，扣 3 分</td></tr>
<tr><td>4</td><td>万用表挡位复归</td><td>有开关的表放在 OFF 位置，无开关的表放在最高电压挡位置</td><td>4</td><td>万用表挡位复归不合理，扣 4 分</td></tr>
</table>

二、答：直流过（低）压告警的验证答案见下表

编号	C43B023	行为领域	e	鉴定范围	1
考核时限	1h	题型	B	题分	30
试题正文	直流过（低）压告警的验证				
需要说明的问题和要求	1. 严格按有关规程、规范执行 2. 考核现场要有1名专职监护人和1名熟练人员配合，并做好必要的安全措施 3. 考核过程中需必要的操作时，由考生提出，监护人同意方可进行				
工具、材料、设备、场地	1. 工具：标准电压表，4位半及以上数字式万用表1块，手电筒1个，电工常用工具 2. 材料：导线、绝缘胶带适量 3. 设备：完整的直流系统（蓄电池组、微机型高频开关电源），模拟的站内自动化告警信号 4. 场地：有充足照明				
评分标准	序号	项目名称	质量要求	满分	扣分
	1	准备	检查微机型高频开关电源运行正常 检查标准电压表有效期内的鉴定合格证书	3	漏查或查的方法不合理，每项扣2分
	2	操作验证	1. 将充电装置的浮充输出电压定值设定的比过压（欠压）告警定值高（低）1V 2.用标准电压表监视输出电压值，同时看监控器是否告警，站内自动化告警信号是否告警 3.如果监控器当地告警而站内自动化告警信号没有告警，应检查告警电缆接线是否正确，直到过压告警在监控器和站内信号全部正确 4.检查本机的事故记录显示正常 5.作调试记录	20	不符合操作要求，每步扣5分；没完成接线，不得分
	3	恢复	过压告警试验完成后立即将浮充输出电压恢复正常	2	没有复归扣2分
	4	安全文明生产	1. 严格按有关规程执行。防止人身触电，防止直流母线短路 2. 保持场地清洁	5	有违章作业行为，每项扣2分；场地不清洁，扣1分

三、答：硅整流装置主回路绝缘电阻测试答案见下表

<table>
<tr><td>编　　号</td><td>C43C035</td><td>行为领域</td><td>e</td><td>鉴定范围</td><td>1</td></tr>
<tr><td>考核时限</td><td>2h</td><td>题　　型</td><td>C</td><td>题　　分</td><td>50</td></tr>
<tr><td>试题正文</td><td colspan="5">硅整流装置主回路绝缘电阻测试</td></tr>
<tr><td>需　　要
说明的问
题和要求</td><td colspan="5">1. 严格按有关规程、规范执行
2. 考核现场备1名熟练人员协助工作
3. 考核设备为非运行状态设备</td></tr>
<tr><td>工具、材料、
设备、场地</td><td colspan="5">1. 工具：500、1000、2500V绝缘电阻表各1块，常用电工工具
2. 材料：裸细导线适量
3. 设备：考核现场实际设备
4. 场地：有充足照明</td></tr>
<tr><td rowspan="10">评
分
标
准</td><td>序号</td><td>项目名称</td><td>质量要求</td><td>满分</td><td>扣　　分</td></tr>
<tr><td rowspan="2">1</td><td rowspan="2">准备</td><td>检查被测量回路，应无电压</td><td>3</td><td>不检查，扣3分</td></tr>
<tr><td>检查绝缘电阻表完好：开路时应为无穷大，短路时应为0</td><td>3</td><td>不检查，扣3分</td></tr>
<tr><td rowspan="6">2</td><td rowspan="6">测试</td><td>将被测量设备非测量部分端部用裸导线短接好</td><td>5</td><td>不短接或短接的不正确，扣5分</td></tr>
<tr><td>断开变压器一次、二次及直流部分的所有输入、输出线</td><td>3</td><td>断点位置不合理或断点数量不够，每处扣3分</td></tr>
<tr><td>“E”端子接设备外壳，“L”端子接被测元件</td><td>3</td><td>接线方法不合理，扣3分</td></tr>
<tr><td>测直流输出部分对地绝缘电阻
测整流变压器一次绕组对地绝缘电阻
测整流变压器一、二次侧间绝缘电阻
测整流变压器一次绕组对地绝缘电阻</td><td>12</td><td>被测件选择不合理，扣3分；被测设备的测量部位漏测，每处扣3分</td></tr>
<tr><td>测量结束时，先拆除接线后，再停止摇动绝缘电阻表</td><td>10</td><td>接线拆除顺序不合理，扣10分</td></tr>
<tr><td>正确选择、使用绝缘电阻表</td><td>6</td><td>使用绝缘电阻表不正确，扣6分</td></tr>
<tr><td>3</td><td>恢复接线</td><td>恢复所拆接线</td><td>5</td><td>接线工艺不符合要求，扣5分</td></tr>
</table>

6 组卷方案

6.1 理论知识考试组卷方案

技能鉴定理论知识试卷每卷不应少于五种题型，其题量为40～60题（试卷的题型与题量的分配，参照下表）。

试卷的题型与题量分配（组卷方案）表

题　型	鉴定工种等级		配　分	
	初级、中级、高级	技师、高级技师	初级、中级、高级	技师、高级技师
选　择	25 题（1 分/题）	14 题（1 分/题）	25	14
判　断	25 题（1 分/题）	15 题（1 分/题）	25	15
简　答	3 题（5 分/题）	5 题（4 分/题）	15	20
计　算	3 题（5 分/题）	3 题（4 分/题）	15	12
绘　图	2 题（5 分/题）	3 题（4 分/题）	10	12
论　述	1 题（10 分/题）	3 题（9 分/题）	10	27
总　计	59～60 题	40～45 题	100	100

6.2 技能操作考核方案

对于技能操作试卷，库内每一个工种的各技术等级下，应最少保证有 5 套试卷（考核方案），每套应由 1～3 项典型操作或标准化作业组成，其选项内容互为补充，不得重复。

技能操作考核由实际操作与口试或技术答辩两项内容组成，初、中级工实际操作加口试进行，技术答辩一般在高级工、技师、高级技师中进行，并根据实际情况确定其组织方式和答辩内容。